集人文社科之思 专业学术之声

集 刊 名：中国食品安全治理评论

主办单位：食品安全风险治理研究院、江苏省食品安全研究基地

主　　编：吴林海

执行主编：浦徐进

副 主 编：尹世久 王建华

CHINA FOOD SAFETY MANAGEMENT REVIEW 2020

2020年第1期 总第12期

集刊序列号：PIJ-2014-096

中国集刊网：www.jikan.com.cn

集刊投约稿平台：www.iedol.cn

中国食品安全治理评论

2020 年第 1 期
总第 12 期

CHINA FOOD SAFETY MANAGEMENT REVIEW

食品安全风险治理研究院
江苏省食品安全研究基地　主办

主编　吴林海
执行主编　浦徐进
副主编　尹世久　王建华

2020
Number 1
Volume 12

社会科学文献出版社
SOCIAL SCIENCES ACADEMIC PRESS (CHINA)

目　录

食品安全问题与消费者行为

食品安全源头治理机制研究

食品安全治理新模式探索

书 评

Contents

Food Safety and Consumer Behavior

The Source Governance Mechanism of Food Safety

New Model of Food Safety Governance

食品安全问题与
消费者行为

追溯信息信任对消费者可追溯猪肉
支付意愿的影响差异研究

——基于不同追溯信息内容、发布方和发布渠道的情境模拟*

孟晓芳　刘增金　王颖颖**

摘　要： 本文依据上海市实地调查的 501 位消费者问卷数据，选用假想价值评估法和二元 Logit 模型，基于不同追溯信息内容、发布方和发布渠道的模拟情境，研究消费者对可追溯猪肉的支付意愿及其影响因素，重点考察不同层次可追溯信息信任对消费者可追溯猪肉支付意愿的影响差异。结果显示：消费者对可追溯猪肉的认知程度偏低，信息强化后，消费者对政府发布的、可以追溯到生猪养殖环节的追溯信息信任程度最高；消费者普遍愿意为可追溯猪肉支付额外价格，然而对不同属性组合可追溯猪肉的平均支付意愿存在差异，对追溯到生猪养殖环节＋政府发布＋手机/网站查询的猪肉追溯信息组合最为信任，且平均支付意愿达到 7.98 元/kg。因此建议，应生产具有不同可追溯属性层次的可追溯猪肉，满足多样化的消费需求；并建立可追溯猪肉额外生产成本分担机制，由政府财政加大对生产经营者补贴，降低生产成本与可追溯猪肉价格，促进猪肉可追溯体系的建立。

关键词： 追溯信息信任　可追溯猪肉　支付意愿

　＊　本文系国家自然科学基金青年项目"基于监管与声誉耦合激励的猪肉可追溯体系质量安全效应研究：理论与实证"（项目编号：71603169）阶段性研究成果。

＊＊　孟晓芳，硕士，现工作于上海园林（集团）有限公司，主要从事食品安全方面研究；刘增金，通讯作者，博士，上海市农业科学院农业科技信息研究所副研究员，主要从事农业经济理论与政策研究；王颖颖，上海海洋大学经济管理学院硕士研究生，主要从事农业产业经济研究。

一　引言与文献综述

食品安全是全球公共卫生问题，也是我国亟须解决的社会问题之一。大量研究表明，食品安全事件频发的原因之一是食品供应链上信息不对称[1]。食品可追溯体系作为解决信息不对称的有效工具可以有效减少食品安全事件的发生。为了应对国际与国内市场需求，我国于 2000 年开始探索建立食品可追溯体系，尤其是在肉、菜等大众化食品种类上[2]，2015 年和 2016 年中央一号文件更是明确提出要"建立全程可追溯、互联共享的农产品质量和食品安全信息平台"，但建设 10 多年来并未取得实质性进展[3]。猪肉作为我国城镇居民生活中的必需品，其安全问题不容小觑。猪肉的生产、流通、消费等环节都存在信息不对称，实施猪肉可追溯体系是最好的解决办法。

猪肉可追溯体系涉及的产业链长、主体多，其中消费者作为可追溯猪肉食品的使用主体，是推动猪肉可追溯体系实施的主要力量。大量研究表明，消费者对可追溯猪肉食品的需求是很迫切的[4-5]，但是没有将需求转化为实际购买的原因：一是，消费者对猪肉食品的可追溯信息的需求是有差异的，而当前我国食品可追溯体系的安全信息较为单一，不能满足消费者多层次、多样化的需求；二是，当前我国猪肉可追溯体系存在政府主导和企业主导两种运行模式，其可追溯信息的建设标准不统一，且大多不能实现有效溯源，导致食品可追溯信息存在不可查、不全面、不可信等问题[6]，进而导致消费者对不同发布方发布的猪肉可追溯信息的信任程度不同。因此，基于不同追溯信息内容、发布方和发布渠道来研究消费者对可追溯猪肉的支付意愿具有很大的价值，尤其是不同层次可追溯信息信任对支付意愿的影响。

梳理相关文献发现，消费者倾向于购买具有质量安全保障的食品，健康信息对消费者支付意愿的影响较明显[7-8]。消费者支付意愿的研究大多集中于消费者对可追溯猪肉食品的认知、平均支付意愿及影响因素的研究上，其中学历、收入、年龄等因素对可追溯猪肉的认知存在显著影响[9]；此外，认知不同的消费者平均支付意愿也会有差异[10]，消费者对可追溯食品的认知越高，其为可追溯食品支付额外价格的可能性越大[6]。不同地区、不同收入水平的消费者的平均支付意愿不同，收入水平越高，越愿意为可追溯网络外卖食品支付额外价格[11]。猪肉供应链上容易出现质量安全问题的环节有以下几个：一是饲养环节，滥用抗生素和非法添加剂[12]；二是屠宰环节，操作环境不卫生、不检疫让病死猪流入市场；三是销售环节，保存不当、保鲜不到位等。基于此，部分学者对具有不同安全信息的可追溯猪肉的消费者支付意愿进行研究[13-14]，但结论的可靠性与普适性有待于进一步检验[15]。有学者指出，当前食品可追溯体系未取得实质性进展，一个很重要的原因是消费者对可追溯信息不信任[16-17]，究其原因就是消费者对不同发布方的信任程度不同。相比于其他发布方，消费者还是比较信赖政府机构[18]。因此，本研究以可追溯猪肉产品为例，将不同追溯信息层次、不同发布方和不同发布渠道结合起来，设置 8 个假设情境，研究在不同情境下消费者对可追溯猪肉的支付意愿及影响因素，重点考察追溯信息信任对消费者可追溯猪肉支付意愿的影响差异，最后提出相关对策建议。

二　研究方案设计与模型构建

（一）研究方案设计

消费者偏好包括显示性偏好和陈述性偏好[19]，显示性偏好可由直接观察消费者的购买行为来获取，陈述性偏好只能由消费者表达自己的意愿来获取。Lancaster（1966）的效用理论认为，商品的效用并非直接来源于商品本身，而是源自商品所具有的各种属性。因此可追溯食品可被视为由多种信息属性组合而成，而消费者的效用就是源自信息属性与属性层次的有机组合。已有的研究表明，包罗所有信息的"凯迪拉克"式的可追溯食品并不是市场需求最大的[20]，消费者对食品安全信息的需求是有差异的。而当前我国猪肉可追溯体系的可追溯信息较为单一，没有将不同追溯层次的信息、不同发布方和不同发布渠道结合起来，不能满足消费者多层次、多样化的需求。因此本文做了一些研究方案设计。

本文采用假想价值评估法（CVM）研究消费者对可追溯猪肉的支付意愿（WTP）。考虑到不少消费者对可追溯猪肉的认知程度不高，首先对受访者进行信息强化：与普通猪肉相比，可追溯猪肉可以对生猪养殖、生猪屠宰加工和猪肉销售等环节的基本信息进行查询，查询到的内容主要包括猪肉批发商、生猪屠宰加工企业、生猪原产地等信息；若出现质量安全问题，有关部门可对问题猪肉进行召回，消费者可进行相应的索赔。详见图 1。

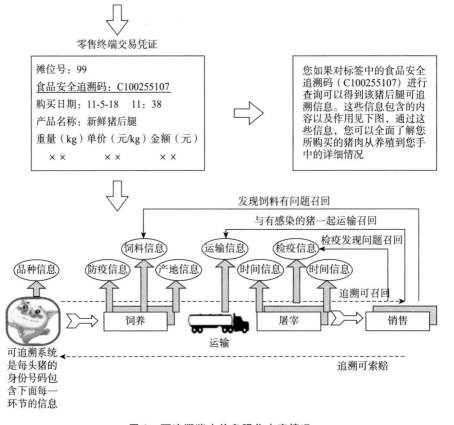

您在购买猪肉时会发现猪肉上贴有下面这个标签：

零售终端交易凭证

摊位号：99
食品安全追溯码：C100255107
购买日期：11-5-18　　11：38
产品名称：新鲜猪后腿
重量（kg）单价（元/kg）金额（元）
　×× 　　×× 　　××

您如果对标签中的食品安全追溯码（C100255107）进行查询可以得到该猪后腿可追溯信息。这些信息包含的内容以及作用见下图，通过这些信息，您可以全面了解您所购买的猪肉从养殖到您手中的详细情况

发现饲料有问题召回
与有感染的猪一起运输召回
检疫发现问题召回

饲料信息　运输信息　检疫信息
品种信息　防疫信息　产地信息　时间信息　时间信息
追溯可召回

饲养　　运输　　屠宰　　销售

可追溯系统是每头猪的身份号码包含下面每一环节的信息

追溯可索赔

图 1　可追溯猪肉信息强化内容情况

对受访者进行信息强化后，本文假设了 8 个具有不同信息属性的情境，其中设置可追溯信息查询环节为两个，分别是生猪屠宰环节和生猪养殖环节；设置信息的发布方为两个，分别是政府和生产经营者；查询的方式主

要设置了手机/网站查询和购买场所查询机查询两种查询方式。情境假设 1 到情境假设 4 设置为可追溯到生猪屠宰环节的信息，情境假设 5 到情境假设 8 设置为可追溯到生猪养殖环节的信息。

假设的情境为：假设在您购买猪肉的主要场所，售有一种可追溯猪肉，它和普通猪肉的区别在于，它可以追溯到生猪屠宰环节（生猪养殖环节）的基本信息，追溯信息通过政府（企业）可追溯系统平台发布，消费者利用购物小票或产品标签上的追溯码并通过手机或网站（购买场所查询机）可查询到从生猪屠宰到销售环节的信息；并且，若出现质量安全问题，有关部门可对问题猪肉进行召回，消费者可进行相应的索赔。通过对比 8 种假设情境，来研究受访者在不同情境假设下追溯信息信任对支付意愿的影响，以及不同假设情境下消费者支付意愿的差别（见表 1）。本文选用二分选择法来引导消费者对可追溯猪肉的支付意愿，只需受访者对不同价格的商品选择"愿意"或者"不愿意"的回答，即当向受访者介绍完假设情境后，询问受访者"与普通猪肉相比，您是否愿意为可追溯猪肉额外支付 x 元/kg 的价格"。针对不同的子样本给予不同的投标价格（0.5 元/kg、1 元/kg、2 元/kg、3 元/kg、5 元/kg 五个价格水平），以便验证随着标的物价格提高，回答"愿意"的比例不断下降。在 501 份有效问卷中，投标价格为 0.5 元/kg 的问卷 100 份，为 1 元/kg 的 100 份，为 2 元/kg 的 100 份，为 3 元/kg 的 100 份，为 5 元/kg 的 101 份。

表 1   情境假设情况

可追溯环节	信息发布方	查询方式	情境假设
生猪屠宰环节	政府	手机/网站查询	情境假设 1
	政府	查询机查询	情境假设 2
	生产经营者	手机/网站查询	情境假设 3
	生产经营者	查询机查询	情境假设 4
生猪养殖环节	政府	手机/网站查询	情境假设 5
	政府	查询机查询	情境假设 6
	生产经营者	手机/网站查询	情境假设 7
	生产经营者	查询机查询	情境假设 8

（二）模型构建与变量选择

1. 模型构建

消费者对可追溯猪肉的支付意愿有"愿意"和"不愿意"两种选择，是典型的二分选择问题[21]。依据效用最大化原则，在市场上同时存在普通猪肉和可追溯猪肉的情况下，若消费者选择购买可追溯猪肉，则意味着相比普通猪肉，可追溯猪肉能给消费者带来更大的效用。据此，构建如下二元 Logit 模型。

$$\ln\left[\frac{P(Y=1)}{1-P(Y=1)}\right] = a + bZ + cTP + \varepsilon$$

式中：a 为常数项，b 为自变量系数，ε 为残差项，TP 表示可追溯猪肉的投标价格；Z 表示影响消费者效用的因素，即影响消费者支付意愿的因素。通过模型估计结果可以求出消费者对可追溯猪肉的平均支付意愿，计算公式如下。

$$E(WTP) = -\frac{a+bZ}{c}$$

2. 变量选择

依据效用理论、消费者行为理论以及已有文献的研究结果，本文选取了价格、收入、心理、认知、消费习惯、个体特征、家庭特征等几个方面的因素，以求更全面分析影响消费者可追溯猪肉支付意愿的因素以及更准确计算出消费者的平均支付意愿。

第一，价格和收入因素。价格因素包括投标价格变量。价格是影响消费者是否愿意购买可追溯猪肉的主要因素。就猪肉本身而言，其具有低需求价格弹性，但就可追溯猪肉而言，价格的上涨会使消费者转而购买普通猪肉，其又具有较高的价格需求弹性。因此，预期价格越高，消费者愿意购买可追溯猪肉的可能性越低。收入因素包括家庭年收入变量。收入是影响消费者购买可追溯猪肉的重要因素。预期消费者家庭年收入越高，消费者愿意购买可追溯猪肉的可能性越高。

第二，心理因素。包括猪肉质量安全放心程度、猪肉质量安全关注程度及猪肉可追溯信息信任变量。建设猪肉可追溯体系的一个重要价值在于保障猪肉食品质量安全，预期对自己所购买猪肉质量安全放心程度不高的消费者更倾向于愿意购买可追溯猪肉。频发的食品安全事件导致消费者在购买猪肉时十分警惕质量安全问题，预期对猪肉质量安全关注度越高的消费者愿意购买可追溯猪肉的可能性越高。消费者对猪肉可追溯信息的信任可以增强消费信心进而产生购买行为，预期对猪肉可追溯信息越信任的消费者其购买可追溯猪肉的可能性越高。

第三，认知因素。包括可追溯猪肉认知变量。对于知道"可追溯食品"或者"食品可追溯体系"的消费者，其比较了解猪肉可追溯体系在保障猪肉质量安全方面会起到一定的作用，因此，预期认知度越高的受访者，其愿意购买可追溯猪肉的可能性越高。

第四，消费习惯因素。主要包括购买比重、购买成员和购买场所三个因素。家庭中猪肉购买比重较高，说明猪肉在日常生活中是必需品，消费者会更加重视质量安全问题。因此将购买比重变量纳入模型，预期购买比重变量会正向显著影响消费者的支付意愿；家庭中的主要购买者，往往对食品质量安全问题更关注，因此将变量纳入模型，预期购买成员变量会正向显著影响消费者的支付意愿；如今在食品市场中，超市成为主要的售卖场所，特别是在大城市，因此将购买地点纳入模型，其作用方向不好解释和预期。

第五，个体特征和家庭特征因素。个体特征和家庭特征在消费者行为实证研究中是被广泛考虑和纳入模型的因素。首先个体特征因素包括年龄、性别、学历、籍贯变量，预期性别、年龄变量会显著影响消费者的支付意愿。但学历、籍贯的作用方向不好解释和预期。其次家庭特征因素包括家庭孕妇情况、小孩情况、老人情况变量。预期家庭中有孕妇、小孩、老人的受访者，其愿意购买可追溯猪肉的可能性要高。

模型自变量及其定义如表 2 所示。

表 2　情境假设情况

变量名称	赋值与含义	均值	标准差
投标价格	投标价格：0.5、1、2、4、6（单位：元/kg）	2.31	1.60
性别	男 = 1，女 = 0	0.29	0.45

续表

变量名称	赋值与含义	均值	标准差
年龄	实际年龄（岁）	36.25	12.83
户籍	本地 = 1，外地 = 0	0.38	0.48
学历	小学及以下 = 1，初中 = 2，中专/高中 = 3，专科 = 4，本科 = 5，研究生 = 6	3.74	1.29
孕妇	是 = 1，否 = 0	0.08	0.27
小孩	15 岁以下：是 = 1，否 = 0	0.53	0.50
老人	60 岁以上：是 = 1，否 = 0	0.70	0.46
家庭年收入	5 万元以下 = 1，6 万元 ~ 10 万元 = 2，11 万元 ~ 15 万元 = 3，16 万元 ~ 20 万元 = 4，21 万元 ~ 30 万元 = 5，31 万元 ~ 50 万元 = 6，50 万元以上 = 7	3.27	1.55
购买成员	是否为猪肉的主要购买者：是 = 1，否 = 0	0.56	0.50
购买比重	50% 及以上 = 1，其他 = 0	0.35	0.48
关注程度	选购猪肉时对猪肉的质量安全状况：非常关注、比较关注 = 1；一般关注、不太关注、很不关注 = 0	0.67	0.47
放心程度	对所购买的猪肉质量安全：非常放心、比较放心 = 1；一般放心、不太放心、很不放心 = 0	0.54	0.50
购买场所	超市是否为猪肉主要购买地：是 = 1，否 = 0	0.73	0.44
可追溯认知	是否知道"可追溯食品"或"食品可追溯体系"：是 = 1；否 = 0	0.23	0.42
追溯信息信任	与普通猪肉相比，对可追溯猪肉：非常信任、比较信任 = 1；一般信任、不太信任、很不信任 = 0	0.77	0.42

三　数据来源与样本描述分析

（一）数据来源

本文数据主要来源于 2018 年 10 ~ 11 月对上海市浦东、闵行、宝山、松江、普陀、嘉定、杨浦、静安、徐汇、奉贤、黄浦、虹口、长宁等 13 个城区的猪肉消费者进行的调查，共发放 550 份问卷，最终获得 501 份有效问卷。调查对象的选取采用随机抽样，并采用面对面访问的形式进行调查，调查人员为上海海洋大学经济管理学院的硕士研究生。为确保问卷调查质量，在正式调查之前进行了培训和预调查。

样本基本特征如下。从性别看，男性受访者为 146 人，占总样本数的29.14%；女性受访者为 355 人，占总样本数的 70.86%。从年龄看，20 岁（不含）以下的有 18 人，占总样本数的 3.59%；20~29 岁的有 168 人，占总样本数的 33.53%；30~39 岁的有 161 人，占总样本数的 32.14%；40~49 岁的有 59 人，占总样本数的 11.78%；50~59 岁的有 106 人，占总样本数的 21.16%；60 岁及以上的有 45 人，占总样本数的 8.98%。从籍贯看，上海本地户籍的有 188 人，占样本数的 37.52%；外省户籍的有 313 人，占样本总数的 62.48%。从学历看，受访者学历大多集中在本科、高中/中专，分别占 29.54%、23.95%；小学及以下学历人群占总样本数的3.39%；初中学历人群占总样本数的 16.57%；专科人群占总样本数的20.76%；研究生及以上学历人群占总样本数的 5.79%。从孕妇情况来看，7.98% 的受访者家庭中有孕妇；从小孩情况看，52.89% 的受访者家庭中有15 周岁及以下的小孩。从老人情况看，69.86% 的受访者家庭中有 60 周岁及以上的老人（特指受访者长辈）。从家庭年收入看（税后），家庭年收入在 5 万元以下的受访者占 10.98%；6 万~10 万元的受访者占 25.75%；11万~15 万元的受访者占 23.55%；16 万~20 万元的受访者占 18.36%；21万~30 万元、31 万~50 万元、50 万元以上的受访者分别占 10.98%、7.19%、3.19%（见表 3）。

表 3 样本基本特征

项目	类别	频数	比例
性别	男	146	29.14%
	女	355	70.86%
年龄	20 岁（不含）以下	18	3.59%
	20~29 岁	168	33.53%
	30~39 岁	161	32.14%
	40~49 岁	59	11.78%
	50~59 岁	106	21.16%
	60 岁及以上	45	8.98%

续表

项目	类别	频数	比例
籍贯	本地	188	37.52%
	外地	313	62.48%
学历	小学及以下	17	3.39%
	初中	83	16.57%
	中专/高中	120	23.95%
	专科	104	20.76%
	本科	148	29.54%
	研究生及以上	29	5.79%
收入	5 万元以下	55	10.98%
	6 万~10 万元	129	25.75%
	11 万~15 万元	118	23.55%
	16 万~20 万元	92	18.36%
	21 万~30 万元	55	10.98%
	31 万~50 万元	36	7.19%
	50 万元以上	16	3.19%
孕妇情况	有	40	7.98%
	没有	461	92.02%
小孩情况	有	265	52.89%
	没有	236	47.11%
老人情况	有	350	69.86%
	没有	151	30.14%

（二）消费者对可追溯猪肉的认知与追溯信息信任

调查发现，在 501 位受访者中知道"可追溯食品"或"食品可追溯体系"的仅为 116 人，占总样本数的 23.15%。本文通过假设 8 个不同猪肉可追溯信息组合情境，以"与普通猪肉相比，您对这种可追溯猪肉的信任程度如何"这一问题来反映在不同猪肉追溯信息假设情境下消费者信息信任情况（见表 4）。

表4　不同猪肉追溯信息假设情境下消费者信息信任情况

假设情境	信任程度			
情境假设1: 追溯环节:生猪屠宰环节 信息发布方:政府 查询方式:手机/网站查询	非常信任、比较信任		一般信任、不太信任、很不信任	
	样本数	比例（%）	样本数	比例（%）
	388	77.45	113	22.55
情境假设2: 追溯环节:生猪屠宰环节 信息发布方:政府 查询方式:购买场所查询机查询	非常信任、比较信任		一般信任、不太信任、很不信任	
	样本数	比例（%）	样本数	比例（%）
	346	69.06	155	30.94
情境假设3: 追溯环节:生猪屠宰环节 信息发布方:生产经营者 查询方式:手机/网站查询	非常信任、比较信任		一般信任、不太信任、很不信任	
	样本数	比例（%）	样本数	比例（%）
	71	14.17	430	85.83
情境假设4: 追溯环节:生猪屠宰环节 信息发布方:生产经营者 查询方式:购买场所查询机查询	非常信任、比较信任		一般信任、不太信任、很不信任	
	样本数	比例（%）	样本数	比例（%）
	70	13.97	431	86.03
情境假设5: 追溯环节:生猪养殖环节 信息发布方:政府 查询方式:手机/网站查询	非常信任、比较信任		一般信任、不太信任、很不信任	
	样本数	比例（%）	样本数	比例（%）
	439	87.62	62	12.38
情境假设6: 追溯环节:生猪养殖环节 信息发布方:政府 查询方式:购买场所查询机查询	非常信任、比较信任		一般信任、不太信任、很不信任	
	样本数	比例（%）	样本数	比例（%）
	413	82.44	88	17.56
情境假设7: 追溯环节:生猪养殖环节 信息发布方:生产经营者 查询方式:手机/网站查询	非常信任、比较信任		一般信任、不太信任、很不信任	
	样本数	比例（%）	样本数	比例（%）
	79	15.77	422	84.23
情境假设8: 追溯环节:生猪养殖环节 信息发布方:生产经营者 查询方式:购买场所查询机查询	非常信任、比较信任		一般信任、不太信任、很不信任	
	样本数	比例（%）	样本数	比例（%）
	77	15.37	424	84.63

　　首先，受访者对情境假设5信任程度最高，表示非常信任、比较信任的受访者占样本总数的87.62%，即消费者对信息可以追溯到养殖环节，并且信息发布方为政府，通过手机/网站进行查询的可追溯猪肉信息最为信任；对情境假设6表示非常信任、比较信任的受访者占82.44%，即消

费者对信息可以追溯到养殖环节，并且信息发布方为政府，通过购买场所查询机进行查询的可追溯猪肉信息较为信任。

其次，对追溯到生猪屠宰环节，政府发布的信息较为信任。其中对情境假设 1 表示非常信任、比较信任的受访者占样本总数的 77.45%，即消费者对信息可以追溯到生猪屠宰环节，并且信息发布方为政府，通过手机/网站进行查询的可追溯猪肉信息较为信任；对情境假设 2 表示非常信任、比较信任的受访者占 69.06%，即消费者对信息可以追溯到生猪屠宰环节，并且信息发布方为政府，通过购买场所查询机进行查询的可追溯猪肉信息较为信任。

再次，受访者对追溯到生猪屠宰环节，生产经营者发布的信息信任度最低。其中情境假设 3 表示非常信任、比较信任的受访者仅占样本总数 14.17%，即消费者对信息可以追溯到生猪屠宰环节，且信息发布方为生产经营者，通过手机/网站进行查询的可追溯猪肉信息的信任度较低；对假设情境 4 表示非常信任、比较信任的受访者占 13.97%，即消费者对信息可以追溯到生猪屠宰环节，且信息发布方为生产经营者，通过购买场所查询机进行查询的可追溯猪肉信息信任度较低。

最后，消费者对追溯到生猪养殖环节，生产经营者发布的信息信任度相对较低。其中情境假设 7 表示非常信任、比较信任的受访者占样本总数的 15.77%，即消费者对信息可以追溯到生猪养殖环节，并且信息发布方为生产经营者，通过手机/网站进行查询的可追溯猪肉信息的信任度较低；对情境假设 8 表示非常信任、比较信任的受访者仅占 15.37%，即消费者对信息可以追溯到生猪养殖环节，并且信息发布方为生产经营者，通过购买场所查询机进行查询的可追溯猪肉信息信任度较低。

通过 8 个假设情境对比分析发现，相比追溯环节，消费者更信任可以追溯到生猪养殖环节的信息；相比信息发布方，消费者对政府发布的信息更为信任；相比查询方式，消费者更愿意使用手机/网站进行查询。可以概括为消费者对追溯到生猪养殖环节、政府发布、手机/网站查询的猪肉追溯信息组合最为信任。

四　计量模型估计结果与分析

本研究利用 stata13.0 软件对 8 个模型进行估计，估计结果如表 5、表 6 所示。由模型的伪 R^2、LR 似然值及其 Z 值可知，模型的拟合优度和变量整体显著性都很好。

从 8 个模型的回归结果可以看出，追溯信息信任变量正向显著影响消费者的支付意愿，与预期作用方向一致，验证了本文的假设，即与普通猪肉相比，对可追溯猪肉信息信任度越高的受访者，其愿意购买可追溯猪肉的可能性越大。除此之外，投标价格、家庭年收入、可追溯认知、性别、户籍、年龄、购买成员、小孩情况、放心程度这 9 个变量显著影响消费者对可追溯猪肉的支付意愿。

具体而言，第一，投标价格变量负向显著影响消费者的支付意愿，与预期作用方向一致，即随着投标价格的不断提高，消费者愿意购买可追溯猪肉的可能性不断降低。第二，家庭年收入变量正向显著影响消费者的支付意愿，与预期作用方向一致，即收入越高的家庭愿意购买可追溯猪肉的可能性越高。第三，可追溯认知变量负向显著影响消费者的支付意愿，与预期作用方向不一致，即对于知道"可追溯猪肉"或"猪肉可追溯体系"的这部分消费者，其愿意购买可追溯猪肉的可能性更低，出现这一结果的可能是因为知道食品可追溯体系或可追溯食品的这部分消费者对我国现阶段可追溯食品信息的溯源情况较为了解（其实是更多考虑到了所查询的猪肉可追溯信息发布主体多且为关键环节的信息甚至查询不到等因素），所以其购买可追溯猪肉的可能性不高。第四，性别变量负向显著影响消费者的支付意愿，与预期作用方向不一致，即女性要比男性愿意购买可追溯猪肉的可能性高，出现这一结果可能与我国女性为家庭中食物的主要购买者有关。第五，户籍变量正向显著影响消费者的支付意愿，即本地户籍的消费者要比外地户籍的消费者愿意购买可追溯猪肉的可能性更高。第六，年龄变量负向显著影响消费者的支付意愿，即年龄大的消费者愿意购买可追溯猪肉的可能性更低，出现这一结果的原因可能是对于年长者，他们对可追溯食品信息接受能力偏低，对于肉菜等食品习惯于靠以往购买经验与外观

表 5　模型估计结果（一）

变量名称	模型一 情境1		模型二 情境2		模型三 情境3		模型四 情境4	
	系数	Z 值	系数	Z 值	系数	Z 值	系数	Z 值
投标价格	-0.91641***	-10.36	-0.85157***	-10.04	-1.22109***	-9.42	-1.47829***	-8.88
性别	-0.35968	-1.36	-0.53493**	-2.12	0.087147	0.31	-0.07493	-0.25
年龄	-0.00888	-0.71	-0.00422	-0.35	-0.02858**	-2.08	-0.00754	-0.52
户籍	-0.04717	-0.17	0.467116*	1.74	0.042848	0.14	0.271298	0.82
学历	-0.06792	-0.56	0.099199	0.88	-0.13133	-1.09	-0.04976	-0.38
孕妇情况	0.224259	0.50	0.196873	0.47	0.032432	0.07	-0.18186	-0.35
小孩情况	-0.26394	-1.07	-0.12193	-0.52	0.025022	0.10	0.13179	0.46
老人情况	0.35067	1.33	0.19109	0.77	-0.04059	-0.15	-0.03559	-0.12
家庭年收入	0.145423*	1.67	0.049861	0.61	-0.11363	-1.25	-0.05052	-0.52
购买成员	-0.112	-0.42	-0.2173	-0.87	-0.53981**	-1.97	-0.8415***	-2.82
购买比重	0.301949	1.16	0.282311	1.15	0.178118	0.66	0.320158	1.10
关注程度	-0.07599	-0.28	-0.29037	-1.16	0.089879	0.34	0.075827	0.26
放心程度	0.212749	0.86	0.178348	0.76	0.092048	0.36	-0.30217	-1.10
购买场所	-0.12934	-0.46	-0.28587	-1.09	-0.27525	-0.98	-0.23842	-0.81
可追溯认知	-0.56436**	-2.01	-0.54432	-2.02	0.064583	0.21	0.240734	0.72
追溯信息信任	1.25138***	4.23	1.059267**	4.15	1.80604***	4.82	2.49652***	6.24
常数项	2.209418	2.99	1.572828***	2.24	3.452505	4.19	2.211886	2.56

续表

变量名称	模型一 情境1 系数	Z值	模型二 情境2 系数	Z值	模型三 情境3 系数	Z值	模型四 情境4 系数	Z值
Number of obs	501		501		501		501	
LR chi² (16)	192.52		178.92		225.45		234.76	
Prob > chi²	0.0000		0.0000		0.0000		0.0000	
Pseudo R²	0.2958		0.2621		0.3491		0.3894	

注：*、**、***分别表示10%、5%、1%的显著性水平。

表6 模型估计结果（二）

变量名称	模型五 情境5 系数	Z值	模型六 情境6 系数	Z值	模型七 情境7 系数	Z值	模型八 情境8 系数	Z值
投标价格	-0.81642***	-9.38	-0.7736***	-9.38	-1.05623***	-9.38	-1.08438***	-8.90
性别	-0.15325	-0.57	-0.70242***	-2.77	-0.03958	-0.15	-0.02629	-0.10
年龄	0.005978	0.47	0.007475	0.62	-0.01811	-1.38	-0.01143	-0.86
户籍	0.024877	0.09	0.20364	0.76	-0.19295	-0.67	-0.12586	-0.42
学历	-0.09359	-0.75	0.070178	0.60	-0.06193	-0.53	-0.06584	-0.56
孕妇情况	0.207245	0.46	0.320636	0.76	-0.08731	-0.20	-0.43501	-0.93
小孩情况	-0.46693*	-1.85	-0.3588	-1.51	-0.20461	-0.82	-0.20595	-0.80

续表

变量名称	模型五 情境5		模型六 情境6		模型七 情境7		模型八 情境8	
	系数	Z值	系数	Z值	系数	Z值	系数	Z值
老人情况	0.11427	0.43	0.196045	0.79	0.052875	0.20	0.186112	0.68
家庭年收入	0.263615***	2.91	0.201017**	2.37	-0.07854	-0.91	-0.00175	-0.02
购买成员	-0.01933	-0.07	-0.28214	-1.12	-0.13483	-0.51	-0.12082	-0.45
购买比重	-0.00252	-0.01	0.051129	0.21	0.302113	1.17	0.341309	1.29
关注程度	0.072202	0.27	-0.15673	-0.62	0.054413	0.21	-0.00061	0.01
放心程度	0.36391	1.46	0.479308**	2.01	0.230717	0.94	0.001204	0.01
购买场所	-0.44602	-1.52	-0.51274*	-1.90	-0.10707	-0.39	-0.23433	-0.85
可追溯认知	-0.90488***	-3.18	-0.62896**	-2.30	-0.06926	-0.23	-0.04243	-0.14
追溯信息信任	1.64103***	4.60	1.168331***	3.91	1.566938***	4.71	1.825976***	5.35
常数项	1.460236	1.86	1.135927	1.55	2.456715***	3.17	1.817676**	2.30
Number of obs	501		501		501		501	
LR chi² (16)	160.33		155.77		214.21		203.67	
Prob > chi²	0.0000		0.0000		0.0000		0.0000	
Pseudo R²	0.2660		0.2411		0.3221		0.3193	

注：*、**、***分别表示10%、5%、1%的显著性水平。

气味等进行购买，因此愿意购买可追溯猪肉的可能性偏低。第七，购买成员变量、小孩情况变量负向显著影响消费者的支付意愿，即家庭中猪肉的主要购买成员与家庭中有小孩的受访者愿意购买可追溯猪肉的可能性要低，与预期作用方向不符，出现这一结果的原因可能在于，作为家庭中食品的主要购买者与家庭中有小孩的受访者，他们对食品安全信息是格外关注的，而当前我国猪肉可追溯体系建设得并不完善，因此对可追溯猪肉购买的可能性偏低。第八，放心程度正向显著影响消费者的支付意愿，与预期作用方向一致，即对猪肉质量安全放心程度越高的受访者，愿意购买可追溯猪肉的可能性越高。

根据平均支付意愿计算公式，本研究计算出消费者对不同追溯信息猪肉的平均支付意愿，以及在不同模拟情境下追溯信息信任对支付意愿影响的差异。

1. 不同模拟情境下消费者支付意愿水平差异研究

通过对比情境 1 与情境 5 消费者的平均支付意愿可以发现，消费者愿意为可查询到生猪屠宰环节 + 政府发布 + 手机/网站进行查询的猪肉信息组合额外支付 6.46 元/kg，如果信息可以查询到生猪养殖环节，消费者则愿意额外支付 7.68 元/kg，两者相差 1.22 元/kg。通过对比情境 2 与情境 6 消费者的平均 WTP 可以发现，消费者愿意为可查询到生猪屠宰环节 + 政府发布 + 购买场所查询机查询的猪肉信息组合额外支付 5.48 元/kg，如果信息可以查询到生猪养殖环节，消费者则愿意额外支付 6.78 元/kg，两者相差 1.30 元/kg。相比之下，消费者对可以追溯到生猪养殖环节信息的平均支付意愿要高。

通过对比情境 1 与情境 3 消费者的平均支付意愿可以发现，消费者愿意为可查询到生猪屠宰环节 + 政府发布 + 手机/网站进行查询的猪肉信息组合额外支付 6.46 元/kg，但是信息发布方变为生产经营者，消费者只愿意额外支付 2.48 元/kg。从情境 5 与情境 7 消费者的平均 WTP 可以发现，消费者愿意为可查询到生猪养殖环节 + 政府发布 + 手机/网站进行查询的猪肉信息组合额外支付 7.68 元/kg，但是如果信息发布方变为生产经营者，消费者只愿意额外支付 2.82 元/kg，两者相差 4.86 元/kg。由此可见，消费者对政府发布的可追溯信息的支付意愿要高。

　　通过情境 1 与情境 2 消费者的平均支付意愿可以发现，消费者愿意为可查询到生猪屠宰环节＋政府发布＋手机/网站进行查询的猪肉信息组合额外支付 6.46 元/kg，如果信息的查询方式变为购买场所查询机查询，那么消费者只愿意额外支付 5.48 元/kg。从情境 5 与情境 6 消费者的平均 WTP 可以发现，消费者愿意为可查询到生猪养殖环节＋政府发布＋手机/网站进行查询的猪肉信息组合额外支付 7.68 元/kg，要比可查询到生猪养殖环节＋政府发布＋购买场所查询机查询的猪肉信息组合额外多支付 0.9 元/kg。由此可见，消费者对查询方式为手机/网站查询的支付意愿要高。

　　总结以上研究，可以将本部分内容概括为三个方面：首先，通过对比查询环节可以发现，消费者对可以追溯到生猪养殖环节猪肉信息组合的支付意愿要高于可以追溯到生猪屠宰环节猪肉信息组合的支付意愿。其次，对信息发布方为政府的猪肉信息组合的支付意愿要明显高于信息发布方为生产经营者的猪肉信息组合的支付意愿。最后，对通过手机/网站进行查询猪肉信息组合的支付意愿要高于用购买场所查询机查询猪肉信息组合的支付意愿，但总体差距不是很大。详见表 7。

表 7　不同假设情境下消费者平均支付意愿的差异

情境	情境内容	平均支付意愿（元/ kg）
情境 1	生猪屠宰环节、政府发布、手机/网站查询	6.46
情境 2	生猪屠宰环节、政府发布、购买场所查询机查询	5.48
情境 3	生猪屠宰环节、生产经营者发布、手机/网站查询	2.48
情境 4	生猪屠宰环节、生产经营者发布、购买场所查询机查询	1.98
情境 5	生猪养殖环节、政府发布、手机/网站查询	7.68
情境 6	生猪养殖环节、政府发布、购买场所查询机查询	6.78
情境 7	生猪养殖环节、生产经营者发布、手机/网站查询	2.82
情境 8	生猪养殖环节、生产经营者发布、购买场所查询机查询	2.28

2. 不同模拟情境下追溯信息信任对消费者支付意愿影响研究

　　通过 8 个模型的回归结果可知，追溯信息信任变量显著影响消费者的支付意愿。从情境假设 1 的边际效果来看，消费者对情境假设 1 猪肉信息组合的信任每增加一个等级，消费者愿意为可追溯猪肉支付意愿的可能性平均提高 0.2863；消费者对情境假设 2 猪肉信息组合的信任每增加一个等级，消费者愿意为可追溯猪肉支付意愿的可能性平均提高 0.2571；消费者对情境假设 3 猪肉信息组合的信任每增加一个等级，消费者愿意为可追溯猪肉支付意愿的可能性平均提高 0.3883；消费者对情境假设 4 猪肉信息组合的信任每增加一个等级，消费者愿意为可追溯猪肉支付意愿的可能性平均提高 0.4568；消费者对情境假设 5 猪肉信息组合的信任每增加一个等级，消费者愿意为可追溯猪肉支付意愿的可能性平均提高 0.3569；消费者对情境假设 6 猪肉信息组合的信任每增加一个等级，消费者愿意为可追溯猪肉支付意愿的可能性平均提高 0.2706；消费者对情境假设 7 猪肉信息组合的信任每增加一个等级，消费者愿意为可追溯猪肉支付意愿的可能性平均提高 0.3598；消费者对情境假设 8 猪肉信息组合的信任每增加一个等级，消费者愿意为可追溯猪肉支付意愿的可能性平均提高 0.3936（见表 8）。

表 8   不同情境假设下信息信任对支付意愿影响差异研究

变量	情景	系数	Z 值	边际概率
追溯信息信任	情境假设 1	1.25138***	4.23	0.2863
	情境假设 2	1.059267**	4.15	0.2571
	情境假设 3	1.80604***	4.82	0.3883
	情境假设 4	2.49652***	6.24	0.4568
	情境假设 5	1.64103***	4.60	0.3569
	情境假设 6	1.168331***	3.91	0.2706
	情境假设 7	1.566938***	4.71	0.3598
	情境假设 8	1.825976***	5.35	0.3936

注：**、***分别表示 5%、1% 的显著性水平。

五　主要结论与对策建议

（一）主要结论

本研究利用上海 13 个城区的 501 份消费者调查问卷数据，选用假想价值评估法和二元 Logit 模型实证分析消费者对可追溯猪肉的支付意愿及其影响因素。主要得出以下结论。

首先，在 501 位受访者中知道"可追溯食品"或"食品可追溯体系"的仅为 116 人，对可追溯食品的认知水平较低，有待于进一步加强。进行信息强化后，受访者对追溯信息信任的程度明显提升。其中，消费者对于政府发布的、可追溯到生猪养殖环节的信息信任程度较高。

其次，追溯信息信任、投标价格、家庭年收入、可追溯认知、性别、户籍、年龄、购买成员、小孩情况、放心程度等 10 个变量显著影响消费者对可追溯猪肉的支付意愿。对追溯信息越信任的消费者对可追溯猪肉越愿意支付额外价格，随着投标价格的不断提高，消费者愿意购买可追溯猪肉的可能性不断降低，认知变量与预期作用方向不一致，可能是因为知道食品可追溯体系或可追溯食品的这部分消费者对我国现阶段可追溯食品信息的溯源情况较为了解（其实是更多考虑到了所查询的猪肉可追溯信息发布主体多且为关键环节的信息甚至查询不到等因素），所以其购买可追溯猪肉的可能性不高。

最后，在 8 个不同猪肉追溯信息模拟情境下，消费者对可追溯到生猪养殖环节 + 政府发布 + 手机/网站进行查询的猪肉信息组合最为信任，且平均支付意愿达到 7.98 元/kg；并且通过计算不同模拟情景下消费者支付意愿水平差异发现，消费者愿意为可追溯到生猪养殖环节与可追溯到生猪屠宰环节分别额外多支付 1.22 元/kg 与 1.33 元/kg，消费者愿意为政府发布的可追溯信息与生产经营者发布的可追溯信息分别额外多支付 3.98 元/kg 与 2.82 元/kg，消费者愿意为手机/网站查询方式与购买场所查询机查询分别额外多支付 0.98 元/kg 与 0.9 元/kg；关于不同情境下追溯信息信任对支付意愿影响，从情境 1 到情境 8 的边际效果来看，消费者对情境 1 到情境 8 猪肉信息组合的信任每增加一个等级，消费者愿意为可追溯猪肉支付意愿的可能性平均分别提高 0.2863、0.2571、0.3883、0.4568、0.3569、0.2706、0.3598、0.3936。

（二）对策建议

根据研究结论，提出以下对策建议。

一是加大猪肉可追溯体系的宣传力度，提高消费者溯源意识。利用消费者获取食品可追溯信息最集中的渠道，包括电视、网络和食品标签等，大力宣传食品可追溯体系对保障食品安全的重要性，鼓励消费者积极查询食品可追溯信息。

二是生产具有不同可追溯属性层次的追溯食品，满足多样化的消费需求。建议在猪肉可追溯体系建设中，生产经营者设置可追溯到生猪养殖环节的猪肉信息，引入政府监督机制，保障每个环节信息的真实性，这样既能满足市场需求，也能增强消费者对可追溯信息的信任；并引导生产经营者生产多信息组合的可追溯猪肉，注重技术标准的统一性、规范性，满足多样化的消费需求。

三是制定政府、消费者、生产经营者联合共治的额外成本分担机制。要实现可追溯食品信息多层次多样化，必定会增加额外的生产成本。通过研究发现，随着投标价格的增长，消费者对可追溯猪肉的支付意愿不断下降；一旦额外的成本超出消费者愿意支付的额外价格，消费者的实际购买就会下降。因此建议制定可追溯猪肉额外生产成本分担机制，由政府财政加大对生产经营者的补贴，降低可追溯猪肉生产成本，从而降低可追溯猪肉价格。

参考文献

[1] 刘增金、王萌、贾磊、乔娟：《溯源追责框架下猪肉质量安全问题产生的逻辑机理与治理路径——基于全产业链视角的调查研究》，《中国农业大学学报》2018 年第 11 期。

[2] 王一舟、王瑞梅、修文彦：《消费者对蔬菜可追溯标签的认知及支付意愿研究——以北京市为例》，《中国农业大学学报》2013 年第 3 期。

[3] 吴林海、徐玲玲、王晓莉：《影响消费者对可追溯食品额外价格支付意愿与支付水平的主要因素：基于 Logistic、Interval Censored 的回归分析》，《中国农村经济》2010 年第 4 期。

[4] 周应恒、王晓晴、耿献辉：《消费者对加贴信息可追溯标签牛肉的购买行为分析——基于上海市家乐福超市的调查》，《中国农村经济》2008 年第 5 期。

[5] 吴林海、徐玲玲、王晓莉：《影响消费者对可追溯食品额外价格支付意愿与支付水平的主要因素：基于 Logistic、Interval Censored 的回归分析》，《中国农村经济》

2010 年第 4 期。

［6］刘增金、乔娟、张莉侠、马佳：《消费者对可追溯猪肉的购买意愿及其影响因素分析——基于北京市 495 位消费者的问卷调查》，《上海农业学报》2016 年第 3 期。

［7］吴林海、王淑娴、徐玲玲：《可追溯食品市场消费需求研究——以可追溯猪肉为例》，《公共管理学报》2013 年第 10 期。

［8］Rozan A., Stenger A., Willinger M., "Willingness to Pay for Food Safety: An Experimental Investigation of Quality Certification on Bidding Behaviour," *European Review of Agricultural Economics*, 2004, 31 (4): 409 – 425.

［9］刘增金、乔娟、王晓华：《生猪养殖场户参与猪肉可追溯体系的行为与意愿分析——基于北京市 6 个区养殖场户的问卷数据》，《农林经济管理学报》2018 年第 1 期。

［10］王锋、张小栓、穆维松、傅泽田：《消费者对可追溯农产品的认知和支付意愿分析》，《中国农村经济》2009 年第 3 期。

［11］刘增金、乔娟：《消费者对可追溯食品的购买行为及影响因素分析——基于大连市和哈尔滨市的实地调研》，《统计与信息论坛》2014 年第 1 期。

［12］吴林海、王淑娴、Wuyang Hu：《消费者对可追溯食品属性的偏好和支付意愿：猪肉的案例》，《中国农村经济》2014 年第 8 期。

［13］吴林海、王红纱、朱淀、蔡杰：《消费者对不同层次安全信息可追溯猪肉的支付意愿研究》，《中国人口·资源与环境》2013 年第 8 期。

［14］卜凡：《消费者对不同质量安全信息的可追溯食品需求与影响因素研究》，江南大学硕士学位论文，2013。

［15］Umberger W. J., Boxall P. C., Lacy R. C., "Role of Credence and Health Information in Determining US Consumers' Willingness-to-Pay for Grass-Finished Beef," *Australian Journal of Agricultural and Resource Economics*, 2009, 53 (4): 603 – 623.

［16］Olesen I., Alfnes F., Rra M. B., et al., "Eliciting Consumers' Willingness to Pay for Organic and Welfare-labelled Salmon in a Non-hypothetical Choice Experiment," *Livestock Science*, 2010, 127 (2): 218 – 226.

［17］朱淀、蔡杰、王红纱：《消费者食品安全信息需求与支付意愿研究——基于可追溯猪肉不同层次安全信息的 BDM 机制研究》，《公共管理学报》2013 年第 10 期。

［18］吴林海、王红纱、朱淀、蔡杰：《消费者对不同层次安全信息可追溯猪肉的支付意愿研究》，《中国人口资源与环境》2013 年第 8 期。

［19］ 张振、乔娟、黄圣男：《基于异质性的消费者食品安全属性偏好行为研究》，《农业技术经济》2013 年第 5 期。

［20］ 侯博：《基于实验经济学方法的消费者对可追溯食品信息属性的偏好研究》，南京农业大学硕士学位论文，2016。

［21］ 刘增金、乔娟、沈鑫琪：《偏好异质性约束下食品追溯标签信任对消费者支付意愿的影响——以猪肉产品为例》，《农业现代化研究》2015 年第 5 期。

安全认证猪肉购买意愿的消费者社会特征识别及其影响因素分析[*]

王建华　高子秋[**]

摘　要：本研究在不完全信息背景下探讨影响消费者购买安全认证猪肉的因素，基于来自江苏省与安徽省 844 个消费者调查数据，利用结构方程模型系统描绘消费者关于安全认证猪肉购买意愿的形成路径。研究发现，影响消费者对安全认证猪肉购买意愿的要素分别是消费者对于安全认证猪肉的了解程度、态度、关注程度、识别能力，以及政府的宣传号召、猪肉的产地信息、消费者的受教育程度、收入水平、消费者对政府监管效果的满意程度。在此基础上，本文提出以下对策建议：一是加强食品安全知识教育培训，正确引导消费者行为；二是加强新闻媒体与社会舆论的引导与监督；三是加强政府法律建设，提高政策实施执行力度；四是加强产地认证建设，提高品牌建设意识。

关键词：安全认证猪肉　购买意愿　计划行为理论　结构方程模型社会特征

一　引言

作为人类赖以生存的基础，食品在人民的生活与发展中扮演着重要的

* 本文系国家自然科学基金面上项目"农业生产者安全生产政策的实验评估及其组合设计：以病死猪无害化处理为例"（项目编号：71673115）、国家自然科学基金项目"病死猪流入市场的生猪养殖户行为实验及政策研究"（项目编号：71540008）、中央高校基本科研业务费专项资金资助项目（项目编号：JUSRP1808ZD）的阶段性成果。

** 王建华，江南大学商学院教授，博士生导师，主要从事行为经济与决策科学等方面的研究；高子秋，江南大学商学院硕士研究生，主要从事消费者行为学等方面的研究。

角色，食品安全问题一直是世界各国普遍关注的重大问题。中国作为世界上人口最多的发展中国家，其食品安全问题也相当复杂，食品安全问题关系着社会稳定和政府的执政基础。"民以食为天，食以安为先"，近年来发生的"三聚氰胺""多宝鱼""瘦肉精""苏丹红"等食品安全风险事件严重打击了消费者对食品安全的信心。在欧洲的一些发达国家，消费者对食品供应链缺乏信任的现象也比比皆是（Angulo et al.，2005），食品质量安全问题俨然成了一个全球性的热点问题，食品安全风险问题更加强化了消费者对质量安全食品的诉求（Briz T.，Ward R. W.，2009）。从经济学视角来看，消费者与供应商之间，食品特定属性和特征的信息不对称是导致市场失灵的根本原因（Ortega et al.，2011），第三方认证通过向消费者传递商品的属性信息进而消除市场失灵，这在一定程度上缓解了信息不对称现象（Giannakas，2002），所以第三方提供的信息对于消费者而言是至关重要的。消费者是整个食品生产链条的最终目标指向和食品市场价值实现的最终推动者（Smith & Swinyard，1982），其在食品安全问题上所体现的态度和消费意愿会对政府和食品生产主体的行为选择产生深刻影响。因此，从消费者的视角深入研究安全认证食品的消费意愿具有重要的现实意义。

当前国内的有关消费者对于安全认证农产品购买行为和购买决策的研究大多采用简单的线性回归或者 logit/probit 模型，模型中的因素变量也是采用单一指标来进行衡量的（黄艳平，2013；麦尔旦·吐尔孙、王雅鹏，2014），但是在研究现实生活中影响消费者购买安全认证农产品的因素都是无法使用单一指标来进行衡量的，例如消费者的身体健康状况、消费者对安全认证农产品的认知程度或者消费者的风险感知程度等，这些指标都是需要多个指标来进行全方位的衡量和测评的（Angulo，A. M.，2005）。一般在同一个模型中既可能包含可以直接观测到的观测变量，也有可能包含无法直接观测到的潜在变量。在社会科学、市场、经济、管理等研究领域可能会出现同时要处理多个原因与结果之间关系的情况，不可避免会碰到不可观测到的潜变量，利用传统的计量统计的方法很难解决有关潜变量的问题，所以在本次研究中拟采用结构方程模型来分析消费者购买安全认证农产品的影响因素。本研究选用安全认证猪肉作为研究的对象，以江苏省和安徽省的消费者作为调查样本，通过构建消费者购买安全认证猪肉的影响因素模型，研究消费者的行为态度、主观规范以及知觉行为控制对于消费者的购买意愿存在着怎样的影响，同时就消费者的社会特征对于购买意愿的影响进行了回归分析。最后根据研究结论向消费者、政府以及食品行业主体提出相关建议，以完善并营造更加良好的食品安全环境。

二　文献综述

安全认证农产品的购买行为是消费者在农产品选择过程中的行为决策，国内外学者也就消费者关于安全认证农产品的购买行为进行了多角度的剖析。在对国内外研究学者的文献进行分析后可以发现，消费者对于安全认证食品购买意愿的影响因素主要包括态度、收入、年龄、教育程度、社会文化、信任程度、主观规范等。

Magistris T. 在对意大利消费者关于有机食品的消费决策研究中发现消费者对于有机食品的态度决定了他们是否购买有机食品（De Magistris T., Gracia A., 2008）。Chryssohoidis 和 Krystallis（2005）在研究中表示消费者会考虑到有机食品对身体健康的作用以及有机食品的口味而做出购买决策。更有相关研究学者发现意识与实际购买之间存在密切的联系，意识水平因为收入、年龄、教育和地区之间的差异性而存在显著差异（Briz T., Ward R. W., 2009；Owusu-Sekyere et al., 2014），同时，教育被证明是影响意识水平的主要因素。黄艳平（2013）指出消费者对于安全认证猪肉的认知度以及信任度对其购买意愿有着显著的影响。Voon J. P. 等（2011）分析了情感以及道德感对于购买意愿的影响，研究发现因为受马来西亚高权力距离文化影响，且马来西亚是一个高度集体主义的国家，所以消费者倾向于遵循重要的其他人的消费选择。还有研究也表明环保主义者的号召、广告、朋友、社会等隶属于主观规范的元素都是影响消费者支付意愿的因素（Golnas Rezai, Phush kit Teng, et al., 2013）。雷思维等人（2013）发现消费者的收入水平、对农产品的认知程度、受教育水平以及对政府的信任等均会对安全认证农产品的购买意愿产生影响。有研究学者对坦桑尼亚的消费者就传统番茄与有机番茄的购买意愿进行的分析中发现消费者更加偏好有机番茄，且对产地为本国的番茄的偏好程度更高（Roselyne Alphonce；Frode Alfnes；2012）。

通过对国内外文献的梳理可以发现，目前聚焦于安全认证猪肉的研究较少，且与该主题吻合的研究在实证分析部分只注重变量之间的线性关系，变量选取得较为随机和分散，先前的研究者多分析了消费者的个体社会特征对于安全认证猪肉购买意愿的影响作用，但个体社会特征的选取较为随机，所以在本研究中引入了科特勒的行为选择模型，将消费的个体社会特征按照行为选择模型分为四类。另外多数学者在研究中没有契合的理论框架的支撑，所以在本研究中引入了计划行为理论作为理论支撑。

自 Ajzen 提出完整且较为成熟的计划行为理论以后，该理论便被大量地应用于各个领域的研究当中，通过大量文献检索可以发现计划行为理论被应用于医药行业、在线服务、人体健康研究、农业等领域。由于计划行为理论对于行为有着良好的预测能力，所以该理论很快就被应用于消费者行为意向研究方向，故本研究也是在前人研究的基础之上继续探讨安全认证理论维度下关于消费者安全认证农产品购买行为的形成路径。许多学者将计划行为理论应用于预测消费者的绿色消费行为，并且证实了该理论的稳健性（Sebastian and Bamberg，2003；Chan and Lau，2001；Kalafatis et al.，1999；MeiFang Chen，2007）。Golnas Rezai 等在对马来西亚消费者对于绿色食品消费意愿进行研究时以计划行为理论为基础探讨消费者的支付意愿，研究结果显示行为态度、主观规范以及知觉行为控制对消费者的支付意愿有着显著的影响（Golnas Rezai，2013）。Vermeir 等（2008）在研究比利时年轻人对于可持续食品的消费行为的过程中发现，消费意向的变量由态度、社会规范、知觉行为控制来解释。Tarkiaimen（2005）对绿色食品的研究结果也表明，消费者绿色消费的主观规范是通过态度而影响绿色消费意向的，主观规范对意向的直接影响并不显著。Kim 等（2011）对绿色个人护理产品的研究表明，消费者对绿色消费的态度、主观规范、知觉行为控制正向地影响着消费者的绿色消费意向和行为。

三　研究假设

计划行为理论起始于多属性态度理论（Fishbein，1963），中期发展为理性行为理论（Fishbein，Ajzen，1975），最终形成计划行为理论。

计划行为理论提出，行为态度、主观规范和知觉行为控制是影响行为意向的三大维度。已有研究分析且证实，消费者的态度、主观规范和知觉行为控制对于最终的消费行为有着直接的影响（Han et al.，2010；Mei-Fang Chen，2007），学者们通常在研究有机食品消费行为时会考虑到行为态度（如健康意识、环境意识等），以及对有机食品主张的信任和有机食品属性的可取性（如味道、质地、新鲜度等）（Hughner et al.，2007；Thogersen，2006；Aryal et al.，2009）。McClelland（1987）的需求理论中提到个人倾向于执行被亲人或职场群体认为合适的行为，因为需求理论中涉及的个人需要联系和群体识别。同时 Briz T. 和 Ward R. W. 在对 1000 名西班牙消费者就有机食品的购买意愿进行分析得出，消费者对有机食品的理解是基于感知和知识基础之上的，这两者都有助于提高消费者对于有机产品的购买意愿（Briz T.，Ward R. W.，2009）。

故本研究提出以下假设：

H1：消费者关于安全认证猪肉的态度正向影响其安全认证猪肉的购买意愿。

H2：消费者关于安全认证猪肉的主观规范正向影响其对安全认证猪肉的购买意愿。

H3：消费者关于安全认证猪肉的知觉行为控制正向影响其对安全认证猪肉的购买意愿。

在本研究中还使用到期望价值理论。期望价值理论的基本假设是：人们做某事的过程也被称为他们参与的行为，取决于行为导向目标的可能性和目标的主观价值。学术界现存的期望价值理论分为早期阿特金森的期望价值理论和现代期望价值理论（Eccles J. S.，2002）。Eccles 提出的假设中认为期望与价值被认为是受到特定信念的影响，该假设也指导了本研究中模型的建立。信念描述了消费者对于安全认证农产品的各种属性的主观想法，同时对于消费决策也存在影响（Brady et al.，2003），Brady et al. 也在研究中发现如果消费者感知到某种安全食品对于自身的身体健康是有益的，消费者便会加大对该安全食品的购买力度。在本研究中，将信念分为了行为信念、规范信念与控制信念，而这些信念也分别影响着行为态度、主观规范与知觉行为控制。

故本研究接着提出以下假设：

H4：消费者关于安全认证猪肉的行为信念决定其行为态度，且两者呈现正相关关系。

H5：消费者关于安全认证猪肉的规范信念决定其主观规范，且两者呈现正相关关系。

H6：消费者关于安全认证猪肉的控制信念决定其知觉行为态度，且两者呈现正相关关系。

Nayga（1996）研究发现，消费者的社会人口特征会影响信息的获取，进而影响消费态度最终影响消费决策，所以本文也将消费者的社会特征作为行为的影响因素进行分析。消费者购买决策是消费者在购买特定的所需产品之前判断并选择产品、品牌或服务的过程，目前有几种消费者购买决策模式：S－O－R 模式、Kotler 行为选择模型、Nicosia 模式、Engel 模式和 Howard-Schells 模式，本研究主要采取 Kotler 行为选择模型，在对消费者社会特征对于安全认证猪肉的购买意愿进行分析时，基于 Kotler 行为选择模型，将消费者个人社会特征分为个体因素、社会因素、文化因素和心理因素，进而分析消费者社会特征对于购买意愿影响的显著程度。

故本研究最后提出以下假设：

H7：消费者的个人社会特征影响其对安全认证猪肉的购买意愿，且不同的特征影响显著性不同。

四　研究方法与变量设计

（一）研究方法

本研究采用的模型是结构方程模型（Structural Equation Model，SEM），又被称为潜变量模型。在一个结构方程模型中，既可能包含可以观察、测量到的观测变量，也可能包含无法直接观测到的潜在变量。在社会科学、市场、经济、管理等领域可能出现同时要处理多个原因与结果之间关系的现象，不可避免会碰到无法直接观测到的潜在变量，利用传统的计量统计的方法很难解决有关潜在变量的问题，所以为了弥补传统统计方法的不足，就出现了结构方程模型，它成为多元数据分析的一个重要的工具。结构方程模型可以代替因子分析、通径分析、多重回归以及协方差分析等方法，且结构方程模型的形成需经过建立、估计和检验因果关系模型几个步骤，从而通过清晰的单项指标分析数据显示单项指标对于总体的作用以及单项指标相互之间的影响大小。结构方程模型分为测量模型和结构模型两种。

测量模型（Measurement Model）同时也叫验证性因子分析模型，主要是测量观测变量与潜在变量之间的关系，测量模型一般是由两个方程组成，分别是

$$x = \Lambda x \xi + \delta \tag{1}$$

$$y = \Lambda y \eta + \varepsilon \tag{2}$$

η 为 $n \times 1$ 阶的内生潜在变量，y 为 $q \times 1$ 阶的内生观测变量；ξ 为 $m \times 1$ 阶的外生潜在变量，x 为 $P \times 1$ 阶的外生观测变量，Λx 为 $p \times m$ 阶的矩阵，是外生观测变量 x 在外生潜在变量 ξ 上的因子载荷矩阵，Λy 为 $q \times n$ 阶矩阵，是内生观测变量 y 在内生潜在变量 η 上的因子载荷矩阵；δ 为 $p \times 1$ 阶测量误差向量，ε 为 $q \times 1$ 阶测量误差向量。

结构模型（Structural Equation Model）又称为潜在变量因果关系模型，主要表示潜在变量之间的关系，主要涉及的就是外生潜在变量与内生潜在变量之间的因果关系，模型具体表现为

$$\eta = B\eta + \Gamma\xi + \zeta \tag{3}$$

B 是内生潜变量 η 的系数矩阵，Γ 是外生潜变量 ξ 的系数矩阵，也是外生潜在变量对相应内生潜在变量的通径系数矩阵，ζ 为残差向量。

在本研究中，主要估计的参数包括：外生潜变量与内生潜变量的结构方程系数；观测变量与潜在变量的测量方程系数。

（二）变量设计

本研究根据建立的结构方程模型，该模型以消费者对于安全认证猪肉的购买意愿为外生潜在变量，以行为态度、主观规范以及知觉行为控制为内生潜在变量，主要的测量内容如表 1 所示。

表 1 被解释变量题项设计

潜在变量（代码）	观测变量（代码）	变量赋值
消费者购买意愿（PI）	您在生活中会有选择购买安全认证猪肉的想法吗？（PI_1）	完全不同意 =1；不太同意 =2；一般 =3；比较同意 =4；非常同意 =5
	您在日常生活中购买过安全认证猪肉吗？（PI_2）	完全不同意 =1；不太同意 =2；一般 =3；比较同意 =4；非常同意 =5
行为态度（AB）	我认为购买安全认证猪肉是明智的（AB_1）	完全不同意 =1；不太同意 =2；一般 =3；比较同意 =4；非常同意 =5
	我支持购买安全认证猪肉（AB_2）	完全不同意 =1；不太同意 =2；一般 =3；比较同意 =4；非常同意 =5
	我认为实施猪肉质量安全认证能提高消费者对食品安全的信心（AB_3）	完全不同意 =1；不太同意 =2；一般 =3；比较同意 =4；非常同意 =5
行为信念（BB）	我认为安全认证猪肉具有较高的可信度（BB_1）	完全不同意 =1；不太同意 =2；一般 =3；比较同意 =4；非常同意 =5
	我认为安全认证猪肉的营养成分更高（BB_2）	完全不同意 =1；不太同意 =2；一般 =3；比较同意 =4；非常同意 =5
	我认为安全认证猪肉的产地信息在我进行购买时有着很大的影响作用（BB_3）	完全不同意 =1；不太同意 =2；一般 =3；比较同意 =4；非常同意 =5
主观规范（SN）	家人、亲戚、朋友对我购买安全认证猪肉的影响很大（SN_1）	完全不同意 =1；不太同意 =2；一般 =3；比较同意 =4；非常同意 =5
	同事上司对我购买安全认证猪肉的影响很大（SN_2）	完全不同意 =1；不太同意 =2；一般 =3；比较同意 =4；非常同意 =5
	政府的宣传号召对我购买安全认证猪肉的影响很大（SN_3）	完全不同意 =1；不太同意 =2；一般 =3；比较同意 =4；非常同意 =5
	媒体的信息对我购买安全认证猪肉的影响很大（SN_4）	完全不同意 =1；不太同意 =2；一般 =3；比较同意 =4；非常同意 =5
	专家与学术机构的意见对我购买安全认证猪肉的影响很大（SN_5）	完全不同意 =1；不太同意 =2；一般 =3；比较同意 =4；非常同意 =5
规范信念（NB）	我身边的亲朋好友对安全认证猪肉充满信心（NB_1）	完全不同意 =1；不太同意 =2；一般 =3；比较同意 =4；非常同意 =5
	我身边的同事上司对安全认证猪肉充满信心（NB_2）	完全不同意 =1；不太同意 =2；一般 =3；比较同意 =4；非常同意 =5

续表

潜在变量（代码）	观测变量（代码）	变量赋值
知觉行为控制（PBC）	我有足够的经验能保证所购买的猪肉的安全性（PBC_1）	完全不同意 = 1；不太同意 = 2；一般 = 3；比较同意 = 4；非常同意 = 5
	我觉得在购买时并不难识别安全认证猪肉的特征（PBC_2）	完全不同意 = 1；不太同意 = 2；一般 = 3；比较同意 = 4；非常同意 = 5
	对我来说，购买安全认证猪肉的渠道很便利（PBC_3）	完全不同意 = 1；不太同意 = 2；一般 = 3；比较同意 = 4；非常同意 = 5
	对我来说，购买安全认证猪肉的成本并没有显著增加（PBC_4）	完全不同意 = 1；不太同意 = 2；一般 = 3；比较同意 = 4；非常同意 = 5
控制信念（CB）	我自身健康状况对不安全食品风险的抵御程度较差（CB_1）	完全不同意 = 1；不太同意 = 2；一般 = 3；比较同意 = 4；非常同意 = 5
	政府的监管力度会影响我购买安全认证猪肉的选择（CB_2）	完全不同意 = 1；不太同意 = 2；一般 = 3；比较同意 = 4；非常同意 = 5

另外本研究也重点考察了消费的社会学特征对于最终的购买意愿是否会产生影响，所以本研究根据科特勒行为选择模型，参照 Philip Kotler（1960）、石超（2014）在研究消费者认证食品购买意愿影响因素分析中使用到的方法，主要将消费者个人社会特征分为个体因素、文化因素、社会因素和心理因素四类（见表 2）。

表 2　基于 Kotler 行为选择模型的消费者个人社会特征题项设计

分类	编号	项目名称	引用文献
个体因素	AGE	年龄	Philip Kotler（1960）、石超（2014）
	GENDER	性别	
	MARITAL	婚姻状况	
文化因素	EDU	教育水平	
	INCOME	家庭年收入	
	NUMBER	家庭人口数	
社会因素	STATUS	目前所在地猪肉质量安全状况	
	KNOW	对安全认证猪肉的了解程度	
心理因素	CONCERN	对猪肉安全问题的关注程度	
	ENCOUNTER	是否遭遇过猪肉质量安全问题	
	DEGREE	对政府监管效果的满意度	

五　数据来源与样本特征分析

（一）数据来源

本研究数据源于 2017 年 7～9 月分别于江苏省和安徽省两地的问卷调查。江苏省与安徽省同位于中国的华东地区，但是由于两地的经济水平差异较大且人们的生活习惯也存有较大差异，故选取这二省来对消费者关于安全认证农产品的行为选择问题进行研究可以更加客观地得出实验结果。本次调查按照分层设计的原则，选取苏南（苏州市、无锡市、常州市）、苏中（南通市、扬州市、泰州市）、苏北（淮安市、宿迁市、徐州市）和皖南（宣城市）、皖中（合肥市）、皖北（蚌埠市）部分代表性城市为调查地点，在正式调查之前，安排专业的调研专家对调查员进行调研前的培训以确保调研数据的可靠性和准确性，调查经由受过专业培训的调查员在各地选取大型农贸市场、大型超市以及农产品专营店，通过随机抽样、面谈等形式进行调查，被访对象主要针对购买过猪肉的消费者，每个被调查者访谈时间为 20～30 分钟。此次调查共发放问卷 984 份，剔除无效问卷，总共回收问卷 844 份，其中江苏省回收有效问卷 475 份，安徽省回收有效问卷 369 份，问卷有效率为 85.77%。

（二）样本特征分析

从表 3 可以看出本次调查的总人数是 844 人，其中女性 473 人，占比56%；男性 371 人，占比 44%。总体上来说，女性的人数多于男性的人数，但是这两者并没有太大的差异性。在年龄方面，最多接受调查的年龄阶段集中于 30 岁（不含）以下，比例达到了 30.2%，其次集中于 40～49岁这一年龄段，比例达到了 26.4%。在本次的调研中，年轻阶段占比较大大的原因是年轻人比较乐于接受调查，其次年轻人对于食品的安全认证体系的接受程度也高于其他的年龄段。另外 40～49 岁的年龄段在本次调查中占比较高的原因，主要是 40～49 岁的人是家中的顶梁柱，也是家中食品的主要购买者，所以在市场上被调查到的概率相较于其他年龄层较高。在受

表 3 消费者个人社会特征描述性统计

社会人口特征		频率	百分比	累计百分比	社会人口特征		频率	百分比	累计百分比
性别					家庭人口				
	女	473	56	56		1 人	6	0.7	0.7
	男	371	44	100		2 人	70	8.3	9
年龄						3 人	387	45.9	54.9
	30 岁（不含）以下	255	30.2	30.2		4 人	173	20.5	75.4
	30~39 岁	151	17.9	48.1		5 人及以上	208	24.6	100
	40~49 岁	223	26.4	74.5	家庭年收入				
	50~59 岁	134	15.9	90.4		5 万元（含）及以下	106	12.6	12.6
	60 岁（含）以上	81	9.6	100		5 万~8 万元	183	21.7	34.2
婚姻状况						8 万~10 万元（不含）	230	27.3	61.5
	未婚	222	26.3	26.3		10 万元（含）以上	325	38.5	100
	已婚	622	73.7	100	是否有 18 岁以下的小孩				
受教育程度						否	431	51.1	51.1
	初中或初中以下	237	28.1	28.1		是	413	48.9	100
	高中（包括中等职业）	208	24.6	52.7	是否是家庭日常食品的主要购买者				
	大专	113	13.4	66.1		否	390	46.2	46.2
	本科	240	28.4	94.5		是	454	53.8	100
	研究生以上	46	5.5	100					

访对象中，本科文凭的受访者人数最多，共240人接受了本次调查，本科生对于安全认证食品理念的接触相较于其他文凭较低的人群会更多，其次他们对于食品安全的关注度也比较高，对于安全认证食品理念的接受度也较高，所以比较乐于接受调查。三口之家的比例为45.9%，达到了调查对象人数的近一半，这也符合中国目前的基本国情。随着我国经济实力的发展，人民的生活水平日益提升，87.4%的受访者的年收入达到5万元以上，这也与我们选择的调查区域有着密不可分的关系。

六 消费者购买安全认证农产品的影响因素分析

（一）探索性因子分析和信度、效度检验

本文应用 SPSS18.0 和 AMOS22.0 对收集的样本数据进行系列的因子分析，主要采用 SPSS18.0 进行数据的探索性因子分析和信度检验，AMOS22.0 主要用于对于数据的效度检验。

1. 探索性因子分析

在进行因子分析之前，先利用 SPSS18.0 进行因子分析的适宜性检验，主要包括 KMO 样本测度法（Kaiser-Meyer-Olink Measure of Sampling Adeauacy）以及巴特里特球体检验法（Bartlett Test of Sphericity）。首先运用 SPSS18.0 进行探索性因子分析，输出因子载荷矩阵，检测结果显示总体数据的 KMO 值为 0.740，分量表的 KMO 值基本上都大于 0.6，Bartlett 球体卡方检验显著，Sig 值为 0.000 < 0.05，另外各检测变量的标准因子载荷系数都大于 0.6，所有检验结果都表示该样本数据比较适合做因子分析。

2. 信度检验

信度检验即检验问卷的可靠性，问卷的信度即问卷的可靠性，也就是反映实际情况的程度。只有当信度被接受时，量表的数据分析才是可靠的（Bollen K. A.，1989）。在本研究中信度分析主要采用 Cronbach's α 系数值来衡量所得结果的一致性，评判的标准为：Cronbach's α 系数值越高，结果的一致性越好。根据以往的经验，Cronbach's α 系数值在 0.9 以上，说明数据的信度很高；Cronbach's α 系数值在 0.8 ~ 0.9，说明信度非常好；

表 4　信度检验

潜在变量（代码）	观测变量（代码）	Cronbach'α	因子载荷	Bartlett 球体检验	KMO 样本测度值
行为态度（AB）	我认为购买安全认证猪肉是明智的（AB_1）	0.753	0.694	678.627（P = 0.000）	0.66
	我支持购买安全认证猪肉（AB_2）		0.825		
	我认为实施猪肉质量安全认证能提高消费者对食品安全的信心（AB_3）		0.809		
主观规范（SN）	家人、亲戚朋友对我购买安全认证猪肉的影响很大（SN_1）	0.738	0.682	803.192（P = 0.000）	
	同事、上司对我购买安全认证猪肉的影响很大（SN_2）		0.575		
	政府的宣传号召对我购买安全认证猪肉的影响很大（SN_3）		0.641		
	媒体的信息对我购买安全认证猪肉的影响很大（SN_4）		0.774		
	专家与学术机构的意见对我购买安全认证猪肉的影响很大（SN_5）		0.563		
知觉行为控制（PBC）	我有足够的经验能保证所购买的猪肉的安全性（PBC_1）	0.693	0.782	594.522（P = 0.000）	0.692
	我觉得现在购买并不难识别安全认证猪肉的特征（PBC_2）		0.78		
	对我来说，购买安全认证猪肉的渠道很便利（PBC_3）		0.525		
	对我来说，购买安全认证猪肉的成本并没有显著增加（PBC_4）		0.568		
购买意愿（P_1）	您是否有选择购买安全认证猪肉的想法？（PI_1）	0.601	0.606	199.095（P = 0.000）	0.5
	您在日常生活中购买过安全认证猪肉吗？（PI_2）		0.749		

Cronbach's α 系数值在 0.7 ~ 0.8，说明信度比较好；Cronbach's α 系数值在 0.6 ~ 0.7，说明信度一般但是能够接受。在对收集的数据进行分析后，得出总量表的 Cronbach's α 系数值为 0.876，对各量表的题项进行信度分析后，结果显示 Cronbach's α 系数值都在 0.7 左右，均通过信度检验，表明各变量间的内部一致性良好，具体见表 4。

（二）模型检验结果和分析

1. 拟合检验和路径系数分析

本研究运用 AMOS22.0 对模型中确定的潜在变量（行为态度、主观规范、知觉行为控制、购买意愿）以及其对应的观测变量进行模型检验，得出表 5 所示的拟合评价结果，数据显示模型拟合度较好，各项评价指标均达到理想的状态。

表 5　结构方程模型整体拟合度评价标准及拟合评价结果

指数类别	指数名称	评价标准	实际拟合值	与评价标准相比	结果
绝对适配度指标	χ^2/df	< 3	2.832	< 3	理想
	GFI	> 0.90	0.968	> 0.90	理想
	RMR	< 0.05	0.037	< 0.05	理想
	RMSEA	< 0.05	0.044	< 0.05	理想
增值适配度指数	NFI	> 0.90	0.934	> 0.90	理想
	IFI	> 0.90	0.958	> 0.90	理想
	TLI	> 0.90	0.945	> 0.90	理想
	CFI	> 0.90	0.957	> 0.90	理想

注：GFI 表示拟合优度指数（Goodness of Fit Index）；RMR 表示均方根残余指数（Root Mean square Residual）；RMSEA 表示近似误差均方根（Root Mean Square Error of Approximation）；NFI 表示规范拟合指数（Nprmed Fit Index）；IFI 表示增量拟合指数（Incremental Fit Index）；TLI 表示塔克—刘易斯指数（Tucker - Lewis Index）；CFI 表示比较拟合指数（Comparative Fit Index）。

同时通过 AMOS22.0 也分析得出了图 1 所示的影响路径和表 6 所示的结构方程变量路径系数。

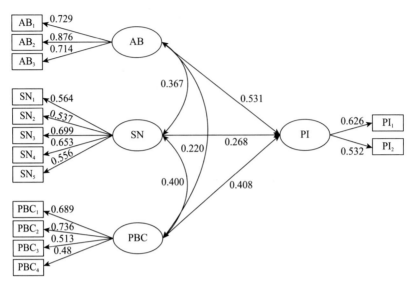

图 1　基于计划行为理论的消费者安全认证猪肉购买意愿影响路径

2. 结构模型的路径分析

根据模型标准化系数，得出结构模型方程（4）和测量模型方程（5）：

购买意愿 = 0.408 × 知觉行为控制 + 0.268 主观规范 + 0.531 × 行为态度 + 0.367 行为态度 × 主观规范 + 0.4 主观规范 × 知觉行为控制 + 0.22 行为态度 × 知觉行为控制 + e

$$\tag{4}$$

$$
\begin{bmatrix}
WISE \\
SUPP \\
MEAN \\
EXPE \\
RECO \\
CHAN \\
COST \\
MARK \\
CONS \\
GOVE \\
MEDI \\
ACIN
\end{bmatrix}
=
\begin{bmatrix}
0.729 & 0 & 0 \\
0.876 & 0 & 0 \\
0.714 & 0 & 0 \\
0 & 0.564 & 0 \\
0 & 0.537 & 0 \\
0 & 0.699 & 0 \\
0 & 0.653 & 0 \\
0 & 0.556 & 0 \\
0 & 0 & 0.689 \\
0 & 0 & 0.736 \\
0 & 0 & 0.513 \\
0 & 0 & 0.48
\end{bmatrix}
\times
\begin{bmatrix}
e1 \\
e2 \\
e3 \\
e4 \\
e5 \\
e6 \\
e7 \\
e8 \\
e9 \\
e10 \\
e11 \\
e12
\end{bmatrix}
\tag{5}
$$

表 6　AMOS 结构方程模型变量间回归结果

路径			Estimate	标准化 Estimate	S. E.	C. R.	P	Label
AB$_1$	<---	行为态度	1	0.729				
AB$_2$	<---	行为态度	1.118	0.876	0.055	20.252	***	par_1
AB$_3$	<---	行为态度	0.956	0.714	0.051	18.886	***	par_2
SN$_1$	<---	主观规范	0.862	0.564	0.067	12.794	***	par_3
SN$_2$	<---	主观规范	0.857	0.537	0.07	12.322	***	par_4
SN$_3$	<---	主观规范	1.065	0.699	0.072	14.698	***	par_5
PBC$_4$	<---	知觉行为控制	1	0.513				
PBC$_1$	<---	知觉行为控制	1.42	0.689	0.121	11.781	***	par_6
PBC$_2$	<---	知觉行为控制	1.475	0.736	0.124	11.904	***	par_7
PBC$_3$	<---	知觉行为控制	0.998	0.48	0.102	9.78	***	par_8
PI$_1$	<---	购买意愿	1	0.626				
PI$_2$	<---	购买意愿	1.514	0.532	0.189	8.016	***	par_9
SN$_4$	<---	主观规范	1	0.653				
SN$_5$	<---	主观规范	0.921	0.556	0.073	12.643	***	par_10
行为态度	<-->	主观规范	0.193	0.367	0.026	7.414	***	par_11
主观规范	<-->	知觉行为控制	0.161	0.4	0.023	6.92	***	par_12
行为态度	<-->	知觉行为控制	0.09	0.22	0.019	4.639	***	par_13
行为态度	<-->	购买意愿	0.067	0.531	0.008	8.306	***	par_14
主观规范	<-->	购买意愿	0.034	0.268	0.007	4.54	***	par_15
知觉行为控制	<-->	购买意愿	0.04	0.408	0.006	6.106	***	par_16

　　方程（4）反映了潜在变量之间的相互关系，根据结构模型方程（4）可以看出，消费者对于安全认证猪肉的行为态度、主观规范以及知觉行为控制对最终的购买意愿有着正向的影响。当消费者对于安全认证猪肉所持有的态度越积极，外界对消费者的影响越积极正向，并且消费者对自身行为的控制能力达到一定高度的时候，其购买意愿也就越强烈。从路径系数最终结果也得出行为态度、知觉行为控制和主观规范这三个潜在变量之间也是正向影响的。从方程（4）可以验证假设 H1、H2 和 H3。

　　测量模型方程（5）揭示了潜在变量与观测变量之间的关系，这些关系可以总结为以下几点。

　　一是在行为态度方面。可以看出消费者对于购买安全认证猪肉都是持支持的态度，消费者明显表示愿意购买。其中消费者支持购买安全认证猪肉的路径系数最大，认为购买安全认证猪肉的行为是明智的路径数值。

　　二是在知觉行为控制方面。消费者认为在购买安全认证猪肉时不难识别认证猪肉的特征变量是知觉行为控制观测变量当中最显著的，其路径系数达到了 0.736，这也表示消费者能否识别安全认证猪肉对于其是否购买安全认证猪肉有着很大程度的影响。其次影响力较大的就是消费者认为其拥有足够的经验能保证所购买的猪肉的安全性，这一观测变量的路径系数达到了 0.689，购买安全认证猪肉的成本并没有显著增加以及认为购买安全认证猪肉的渠道很便利这两项观测变量对消费者知觉行为控制潜在变量的影响程度是差不多的，且两者都是正向的影响。

　　三是在主观规范方面。政府的宣传号召这一观测变量对于消费者的主观规范影响力最大，其路径系数达到了 0.699，这也说明政府在消费者心目中有着很重要的地位，所以如果政府加强安全认证的监督与治理的话，相信可以修正当今市场上信息不对称的现象，提高消费者对于安全认证猪肉的信任程度，进而促进消费者购买安全认证猪肉。其次，媒体的信息对于消费者主观规范的影响也很大，其路径系数达到 0.653。当今是一个媒体行业遍地开花的时代，特别是自媒体的兴盛、自媒体和主流媒体的结合加速了信息的传播，故媒体对于消费者也是呈现正向的影响。家人、亲戚、朋友，同事、上司，以及专家与学术机构的意见对于消费者的影响呈现正向均衡的态势，其他消费者对其主观规范的影响是最低的。

（三）回归分析

从表 7 的回归分析的结果来看，自变量各项对于因变量的影响结果都是显著的，这也验证了假设 H4、H5 和 H6 的合理性。从行为信念对行为态度的影响视角看，消费者认为安全认证猪肉的产地信息在购买时有着很大的影响作用这一信念对于行为态度的影响最为显著，这也反映了产地这一用于显示质量安全的非感官信息属性在消费者食品选择中发挥着重要的作用（Lancaster K. J.，1976）。从当前国人的消费偏好看，自"三聚氰胺"事件发生以来，国人更加偏好于购买国外的奶粉，对国内的品牌持怀疑态度，在购买奶粉时较关注产地信息。再看猪肉市场，中国的猪肉消费量居世界第一位，在这样的大背景下如果光依靠猪肉的进口是不可能的，所以，要让人民能买到放心肉，加强产地认证迫在眉睫。从规范信念对主观规范的影响视角来看，消费者身边的家人、亲戚、朋友认为其应当购买安全认证猪肉这一信念对于消费者主观规范的影响与消费者身边的上司、同事对安全认证猪肉充满信心这一信念对于主观规范的影响程度相当，可能是由于消费者与家人的接触和跟同事、上司接触的时间相当，所以感受到来自家人、亲戚、朋友的期望与来自同事、上司的期望也相当。从控制信念对知觉行为控制的影响视角来看，"政府的监管力度会影响我购买安全认证猪肉的选择"这一项控制信念对于知觉行为控制的影响最大，这也显示出政府在影响和领导消费者过程中的能动作用。

根据表 8 的回归分析结果，总体来看，个体因素包括消费者的年龄、性别和婚姻状况等，在本研究中，个体因素对行为态度、主观规范和知觉行为控制的影响都是不显著的，这也表明当前消费者在行为态度、主观规范和知觉行为控制方面，在年龄、性别和婚姻状况方面的差异性越来越小。文化因素方面，消费者的受教育程、家庭年收入和家庭人口数对其主观态度的影响是显著的。在对知觉行为控制的影响方面只有消费者的教育程度是显著的，即当消费者的受教育程度越高，其自我感知和控制的能力也就越强。社会因素方面，消费者"目前所在地猪肉质量安全状况"和消费者"对安全认证猪肉的了解程度"对行为态度和知觉行为控制的影响都是显著的，在对主观规范的影响方面只有消费者"对安全认证猪肉的了解

表 7 信念对于计划行为理论三大维度的回归分析

因变量	自变量	β	标准 β	T 值	R 方	调整 R 方	F 值
行为态度	（常量）	-2.308***		-16.089			
	BB₁	0.146***	0.130	3.835	0.244	0.241	90.33
	BB₂	0.089*	0.091	2.293			
	BB₃	0.396***	0.420	10.247			
主观规范	（常量）	-1.497***		-14.879			
	NB₁	0.218***	0.257	7.421	0.244	0.242	135.598
	NB₂	0.247***	0.312	9.014			
知觉行为控制	（常量）	-0.819***		-5.479			
	CB₁	0.094**	0.108	3.086	0.037	0.035	16.263
	CB₂	0.141***	0.134	3.832			

注：*** 表示在 0.001 水平上显著，** 表示在 0.01 水平上显著，* 表示在 0.05 水平上显著。

表 8 消费者个人社会特征对于计划行为理论三大维度及消费意愿的回归分析

因变量	分类	自变量	β	标准 β	T 值	R 方	调整 R 方	F 值
行为态度	个体因素	（常量）	-2.224***		-8.769			
		Gender	0.067	0.033	1.067			
		Age	0.034	0.045	0.961			
		Marital	-0.05	-0.022	-0.501			

续表

因变量	分类	自变量	β	标准β	T值	R方	调整R方	F值
行为态度	文化因素	Education	0.082**	0.108	2.586	0.195	0.184	18.311
		Familymember	-0.085**	-0.082	-2.589			
		income	0.051	0.053	1.567			
	社会因素	status	0.221***	0.197	4.892			
		know	0.138***	0.133	3.32			
	心理因素	degree	0.181***	0.176	5.331			
		concern	0.121***	0.124	3.729			
		encounter	-0.016	-0.005	-0.154			
		（常量）	-1.536***		-5.776			
主观规范	个体因素	Gender	-0.035	-0.018	-0.534	0.115	0.104	9.857
		Age	-0.058	-0.077	-1.578			
		Marital	0.063	0.028	0.599			
	文化因素	Education	-0.02	-0.026	-0.598			
		Familymember	0.012	0.012	0.363			
		income	0.004	0.004	0.103			
	社会因素	status	0.068	0.061	1.434			
		know	0.220***	0.213	5.062			
	心理因素	degree	0.131***	0.128	3.684			
		concern	0.108**	0.11	3.167			
		encounter	-0.013	-0.004	-0.116			

续表

因变量	分类	自变量	β	标准β	T值	R方	调整R方	F值
知觉行为控制	个体因素	（常量）	-2.996***		-12.074	0.229	0.219	22.495
		Gender	0.084	0.042	1.361			
		Age	0.032	0.043	0.942			
		Marital	0.125	0.055	1.288			
		Education	0.072*	0.094	2.311			
		Familymember	0.06	0.058	1.871			
		income	0.092**	0.096	2.906			
	文化因素	status	0.189***	0.169	4.271			
		know	0.143***	0.139	3.522			
	社会因素	degree	0.260***	0.253	7.833			
	心理因素	concern	0.101**	0.103	3.173			
		encounter	-0.073	-0.022	-0.707			
购买意愿	个体因素	（常量）	-2.425***		-9.753	0.226	0.216	22.095
		Gender	-0.114	-0.056	-1.836			
		Age	-0.032	-0.042	-0.916			
		Marital	0.041	0.018	0.416			
		Education	0.083**	0.108	2.655			
		Familymember	-0.001	-0.001	-0.024			
	文化因素	income	0.126***	0.132	3.979			

续表

因变量	分类	自变量	β	标准 β	T 值	R 方	调整 R 方	F 值
购买意愿	社会因素	status	0.146***	0.13	3.299			
		know	0.053	0.051	1.305			
	心理因素	degree	0.266***	0.259	7.992			
		concern	0.163***	0.167	5.11			
		encounter	0.049	0.015	0.475			

注：*** 表示在 0.001 水平上显著，** 表示在 0.01 水平上显著，* 表示在 0.05 水平上显著

程度"是显著的，这也表示外界因素对消费者的影响也是基于消费者本身对于安全认证猪肉是有一定的了解之上的。最后心理因素方面，消费者对猪肉安全问题的关注程度以及对政府监管的满意度对其行为态度、主观规范和知觉行为控制的影响都是呈现正向显著影响，而消费者是否遭遇过猪肉质量安全问题对于这三大维度的影响是不显著的且是负向的。这些分析结果部分验证了假设 H7 的合理性，即"消费者的个人社会特征影响其对安全认证猪肉的购买意愿，且不同的特征影响显著性不同"。综合回归的结果可以发现消费者的个人社会特征影响较为显著的主要集中于文化因素、社会因素与心理因素，所以企业在制定安全认证猪肉的销售策略上可以着重考虑这三方面的因素。

七　结论与启示

本文通过构建结构方程模型，基于计划行为理论与科特勒行为决策理论对于影响消费者购买安全认证猪肉的因素进行了研究分析，结果显示行为态度、主观规范以及知觉行为控制对于消费者的购买意愿呈现正向影响，其中影响程度最大的维度是消费者的行为态度。在行为态度维度上的分析显示，当消费者对于安全认证猪肉持积极态度时，其消费意愿也会得到正向的增强。主观规范维度的分析结果显示政府和媒体的宣传对消费者的影响是最为显著的。知觉行为控制维度的分析结果显示消费者能否识别安全认证猪肉以及是否有经验能够保证购买到的猪肉的安全性对于知觉行为控制的影响是非常显著的。在研究信念的影响作用时发现，产地信息在消费者食品选择方面发挥着很大的作用，消费者越信任某一产地的猪肉，其购买意愿也就越强。此外，政府的监管力度在控制信念层次上最为显著，这也反映了政府监管的重要性。在对消费者个人社会特征对行为态度、主观规范、知觉行为控制以及购买意愿影响的回归分析结果发现消费者个人社会特征中影响因素较为显著的主要集中于文化因素、社会因素以及心理因素，主要影响因素为消费者的受教育程度、家庭年收入、消费者所在地的猪肉质量安全状况、消费者对安全认证猪肉的了解程度、对猪肉安全问题的关注程度以及对政府监管效果的满意程度。

　　结合以上的结论，本文提出以下对策建议。第一，加强食品安全知识教育培训，正确引导消费者行为，主要体现在引导消费者维护个人权益，增强法律意识，提高对于安全认知猪肉的了解程度和对猪肉安全问题的关注程度。第二，加强新闻媒体与社会舆论的引导与监督作用，新闻媒体要多传递有利于消费者进行判断以及决策的有效信息，且要发挥监督作用，勇于披露不法商家的违规违法行为，规范农产品行业的正规生产操作。第三，加强政府法律建设，提高政策实施执行力度，实施市场准入准则，加大不规范认证惩罚力度。第四，增强产地认证意识，消费者对于产地认证有着不同程度的偏好，这也成为了指导食品行业主体进行市场选择和市场定位的一个重要依据，所以当前食品行业主体的一大重要任务便是完善产地认证，提高品牌建设意识以降低消费者的选择成本，提高消费者的选择效率。

参考文献

[1] Angulo, Ana M., Gil, José M., Tamburo, L., "Food Safety and ConsumersWillingness to Pay for Labelled Beef in Spain," *Journal of Food Products Marketing*, 2005, 11 (3): 89 – 105.

[2] Briz T., Ward R. W., "Consumer Awareness of Organic Products in Spain: An Application of Multinominal Logit Models". *Food Policy*, 2009, 34 (3): 295 – 304.

[3] Ortega, D. L., Wang, H. H., Wu, L. et al., "Modeling Heterogeneity in Consumer preferences for SelectFood Safety Attributes in China," *Food policy*, 2011 (36): 318 – 324.

[4] Giannakas, Konstantinos, "Information Asymmetries and Consumption Decisions in Organic Food Product Markets," *Canadian Journal of Agricultural Economics*, 2002.

[5] Smith & Swinyard, "Implementing the 'Marketing You' Project in Large Sections of Principles of Marketing," *Journal of Marketing Education*, 1982, 26 (2): 123.

[6] 黄艳平:《南昌市消费者安全猪肉购买意愿的影响因素研究》，江西农业大学硕士学位论文，2013。

[7] 麦尔旦·吐尔孙、王雅鹏:《消费者对安全认证肉鸭产品购买意愿及其影响因素的实证分析》，《中国农业大学学报》2014年第19期。

［8］ De Magistris T. , Gracia A. , "The Decision to Buy Organic Food Products in Southern Italy". *British Food Journal*, 2008, 110 (9): 929 – 947.

［9］ Chryssohoidis G. M. , Krystallis A. , "Organic Consumers' Personal Values Research: Testing and Validating the List of Values (LOV) Scale and Implementinga Value-based Segmentation Task," *Food Quality and Preference*, 2005, 16: 585 – 599.

［10］ Owusu-Sekyere, Enoch, Owusu, Victor, Jordaan, Henry, "Consumer Preferences and Willingness to Pay for Beef Food Safety Assurance Labels in the Kumasi Metropolis and Sunyani Municipality of Ghana," *Food Control*, 2014, 46: 152 – 159.

［11］ Voon J. P. , Ngui K S. , Agrawal A. , "Determinants of Willingness to Purchase Organic Food: An Exploratory Study Using Structural Equation Modeling," *International Food and Agribusiness Management Review*, 2011, 14 (2): 103 – 120.

［12］ Rezai G. , Kit Teng P. , Mohamed Z. , et al. , "Consumer Willingness to Pay for Green Food in Malaysia," *Journal of International Food & Agribusiness Marketing*, 2013, 25 (1): 1 – 18.

［13］ 雷思维、孙艳华、李曙娟：《消费者对安全认证农产品的购买意愿与行为——基于长沙市地调查数据》，《新疆农垦经济》2013 年第 11 期。

［14］ Alphonce R. , Alfnes F. , "Consumer Willingness to Pay for Food Safety in Tanzania: An Incentive-aligned Conjoint Analysis," *International Journal of Consumer Studies*, 2012, 36 (4): 394 – 400.

［15］ Sebastian, Bamberg, "How Does Environmental Concern Influence Specific Environmentally Related Behaviors? A New Answer to an Old Question," *Journal of Environmental Psychology*, 2003.

［16］ Chan R. Y. K. , Lau L. B. Y. , "Explaining Green Purchasing Behavior: A Cross-Cultural Study on American and Chinese Consumers," *Journal of International Consumer Marketing*, 2001, 14 (2): 9 – 40.

［17］ Kalafatis, Stavros P. , Pollard, Michael, East, Robert, et al. , "Green Marketing and Ajzen's Theory of Planned Behavior: A Cross-market Examination," *Journal of Consumer Marketing*, 1999, 16 (5): 441 – 460.

［18］ Mei-Fang Chen, "Consumer Attitudes and Purchase Intentions in Relation to Organic foods in Taiwan: Moderating Effects of Food-related Personality Traits," *Food Quality & Preference*, 2007, 18 (7): 0 – 1021.

［19］ Iris Vermeir, Wim Verbeke, "Sustainable Food Consumption among Young Adults in Belgium: Theory of Planned Behaviour and the Role of Confidence and Values," *Eco-*

logical Economics, 2008, 64 (3): 542 – 553.

[20] Tarkiaimen, A., Sundqvist, S., "Subjective Norms, Attitude and Intentions of Finnish Consumers in Buying Organic Food," *British Food Journal*, 2015, Vol. 11, No. 11.

[21] Yeon Kim, Hee, Chung, Jae-Eun, "Consumer Purchase Intention Fororganic Personal Care Products," *Journal of Consumer Marketing*, 2011, 28 (1): 40 – 47.

[22] Heesup Han, Li-Tzang (Jane) Hsu, Chwen Sheu, "Application of the Theory of Planned Behavior to Green Hotel Choice: Testing the Effect of Environmental Friendly Activities," *Tourism Management*, 2010, 31 (3): 325 – 334.

[23] Renée Shaw Hughner, Pierre McDonagh, Andrea Prothero, et al., "Who are Organic Food Consumers? A Compilation and Review of why People Purchase Organic Food," *Journal of Consumer Behaviour*, 2007, 6 (2 – 3).

[24] Thogersen, J., "Predicting Consumer Choices of Organic Food: Results from the CONDOR Project, in Proceedings of European Joint Organic Congress, eds.," Andreasen C. B., L. Elsgaard, S. Sondergaard, L. Sorensen and G. Hansen. 30 – 31, Odense, Denmark, 2006.

[25] Aryal K. P., "Consumers' Willingness to Pay for Organic Products: A Case from Kathmandu Valley," *Journal of Food Agriculture & Environment*, 2009, 10 (6): 15 – 26.

[26] Ecclcs J. S., Wigfield A., "Motivational Beliefs, Values and Goals," *Annual Review of Psychology*, 2002, 53 (1): 109 – 132.

[27] Brady J. T., Brady P. L., "Consumers and Genetically Modified Foods," *Journal of Family & Consumer Sciences*, 2003, 95.

[28] Nayga R. M., "Sociodemographic Influences on Consumer Concern for Food Safety: The Case of Irradiation, Antibiotics, Hormones, and Pesticides," *Review of Agricultural Economics*, 1996, 18 (3): 467 – 475.

[29] 石超:《消费者认证食品购买意愿影响因素分析》,中国海洋大学硕士学位论文, 2014。

[30] Bollen K. A., "Structural Equations with Latent Variables," *New York New York John Wiley & Sons*, 1989, 35 (7): 289 – 308.

[31] Lancaster K. J., *A New Approach to Consumer Theory*. 1976.

基于实验经济的可追溯食品消费认知及支付意愿分析[*]

侯　博　王志威^{**}

摘　要： 以中国江苏省无锡市 259 个消费者为样本展开可追溯食品的消费认知调查，并以可追溯猪肉为案例设置四个安全信息属性，引入 MPL 法与 BDM 实验拍卖法相结合的实验经济学方法研究了消费者对可追溯猪肉信息属性的支付意愿。结果表明，消费者对食品安全的整体关注程度很高，但对当前食品安全满意度的评价相对普遍较低。网络媒介在可追溯食品市场推广中发挥了重要作用，但试点城市的消费者对可追溯性的认知和关注度仍然较低。此外实验结果显示，消费者愿意为可追溯食品信息属性支付溢价，其中消费者对猪肉品质检测属性具有最高的支付意愿，且消费者对可追溯猪肉认同度和购买态度在实验前后呈现明显变化说明了实验过程中信息传递的有效性。据此，本文提出了促进中国食品可追溯体系发展的政策建议。

关键词： 可追溯食品　支付意愿　实验经济

一　引言

近年来，世界范围内食品安全事件频发，例如，2015 年各地发现的走

---

   * 本文是国家社会科学基金青年项目"基于社会共治视角的可追溯食品消费政策研究"（项目编号：17CGL044）阶段性研究成果。

** 侯博，江苏师范大学哲学与公共管理学院讲师，主要从事食品安全与农业经济管理方面的研究；王志威，江苏师范大学哲学与公共管理学院助理研究员，中国矿业大学管理学院博士生，主要从事食品安全管理与消费者行为研究。

私"僵尸肉";2018 年非洲猪瘟的暴发,随后接连发生了速冻水饺中检测出非洲猪瘟病毒、团伙跨省贩卖"非瘟"病猪肉等事件;2019 年央视"3·15"晚会曝光的生产过程严重违规、长期食用对身体不利却深受孩童喜爱的"毒辣条";近年来发生的瘦肉精、毒豆芽、镉大米、黄浦江病死猪肉事件;等等。这些事件屡屡挑战公众对食品安全信任的底线,严重危害了公众健康甚至国家安全,再次说明建设食品可追溯体系的极端重要性。

事实上,发达国家对食品生产、流通、消费实施统一监管的一个重要手段是完善食品可追溯体系[1]。由于通过在供应链上形成可靠且连续的安全信息流,能够监控食品生产过程与流向,食品可追溯体系被认为是有效消除信息不对称,从根本上预防食品安全风险的主要工具之一[2][3]。中国于 2000 年开始实施食品可追溯体系,2008 年"三鹿奶粉"事件发生后,商务部、财政部进一步加速在全国范围内选择若干个城市作为肉类制品可追溯体系建设的试点城市。但从食品可追溯体系实施 10 多年间的效果来看,中国的可追溯食品市场体系建设并未取得实质性进展[3]。虽然 2013 年中国政府对食品安全监管体制进行了改革,但吴林海(2014)等学者认为,如果仍然按照现有的思路推进食品可追溯体系,新组建的国家食品药品监督管理总局(2013 年 3 月组建)同样可能难以有大的作为。究其原因,主要是目前政府主导的食品可追溯体系并未充分考虑消费者的偏好与需求,难以充分满足多数消费者对可追溯食品的市场需求[1]。

与普通食品相比,生产具有安全信息的可追溯食品必然额外增加生产成本,成本的高低取决于所包含的可追溯信息是否完整,并最终体现在可追溯食品的市场价格上[4]。虽然可追溯食品有助于消费者识别食品安全风险,但基于个体特征、消费偏好、风险感知差异的影响,消费者对具有不同层次可追溯信息组合的可追溯食品的偏好并不相同。若向消费者提供部分的可追溯信息,虽然成本较低但不能覆盖消费者所关注的风险环节点;若向消费者提供完整的可追溯信息,虽然可追溯性强但额外成本高,可能超出多数消费者的购买能力。如何基于消费者的认知及支付意愿的客观现实,以生产和供给满足不同消费者需求的可追溯食品体系,应成为政府食品安全监管部门实施相应政策的基础出发点。因此,本文在研究可追溯食品的消费认知的基础上，设置融入事前质量保证和事后追溯功能的信息属性，基于多重价格表法（Multiple price lists，MPL）与实验拍卖法（Becker-DeGroot-Marschak，BDM）相结合的方法，研究消费者对猪肉品质检测、质量管理体系认证、供应链追溯以及供应链＋内部追溯信息属性的支付意愿与偏好，为政府食品监管部门在全国范围内逐步推广和普及可追溯食品、构建可追溯食品市场体系提供决策依据。

二　实验的组织与实施

（一）实验材料与实验对象的选择

本文的实验拟以可追溯猪肉为实验材料展开，原因如下：首先中国是猪肉的生产大国。中国已连续 30 年稳居世界猪肉产量第一位，2018 年的猪肉产量约占世界猪肉产量的 50.0%，达 5404.0 万吨。此外，中国也是猪肉的消费大国，目前中国猪肉消费量约为世界其他国家平均水平的 4.6 倍[①]，同时猪肉也是中国消费者肉类消费的主要肉品种类。但是近年来猪肉质量安全事件在中国不断爆发，猪肉已成为中国最具风险的食品之一[5]。特别是 2018 年 8 月初在中国沈阳暴发的非洲猪瘟备受公众关注，短期内疫情蔓延至全国 28 个省（区、市），生猪感染非洲猪瘟后的致死率近 100%，引发全国消费者的恐慌。与此同时，猪肉也是我国最早推广可追溯体系的食品，对消费者展开调查具有现实基础。基于无锡市是商务部实施猪肉可追溯体系建设的试点城市，本研究选择在无锡市的农贸市场、连锁超市和猪肉专卖店展开消费者调查和实验。

（二）实验信息属性设置

信息是用于确定、保存、传递产品质量和差异性的主要工具。对可追溯食品而言，信息还同时具有传递可追溯性和安全性的根本功能[6,7]。建立猪肉可追溯体系的关键是向消费者提供全程透明的安全信息属性，便于

---

① 参见美国农业部的统计数据 http：//apps. fas. usda. gov/psdonline/。

消费者识别猪肉安全风险，目前中国猪肉质量安全风险存在于供应链全程
体系的养殖、运输、屠宰与销售等环节中（如图 1 所示），仅包含某个环
节信息属性的可追溯体系均无法实现追溯的功能[7]。基于中国猪肉检验检
疫的实际以及全程猪肉供应链的风险环节及其信息回溯活动的特征，本文
对可追溯猪肉设置猪肉品质检测（Pork quality inspection，简称 PQI）、质量
管理体系认证（Quality management system certification，简称 QMS）、供应
链追溯（Supply chain traceability，简称 SCT）以及"供应链＋内部"追溯
（Supply chain + internal traceability，简称 SCI）四个信息属性。其中含有
PQI 属性类型的猪肉是由具有资质的检测机构对猪肉中农药和兽药残留等

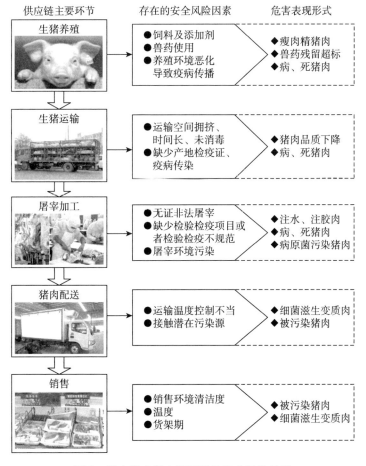

图 1 猪肉供应链主要环节及安全风险示意

理化指标以及大肠杆菌数等微生物指标进行检测，检测合格后加贴猪肉品质检测合格的标识。含有 QMS 属性类型的猪肉是由具有资质的认证机构对猪肉屠宰加工企业的质量安全管理能力进行审核，通过审核后加贴质量管理体系认证的标识。此外，通过公众查询平台，扫描 SCT 类型可追溯条形码可查询到包含养殖、屠宰分割、运输销售等猪肉供应链主要环节的企业基本信息；通过公众查询平台，扫描 SCI 类型的可追溯条形码也可查询到养殖、屠宰分割、运输销售等全程供应链主要环节的企业基本信息，以及各环节内部生产的关键安全信息，例如饲料来源、兽药使用情况与基本检疫检验等[8]。

（三）实验方法的选择

多重价格表法（Multiple price lists，MPL）和实验拍卖法（Becker-De-Groot-Marschak，BDM）都是较为成熟的非假想性实验法。其中 MPL 法属于一对一的诱导实验方法，每个参与者都可以在到达现场时就进行实验，由于他们不必等待，参与率会更高，选择偏差更小。一对一的实验方法也很容易实现每个参与者的随机化选择，在机制上可以保证抽样随机性。此外，MPL 法的价格诱导机制可以揭示包含消费者真实支付意愿的价值区间，并获得消费者支付意愿的真正上限[9]（见本文附录）。但 MPL 法需要事先设置价格范围，这可能导致消费者的支付意愿报价受到价格表上价格范围的影响，而且该方法虽有真实支付，但由于缺少市场竞拍环节，激励相容效果有限[10]。而 BDM 实验拍卖法也是一对一的实验方法，在该估价技术中，要求受试者表示对于固定数量的商品，它们的价格将是 WTP 的最高价格，然后将其与随机抽取的销售价格进行比较。通过计算机抽签系统随机选择的形式也保证了每一类型的产品均有被选中的可能性，从而保证了实验拍卖的非假想性[11]。但是 BDM 实验拍卖法缺乏价格诱导机制，无法最大限度地避免实验参与者的非真诚性出价[12]。

基于 MPL 法和 BDM 实验拍卖法各自的优势与特点，将 MPL 法与 BDM 实验拍卖法相结合（实验程序如图 2 所示），不但在机制上保证了抽样的随机性，而且使得实验机制满足了激励相容特性，且能真实地测度出消费者的最大支付意愿。因此本文采用 MPL 法与 BDM 实验拍卖法相结合的实验方法开展消费者支付意愿的研究。

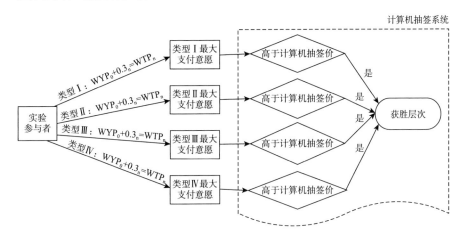

图 2   MPL 法与 BDM 实验拍卖法相结合的实验程序

三   调查和实验结果分析

本研究共招募到 270 位猪肉消费者参与调查和实验（以下简称"参与者"），有效样本为 259 份，有效率为 95.9%。

（一）参与者个体和家庭特征

表 1 描述了参与者的个体和家庭统计特征。参与者以女性为主，占参与者样本量的比例为 53.3%，35.5%、55.6%、57.2%、62.5% 的参与者年龄在 31~45 岁、受教育程度在高中及高中以下、月收入在 3501~8000元、家庭成员为 3~4 人。已婚的参与者占参与者样本量的比例为 84.2%，且 46.7% 的参与者家中有 12 岁及以下的小孩。参与者家庭平均每周购买猪肉 2.5 次，平均每周猪肉的消费量在 1.8 千克。需要指出的是，女性参与者比例为 53.3%，而 2015 年无锡市人口分布中女性比例为 50.5%。样本与无锡城市人口的统计特征稍有差异的主要原因是，实验是在城市居民家庭食材采购密集期，实验样本与由中国女性购买食物为主的实际情况相符，在此时间段招募参与者难以与整体城市的人口统计特征完全保持一致。

表 1　实验参与者的基本特征统计

统计特征	分类指标	样本数（人）	百分比（%）
性别	男	121	46.7
	女	138	53.3
学历	小学及以下	16	6.2
	初中	62	23.9
	高中	66	25.5
	大专及本科	76	29.3
	硕士及以上	39	15.1
年龄	18 ~ 30 岁	60	23.2
	31 ~ 45 岁	92	35.5
	46 ~ 60 岁	70	27.0
	60 岁以上	37	14.3
个人月收入	2000 元及以下	22	8.5
	2001 ~ 3500 元	64	24.7
	3501 ~ 5000 元	81	31.3
	5001 ~ 8000 元	67	25.9
	8000 元以上	25	9.6
家庭每周猪肉消费量	1.0 千克以下	59	22.8
	1.0 ~ 2.0 千克	137	52.9
	2.1 ~ 3.0 千克	39	15.0
	3 千克以上	24	9.3
家庭每周购买猪肉的次数	2 次及以下	151	58.3
	3 次	62	23.9
	4 次	19	7.4
	5 次及以上	27	10.4
家庭人口数	1 人	4	1.5
	2 人	19	7.3
	3 人	106	40.9
	4 人	56	21.6
	5 人及以上	74	28.6
婚姻状态	未婚	41	15.8
	已婚	218	84.2

续表

统计特征	分类指标	样本数（人）	百分比（%）
家庭是否有 12 岁及以下的小孩	是	121	46.7
	否	138	53.3
对自身健康状况的判断	健康	221	85.3
	一般	36	13.9
	较差	2	0.8

（二） 参与者对食品安全的关注度和满意度

表 2 统计结果显示，实验参与者对包括猪肉在内的食品安全的整体关注程度很高，选择"非常关注"和"比较关注"的比例分别占样本量的 30.9% 和 49.3%。85.0% 的参与者听说过近年来发生多起猪肉安全事件（3 件以上）。总体而言，参与者对当前食品安全满意度的评价相对较低。与此同时，分别有 49.8%、36.7%、12.7% 的参与者在农贸市场、连锁超市和猪肉专卖店等购买猪肉，51.0%、23.1%、14.3%、11.6% 的参与者将外观、价格、品牌、固定摊点作为购买猪肉的最关注因素。

表 2 实验参与者对食品安全相关问题的认知

统计特征	分类指标	样本数（人）	百分比（%）
食品安全关注度	非常关注	80	30.9
	比较关注	128	49.3
	一般	39	15.1
	不太关注	10	3.9
	非常不关注	2	0.8
主要猪肉购买场所	连锁超市	95	36.7
	农贸市场	129	49.8
	猪肉专卖店	33	12.7
	其他	2	0.8
食品安全满意度	0~2 分	39	15.1
	3~4 分	58	22.4
	5~6 分	104	40.2

统计特征	分类指标	样本数（人）	百分比（%）
食品安全满意度	6~8 分	47	18.1
	9~10 分	11	4.2
食用不安全猪肉食品而具有食源性疾病的经历	有	90	34.7
	无	169	65.3
听说过的猪肉质量安全事件数	0 件	3	1.1
	1 件	6	2.3
	2 件	30	11.6
	3 件	140	54.1
	4 件	80	30.9
购买猪肉时最关注的因素	品牌	37	14.3
	外观	132	51.0
	价格	60	23.1
	固定摊点	30	11.6

（三）参与者对可追溯食品的认知与购买

本次实验拍卖的地点选择的全部是肉菜可追溯体系试点城市，但是在本次实验之前，仅有 44.4% 的参与者听说过可追溯食品，高达 55.6% 的参与者没有听说过可追溯食品，参与者的认知度不高表明肉菜可追溯体系在试点运作中的知名度不高、宣传力度不够。此外，从被调查者获取可追溯食品信息的途径来看，如图 3 所示，50.4% 的参与者是从电视广播中听说的，24.3% 的参与者是从报纸书刊途径、27.8% 的参与者是从亲朋好友的介绍中得知可追溯食品的。值得注意的是，网络途径所占的比例达到了 47.8%，说明网络媒介在可追溯食品市场推广中发挥了重要作用。

此外，如表 3 所示，在了解可追溯食品的 115 位实验参与者中，80% 的参与者没有购买过可追溯食品。在有过可追溯食品购买经历的 23 位实验参与者中，69.6% 的参与者表示从来不要或偶尔索要溯源小票。可追溯标签向参与者传递安全信息的媒介是溯源小票上的溯源码，参与者只有索要了溯源小票，并将溯源码输入可追溯网络平台，才能查询到可追溯代码携带的供应链节点环节的责任人和安全生产过程信息。因此索要溯源小票并

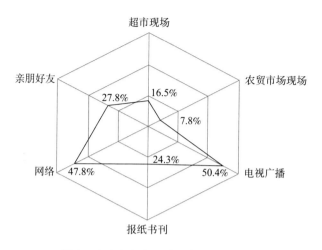

图3　实验参与者可追溯食品认知途径

注：实验参与者可追溯食品认知途径的选择为多项选择。

有过溯源码查询行为的参与者才能更好地了解所购买食品的质量信息，才能满足参与者购买可追溯食品的安全需求，这也符合实施可追溯体系、加贴溯源码标签的意图。但是进一步地对索要过溯源小票的参与者进行调查后发现，即使拥有了溯源小票，65.2%的参与者也不会去查询溯源码中的溯源信息。统计表明参与者对可追溯性的认知程度还很不足，关注程度也不够。此外，索要了溯源小票但是从不去或者几乎不去查询溯源信息的这部分参与者，可能是由于查询方式不便利或者时间不充裕等不确定因素而没有进行查询。

表3　实验参与者的可追溯食品购买与查询行为

购买可追溯食品的频率	百分比	索要溯源小票的频率	百分比	查询溯源信息的频率	百分比
没有购买过	80.0%	每次都要	21.7%	每次都查询	0
购买过1次	3.5%	经常索要	8.7%	经常查询	8.7%
购买过2次	3.5%	偶尔索要	34.8%	偶尔查询	26.1%
购买3次以上	13.0%	从来不要	34.8%	从来不查询	65.2%

进一步研究实验参与者对可追溯食品的购买与拒购动因，如果只要求被调查者选择某一项原因，难以反映实际情况，会丢掉很多有用信息，因

此，借鉴尹世久等（2014）的研究方法，在调查中要求被调查者按照重要性限选三项，既可涉及多种因素，又可考虑作用程度[13]。统计结果如图 4 显示，消费者愿意购买可追溯食品的原因主要包括"有利于产品召回和责任追究"（68.8%）、"生产过程透明满足消费者知情权"（56.5%）和"降低食品安全风险"（68.4%）。消费者不愿意购买可追溯食品的原因主要包括"生产者可能不会严格遵循食品可追溯体系的要求"（59.1%）、"可追溯食品并不代表更高质量的食品"（72.7%）。

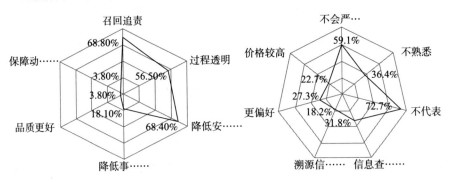

图 4　实验参与者对可追溯食品的购买动因（左）与拒购动因（右）

（四）实验参与者对可追溯猪肉信息属性的支付意愿

实验参与者对四个类型的可追溯猪肉信息属性的支付意愿如表 4 所示，与普通猪后腿肉相比，参与者愿意为具有猪肉品质检测和具有质量管理体系认证标识的猪后腿肉分别多支付 3.9 元/0.5kg 和 3.2 元/0.5kg。此外，参与者愿意为具有能够追溯到全程供应链主要环节安全信息的可追溯猪后腿肉多支付 2.9 元/0.5kg，而且参与者对能够提供生产加工等厂商内部关键安全信息属性的具有更高支付溢价，愿意多支付 3.4 元/0.5kg。表 4 的 t 检验的结果也显示，参与者对不同类型信息属性的出价均具有显著的差异性。

表 4　实验参与者对不同类型信息属性的支付意愿（元/0.5kg）及 t 检验结果

类型	最大值	最小值	平均值	标准差
PQI	11.0	0.0	3.9	2.1

续表

类型	最大值	最小值	平均值	标准差
QMS	9.0	0.0	3.2	1.9
SCT	10.0	0.0	2.9	1.6
SCI	10.0	0.0	3.4	1.8

组别	平均值	标准误	T值	显著性
PQI—QMS	0.737	1.451	8.173	0.000
PQI—SCT	0.945	1.591	9.559	0.000
PQI—SCI	0.526	1.628	5.201	0.000
QMS—SCT	0.208	1.524	2.198	0.029
QMS—SCI	-0.211	1.492	-2.274	0.024
SCT—SCI	-0.419	0.833	-8.098	0.000

从支付溢价的平均水平来看，参与者对具有事前质量保证功能的信息属性的支付意愿更高，这与 Hobbs et al.（2005）、Verbeke et al.（2006）、Loureiro et al.（2007）的研究结论吻合[14-16]。以无锡市 2015 年 10 月普通猪后腿肉的价格 14 元/0.5kg 为基准，则四种类型的信息属性中的猪肉品质检测、质量管理体系认证、供应链追溯、"供应链 + 内部" 追溯等属性溢价的均值，分别占普通猪后腿肉价格的 27.9%、22.9%、20.7%、24.3%。

进一步地研究发现，实验前后，参与者对可追溯食品的态度出现显著变化。在实验拍卖前对消费者溯源信息的潜在需求度等的调查中发现，73% 的消费者表示想知道所购买的猪肉来自哪个养殖场、哪个屠宰场，但是仅有 33.5% 的消费者表示愿意购买可追溯食品。而在实验拍卖后，80.7% 的消费者认为可追溯码里查询到的溯源信息对其判断猪肉的安全性是有较大帮助的，91.1% 的消费者愿意再次尝试购买可追溯猪肉，其中 41.3% 的消费者较强烈地表示肯定会经常购买。实验前后消费者对可追溯猪肉认同度以及购买态度的变化，也说明了实验过程中信息传递的有效性，基于 MPL 法和 BDM 实验拍卖法相结合的实验程序起到了信息强化的作用，提高了普通消费者对可追溯性的认知。

四　结论与政策建议

本文以中国江苏省无锡市 259 个消费者为样本展开可追溯食品认知、消费态度的调查，并以可追溯猪肉为案例，基于中国猪肉供应链体系存在的主要风险，从中国的实际出发，对可追溯猪肉设置了猪肉品质检测、质量管理体系认证、供应链追溯以及"供应链＋内部"追溯 4 个信息属性，基于 MPL 法与 BDM 实验拍卖法相结合的方法研究了消费者对可追溯猪肉信息属性的支付意愿。

（一）主要结论

第一，消费者对包括猪肉在内的食品安全的整体关注程度很高，但对当前食品安全满意度的评价相对普遍较低。在可追溯食品信息的推广途径中，网络媒介在可追溯食品市场推广中发挥了重要作用，但试点城市的消费者对可追溯性的认知程度还很不足，关注程度也不够。此外在试点城市的 259 个实验参与者中，仅有 44.4% 的消费者听说过可追溯食品，说明肉菜可追溯体系在试点运作中的知名度不高、宣传力度也不够。

第二，消费者愿意为安全信息属性支付溢价。其中，在四种不同类型的信息属性中，消费者对猪肉品质检测属性具有最高的支付意愿，然后依次是"供应链＋内部"追溯属性、质量管理体系认证属性以及供应链追溯属性。此外，实验前后消费者对可追溯猪肉认同度以及购买态度的变化，说明了实验过程中信息传递的有效性，基于 MPL 法与 BDM 实验拍卖法相结合的实验程序起到了信息强化的作用，提高了普通消费者对可追溯性的认知。

（二）政策建议

第一，加强可追溯理念宣传，提高公众对食品可追溯体系以及可追溯食品的认知。借助电视、广播、报纸和网络等媒介途径让食品可追溯理念深入人心，通过食品可追溯努力改变公众对食品质量和安全的态度，引导公众关注并购买可追溯食品以及形成查询食品追溯信息的习惯行为。

第二，在可追溯猪肉市场体系的建立初期，在可追溯猪肉的属性设置中引入猪肉品质检测属性是可行的，这样既可以在一定程度上替代与补充可追溯信息属性，又有利于保护食品生产者的利益，激发生产者安全食品生产的内在动力。但鉴于目前中国市场上可追溯猪肉所包含的安全信息属性残缺不全，并不具备事前质量保证功能，中国政府食品安全监管部门应该通过实施精准减税等政策引导食品生产者生产具有猪肉品质检测等事前质量保证功能属性的可追溯猪肉。上述政策含义虽然是以可追溯猪肉为案例得出的，但实际上对其他可追溯肉类食品也具有一定的普遍指导意义。

第三，供应链追溯是消费者对猪肉可追溯体系事后追溯功能最基本的要求。由于目前我国市场上可追溯猪肉所包含的信息属性残缺不全，特别是缺少源头养殖环节的追溯信息，所以政府应该综合运用政策工具将养殖环节纳入猪肉可追溯体系建设范围，提高生猪养殖者的安全生产意愿，引导养殖户做好生猪打耳标、生猪免疫、养殖记录等工作，使生猪养殖环节的信息能够可追溯，从而使得猪肉可追溯体系事后追溯功能属性的设置完整地覆盖全程猪肉供应链的风险环节。

当然本文的研究也有局限性。基于 MPL 法与 BDM 实验拍卖法的实验组织难度高，过程复杂，招募与实际参与实验的样本量相对偏少，而且实验是在经济发展水平较为发达城市中国江苏省无锡市进行，研究结论有待于进一步验证。然而，需要指出的是，虽然本研究存在上述不足，但对 MPL 法和 BDM 实验拍卖法的探索，以及基于无锡市消费者调查获得的基本结论，对推进中国可追溯食品市场的建设和食品安全的可持续发展具有科学的价值。未来的研究可以考虑从属性的进一步赋值的角度深化研究，若对产品属性进行不同取值就构成了产品的层次，所以未来的研究可以将每一种类型的可追溯食品的属性设置不同的层次，进而探求消费者对不同层次信息的支付意愿。

参考文献

［1］吴林海、王红纱、刘晓琳：《可追溯猪肉：信息组合与消费者支付意愿》，《中国人口·资源与环境》2014 年第 4 期。

［2］Hobbs J. E. , "Information Asymmetry and the Role of Traceability System," *Agribusi-*

ness, 2004, 20（4）：397 – 415.

[3] 吴林海、龚晓茹、陈秀娟、朱淀：《具有事前质量保证与事后追溯功能的可追溯信息属性的消费偏好研究》，《中国人口·资源与环境》2018 年第 8 期。

[4] 蔡杰：《消费者对不同层次安全信息可追溯猪肉的支付意愿及影响因素研究——基于 BDM 实验拍卖法》，苏州大学硕士学位论文，2013。

[5] 吴林海、裘光倩、陆姣：《基于 Best Worst Scaling 方法的确保猪肉质量安全的责任主体的责任分配研究》，《江苏社会科学》2017 年第 5 期。

[6] Unnevehr L., Eales J., Jensen H., "Food and Consumer Economic, Amer," *J. Agr. Ecom*, 2009, 92（2）：506 – 521.

[7] 侯博：《猪肉可追溯体系中信息属性的确定》，《新疆农垦经济》2018 年第 3 期。

[8] 侯博：《基于实验经济学方法的消费者对可追溯食品信息属性的偏好研究》，南京农业大学博士学位论文，2016。

[9] Alphonce R., Alfnes F., "Eliciting Consumer WTP for Food Characteristics in a Developing Context：Application of Four Valuation Methods in an African Market," *J. Agric. Econ.* 2017,（1）：123 – 142.

[10] Csermely T., Rabas A., "How to Reveal People's Preferences：Comparing Time ConsisTency and Predictive Power of Multiple Price List Risk Elicitation Methods," *J. Risk Uncertain*, 2016,（53）：107 – 136.

[11] Ginon E. P, Combris Y., Lohéac G., Enderli S. I., "What do We Learn from Comparing Hedonic Scores and Willingness-to-pay data?" *Food Qual. Preference* 2014（33）：54 – 63.

[12] 高站：《基于顾客支付意愿的零售商动态定价和采购策略研究》，清华大学硕士学位论文，2011。

[13] 尹世久、吴林海、徐迎军：《信息认知、购买动因与效用评价：以广东消费者安全食品购买决策的调查为例》，《经济经纬》2014 年第 3 期。

[14] Hobbs J. E., Bailey D. V., Dickinson D. L., "Traceability in the Canadian Red Meat Sector：Do Consumers Care," *Can. J. Agric. Econ.* 2005, 1, 47 – 65.

[15] Verbeke W., Ward R. W., "Consumer Interest in Information Cues Denoting Quality, Traceability and Origin：An Application of Ordered Probit Models to Beef Labels," *Food Qual. Preference*, 2006, 6, 453 – 467.

[16] Loureiro M. L., Umberger W. J., "A Choice Experiment Model for Beef：What US Consumer Responses Tell us about Relative Preferences for Food Safety, Country-of-origin Labeling and Traceability," *Food Policy*, 2007, 4, 496 – 514.

附录：

表 A　基于 MPL 法的消费者 WTP 诱导程序

	Type Ⅰ	Type Ⅱ	Type Ⅲ	Type Ⅳ
初始 WTP（WTP_0）				
$WTP_0 + 0.3$ 元（WTP_1）				
$WTP_1 + 0.3$ 元（WTP_2）				
$WTP_2 + 0.3$ 元（WTP_3）				
$WTP_3 + 0.3$ 元（WTP_4）				
$WTP_4 + 0.3$ 元（WTP_5）				
$WTP_5 + 0.3$ 元（WTP_6）				
……				
……				
$WTP_{n-1} + 0.3$ 元（WTP_n）				
$WTP_n + 0.3$ 元	X	X	X	X

注：0.3 元的价格增加幅度的设置是基于实验城市——无锡市的猪肉价格水平，并且参考了清华大学学者高站（2011）对于实验机制研究的成果以及咨询本领域的专家而最终确定的。

基于锚定效应理论的消费者食品
安全风险感知偏差研究[*]

山丽杰　王书赛　吴林海^{**}

摘　要： 本文基于江苏省无锡市的 282 名消费者随机调查数据，利用锚定效应理论，采用锚定效应指数和方差分析，研究了外部锚值信息对消费者食品安全风险感知的影响。研究表明，外部锚值信息、消费者的性别和认知需求是影响消费者感知食品安全风险中锚定效应的重要因素。其中，高锚组的消费者做出高估值，受到锚定效应的影响较小；低锚组的消费者做出低估值，受到锚定效应的影响较大；女性消费者、认知需求高的消费者受到锚定效应的影响较小。为此，政府应当及时披露更多的以风险概率为主的数字风险信息，避免锚定效应对消费者食品安全风险感知的长期负面影响，缩小消费者的食品安全风险感知偏差，合理引导消费者的风险感知。另外，应进一步加强政府和消费者之间的信息交流，充分利用微信、微博等互联网渠道发布风险信息，降低消费者获取信息的努力程度和时间成本，特别是促使认知需求低的男性消费者人群更频繁、便利地接触食品安全数字信息，减小消费者的风险感知偏差，促使其更加积极地采取应对措施。

关键词： 消费者　食品安全风险　感知偏差　锚定效应

---

* 本文是国家自然基金青年项目（项目编号：71603104）、教育部人文社会科学规划基金资助项目（项目编号：20YJA790076）阶段性研究成果。

** 山丽杰，江南大学商学院硕士生导师，江苏省食品安全研究基地教授，研究方向为食品安全管理；王书赛，江南大学商学院硕士研究生，研究方向为食品安全管理；吴林海，江南大学商学院博士生导师，江苏省食品安全研究基地首席专家，研究方向为食品安全管理。

一　引言

近年来随着我国食品安全风险治理体系的逐步完善和治理能力的不断提升，食品安全水平总体稳中有升、趋势向好（张勇，2011），但"瘦肉精""塑化剂超标"等食品安全事件的频发造成了极为恶劣的影响，致使我国消费者对食品安全的忧虑不减反增（尹世久等，2016）。这一悖谬现象不仅反映出食品安全治理亟待加强，还反映出我国消费者感知的食品安全风险与真实的食品安全风险存在较大的偏差。虽然政府有关部门通过信息披露等方式尝试减少食品安全信息不对称，提高消费者的认知水平，以期缩小感知偏差（Yang X et.，2016），但这些举措难以有效引导消费者客观感知食品安全风险和理性的食品消费行为（周应恒等，2004；全世文等，2015）。一方面在于政府公开食品安全信息的频率过低（第一财经日报，2013），存在单向性、滞后性和不透明性（王建华等，2016）；另一方面在于消费者对食品的安全属性相较于价格、品牌等属性的判断难度更大（张宇东等，2019）。相关研究表明，当消费者感知的风险相对客观的风险偏高时，可能造成不必要的心理负担，严重的甚至可能产生恐慌情绪，抑制消费（陈世平等，2017）；而消费者感知的风险偏低时，则容易忽视食品安全风险，难以及时采取防控措施，继而有可能产生健康隐患（李华强等，2009）。因此，研究的科学、合理、有效引导消费者感知食品安全风险的措施对于加强食品安全风险治理具有重要的现实意义。

现有的研究普遍认为，增强食品安全信息供给是引导消费者正确感知食品安全风险的主要措施之一（张宇东等，2019；任建超、韩青，2018）。而以往的国内研究主要集中于为消费者提供以外部文本信息为主的实证分析，鲜有研究关注数字信息对消费者感知食品安全风险的影响。不同消费者对不同形式的食品安全信息所感知到的食品安全风险水平不同，并且不同形式的风险信息所起到的作用也不尽相同（吴林海等，2014）。相对于文字信息而言，数字信息能够引发锚定效应，从而在一定程度上影响消费者的风险感知，促使消费者主动调整感知偏差（Wegener D. T. et al.，2001）。目前，已有学者利用外部数字锚信息展开促进公共沟通（SchlaPfer

F. and Schmitt M. , 2007）、健康教育（王晓庄等，2018）、行为矫正（Hoyt and Mitchell G. , 2009）、政策可接受度（Yang, D. J. and Ma, T. K. E. , 2011）等方面的探索和研究。这对于将锚定效应理论应用于助推消费者纠正风险感知偏差提供了重要的借鉴意义。

在这样的背景下，本文从消费者的视角出发，基于锚定效应理论，尝试分析消费者接收不同外部数字锚信息时食品安全风险感知水平的差异，并根据锚定效应的显著性区分消费者群体，进而提出相应的引导不同消费者调整风险感知偏差的政策建议。

二　文献回顾与研究假设

（一）文献回顾

食品安全风险感知是消费者在掌握相对有限的食品安全信息下，依靠自身的知识、经验等对食品安全风险的特征、可能性和严重性所做出的主观判断（Wansink B. , 2004；Schroeder T. C. et al. , 2007），而食品安全风险感知偏差则是指消费者主观感知的食品安全风险与客观风险的差距。

近年来，国内外学者对食品安全风险感知偏差的研究主要围绕形成食品安全风险感知偏差的原因展开。如陈思等（2014）认为食品安全风险综合了风险的主观构建性特征（Weinstein G. et al. , 1983）和食品安全的专业化特征，这些特征导致消费者对食品安全风险的感知与政府相关部门的监测结果和行业专家的认知相差甚远。张传统、陆娟（2012）认为外部信息虽然作为风险感知与行为决策的参考，能够提升消费者对食品安全的确定性判断，但风险信息的不完全性与不对称性（王志涛等，2014）、消费者群体的差异性等因素导致消费者难以正确、客观地分析食品安全信息，并合理评估食品安全风险（Hall C and Osses F, 2013）。任建超、韩青（2018）认为媒体和企业基于隐性动机向消费者提供的是筛选后的信息（郭小安、薛鹏宇，2015；李培功，2013），其可靠性受到质疑，致使消费者过多地依靠主观感受判断食品安全风险，从而产生感知偏差。Yeung R M W 和 Morris J（2001）认为当食品安全风险交流机制不科学或者消费者对食品安全丧失信任的时候，风险交流中的各主体间的感知偏差将进一步放大。

梳理相关文献不难发现，以往研究得出的影响消费者食品安全风险感知偏差的原因主要是外部信息，也相应地提出了对策建议，却鲜有研究进一步深入分析消费者面对不同类型外部信息所感知到的风险差异。消费者根据外部风险信息判断风险事件发生的可能性与损失程度时，往往是以实际（或思维臆想）的某个参考点为依据，参考点的选择决定风险感知偏差的大小和趋势，并影响个体风险决策（黄浪、吴超，2017）。就消费者而言，倾向于参考便于理解、精准化的数字信息（周应恒等，2004），以便判断其风险量级，如事故率、产品合格率、安全系数等。此外，数字信息相对于文本信息的优势在于，直接并具体地体现食品安全风险的高低程度，有效地将专业性的评估信息转换为消费者容易理解的信息（Etkin，Jordan，2016），有助于帮助消费者减少风险感知偏差（Almalki M. et al.，2016），并在此基础上理性评估食品风险与收益（Ruckenstein M. and Pantzar M.，2017），精准干预、管控自我健康行为。尽管如此，在现实情境下，消费者面对数字信息时，并非完全理性，而是有限理性的（Simon，1955），容易受到锚定效应的影响（Kahneman and Tversky，1974），并可能进一步干扰消费者对食品安全风险的基本判断。例如，Kahneman 和 Tversky（1974）研究发现，消费者感知风险过程中往往具有直觉性和启发式的特点，容易受到锚定效应的影响。后来的研究也证实，在现实情境中，风险信息广泛存在且真假难辨，锚定效应也普遍存在且不易消除（Furnham A. and Boo H. C.，2011）。

锚定效应是在不确定情境下，判断者以外部提供的（外部锚）或者自发产生的（自发锚）信息为参照估计目标值，致使估值接近锚值的现象（Mandera P. et al.，2017）。锚定效应越大，表明个体的判断受外部锚值的影响越大。目前学者们从不同的角度对锚定效应展开研究，包括锚定效应的种类、影响因素、作用机制、干预策略等方面（王晓庄、白学军，2009；王晓庄，2013；张淑惠、陈珂莹，2018）。在现实情境中，消费者的判断过程是动态的，不同类型的锚定效应混合作用于决策的各阶段，强度略有差异，影响也不尽相同（李斌等，2010），学者的观点也存在一定的差异（王晓庄、白学军，2009），这在一定程度上增加了研究锚定效应的复杂性。然而，无论何种锚定效应，都可以根据锚值的来源，将其划分为外部锚定效应和自发锚定效应两种类型。外部锚定效应是针对外部锚定信息对消费者判断的影响，而自发锚定效应是针对消费者根据自身经验、经历产生的内部锚定信息对消费者判断的影响。本文研究的目的是尝试通过外部数字信息助推消费者精确感知食品安全风险，以期寻找到更为有效的风险信息沟通方式，因此选用外部锚定效应的研究更为合理。

（二）研究假设

关于外部锚定效应的影响因素，根据以往的研究归纳出两个主要类型的因素。一是外部因素，包括锚值特征、了解程度或经验、时间压力；二是个体内部因素，包括个体的性别、年龄、大五人格特质（包括外倾性、开放性、宜人性、尽责性、情绪性）、认知需求等。不同类型的个体，产生的锚定效应往往也存在差异（Mcelroy and Dowd，2007；李斌等，2010）。基于国内外相关文献，为有效区分锚定偏差不同的消费者，并制定合理、科学的对策，进一步分析消费者的个体内部因素对锚定效应的显著性差异尤为重要。

基于上述分析，做出如下的假设：消费者食品安全风险感知属于不完全信息下的不确定判断（马颖等，2017），且其信息的不完全程度更高、不确定性更大，消费者接收食品安全信息时更可能受到锚定效应的影响，主观锚定风险的大小，从而对客观风险的判断做出不充分的调整（王二朋、卢凌霄，2015），最终导致感知到的风险与客观风险存在偏差，出现高估或者低估风险的现象。因此，可进一步做出如下假设。

假设 1：消费者食品安全风险感知中存在锚定效应。

在诱发锚定效应的外部信息中，锚值的数字启动直接影响锚定效应的产生和强度，高锚值引发高估值，低锚值引发低估值（Kahneman and Tversky，1974；Newell B. R. and Shanks D. R.，2014）。如郑立明（2015）研究价格判断中的锚定效应时发现，高价格引发高的价格判断，低价格引发低的价格判断；陈仕华、李维安（2016）研究发现仅存在外部锚定效应时，企业高管过去并购中支付溢价越高，当前的并购溢价也越高。另外，锚值信息的适用性和代表性可能会对判断产生对比效应或同化效应，影响锚定调整的方向（Strack F. and Mussweiler T. ，1997），但本文的研究仅针对数值信息对消费者风险判断的影响，不存在锚值信息的适用性和代表性方面的干扰。因此，做出如下假设。

假设 2：外部锚值是影响消费者食品安全风险感知中锚定效应的重要外部因素，且高锚信息引起高估值，低锚信息引起低估值。

Epley 和 Gilovich（2006）在研究认知需求对锚定效应的影响时发现，高认知需求的个体更不容易受到外部锚值的影响。郭妍等（2018）在研究网络借贷中的锚定效应时证实，认知需求是影响锚定效应的重要因素，认知需求高的受访者锚定效应显著低于认知需求低的受访者。而现实情境下，认知需求高的消费者对外界的信息更加敏感，相比认知需求低的消费者更能主动搜寻风险信息（Cacioppo J. T. and Petty R. E. ，1982）。这可能是因为，消费者搜寻获得的信息量越大，对风险的判断越精准，越不容易受到锚定效应的影响（Wilson T. D. et al. ，1996）。因此，做出如下假设。

假设 3：消费者的认知需求对锚定效应有显著影响。

Mcelroy 和 Dowd（2007）采用 TIPI 问卷探究大五人格特质与锚定效应的关系时发现，锚定一致性信息更容易诱导具有高"开放性"的个体，产生锚定效应偏差。"开放性""外倾性"的人格特质越强越倾向于冒险，锚定效应越显著，"情绪性""宜人性""尽责性"越强的决策者越倾向于风险回避，锚定效应相对越小（Lauriola and Levin，2001）。因此，做出如下假设。

假设 4：消费者的大五人格特质对锚定效应有显著影响。

Lauriola 和 Levin（2001）研究个人特征与冒险行为的相关性时发现，由于男性和女性认知有所不同，对冒险行为的判断具有差异性，女性趋于感性，容易受到外部信息的影响，更容易产生明显的锚定效应。郭妍等（2018）研究表明，消费者的性别是影响锚定效应的因素之一，女性投资者相对男性投资者能产生更明显的锚定效应。因此，做出如下假设。

假设 5：消费者的性别对锚定效应有显著影响。

由于锚定效应的研究主要集中于心理学和经济学领域，多数是以成年人为研究对象，鲜见研究年龄差异对锚定效应的影响，但随着近年来锚定效应研究领域的拓宽，少数学者分析了年龄差异对锚定效应的影响。如郭妍等 (2018) 研究发现，年龄小的投资者比年龄大的投资者产生了更明显的锚定效应。因此，做出如下假设。

假设 6：消费者的年龄对锚定效应有显著影响。

三 实验设计与方法

(一) 实验设计

1. 问卷设计

本文的问卷主要参考 Jacowitz 和 Kahneman (1995) 的问卷设计思路，检验锚定效应在消费者感知风险中的存在性以及锚定效应与消费者个体特征的关系。为此，采用两步式研究范式，根据锚值的不同，设立高锚组 (H 组)、控制组 (C 组) 和低锚组 (L 组) 三个对比实验组。控制组没有外部锚值，而高锚组的锚值和低锚组的锚值是外部锚，分别来源于控制组估值分布中 85% 百分位的估值和 15% 百分位的估值 (Kahneman and Tversky，1974)。各个组内均包含消费者的个体特征问题和关于概率估计的三个不同的决策问题。组间的个体特征问题一致，但决策问题不同，例如其中的一个决策问题，控制组的描述为 "您认为目前我国微生物性食物中毒事件数占食物中毒总事件数的比例是多少 (问题 Q_1)？"，高锚组的描述为 "您认为目前我国微生物性食物中毒事件数占食物中毒总事件数的比例高于 50% 还是低于 50%？具体比例是多少？"，低锚组的描述为 "您认为目前我国微生物性食物中毒事件数占食物中毒总事件数的比例高于 5% 还是低于 5%，具体比例是多少？"。另外两个问题分别是 "您认为微生物性食物中毒人数占总食物中毒人数的比例是多少 (问题 Q_2)？" "您认为目前食品监督抽检中微生物污染的不合格样品占食品不合格样品的比例是多少 (问题 Q_3)？"。本文采用的认知需求、人格特质和知识水平的衡量指标分别是邝怡等 (2005)、李金德 (2013) 和 Yu H. et al. (2018) 的指标。

2. 组织实施

本次正式调查前在无锡市市中心进行了预调查。预调查采用的问卷是

C组的问卷，其对象是随机选取的，共计30位。根据预调查的结果确认了H组和L组的外部锚值，并重新对三组问卷做出适当调整。

正式调查地点选在江苏省无锡市，调查对象是无锡市的18周岁至72周岁的消费者。选取无锡市作为调查地点有以下几个原因：无锡市是长江三角洲较为发达的城市，吸引了来自全国各地的外来务工人员，具有一定的代表性。无锡市消费者的生活水平居全国前列，居民对食品安全的关注度相对更高。为保证样本的代表性，本次调查分别在无锡市五个行政区的大小超市、商业综合体、农贸市场等公共场所进行，每个行政区等量招募60名受访者，共计300名。每个行政区的受访者均以抽签的方式随机抽取其所在的组别，尽量避免因地域而引起的系统性偏差。为保证问卷的有效性，问卷的调查方式采取一对一的访谈形式，当场作答。为激励消费者认真回答，在访谈结束后赠送一份小礼物作为时间补偿。正式调查是2019年6月24日至7月7日，共计回收282份有效问卷，其中高锚组93份，低锚组94份，控制组95份。

3. 样本特征

表1是本次调查的消费者特征的具体结果。总体来看，消费者特征的情况和无锡市人口分布特征相似。女性在三个调查组中的总占比为53.90%，这符合我国家庭中女性主内的现状。18～40岁的受访者占大多数。52.84%的受访者未婚，但56.38%的受访者家庭中有未成年孩童。学历方面，有42.55%的受访者为本科，50%的受访者为本科以下。另外，个人年薪主要集中在10万元以下，其中3.6万元以下的受访者占35.82%。

（二）方法选择

1. 锚定效应的度量指标

为了保证样本的代表性，基于锚定效应的种类不同，在测量锚定效应大小的方法上，许多学者提出了专门的方法。但最具代表性的方法仍然是Jacowitz和Kahneman（1995）测量外部锚定效应的锚定效应指数AI（Anchoring Index）。因此，本文仍沿用AI来测量锚定效应。AI反映的是被试的估计值趋向锚值的程度。其计算公式如下：

表 1 消费者特征

统计特征	分类指标	低锚组		高锚组		控制组		总占比（%）
		人数	比例	人数	比例	人数	比例	
性别	男	43	45.74	40	43.01	47	49.47	46.10
	女	51	54.26	53	56.99	48	50.53	53.90
年龄	18~25岁	37	39.36	42	45.15	43	45.26	43.26
	26~40岁	48	51.06	41	44.09	39	41.05	45.39
	41~65岁	8	8.51	9	9.68	12	12.63	10.28
	66~72岁	1	1.06	1	1.08	1	1.05	1.06
婚姻	未婚	45	47.87	51	55.84	53	55.79	52.84
	已婚	49	52.13	42	45.16	42	44.21	47.16
有孩童	是	55	58.51	59	63.44	45	47.37	56.38
	否	39	41.49	34	36.56	50	52.63	43.62
学历	高中及以下	23	24.47	22	23.66	22	23.16	23.76
	大专	26	27.66	28	30.11	20	21.05	26.24
	本科	37	39.36	37	39.78	46	48.42	42.55
	研究生及以上	8	8.51	6	6.45	7	7.37	7.45
个人年薪	3.6万元以下	28	29.79	34	36.56	39	41.05	35.82
	3.6万（含）~6万元	29	30.85	23	24.73	18	18.95	24.82
	6万（不含）~10万元	15	15.96	24	25.81	24	25.26	22.34
	10万元以上	22	23.40	12	12.90	14	14.74	17.02

$$AI(高) = \frac{高锚值估值中数 - 控制组估计中数}{高锚值 - 控制组估值中数} \tag{1}$$

$$AI(低) = \frac{低锚值估值中数 - 控制组估计中数}{低锚值 - 控制组估值中数} \tag{2}$$

其中，AI 越大，表明锚定效应越大，估值越趋近锚值。AI 的取值范围一般在 $0 \sim 1$，也可能会大于 1。$AI = 0$，表明高锚组或者低锚组中估值的中数与控制组估值中数相同，说明外部锚值并不影响消费者判断，锚定效应不存在；$AI = 1$，表明高锚组或者低锚组估值的中数与高锚值或低锚值相等，说明锚定效应显著；$AI > 1$，表明高锚值或者低锚值估值的中数大于高锚值或者低锚值，说明锚定效应非常显著。

2. 变量设置

因变量为锚定效应，通过 AI 公式进行测量。自变量为消费者自身的内部因素以及锚值，需要进行赋值说明。

表 2　锚定效应的影响因素

影响因素		变量	赋值说明
	性别	X_1	女：$X_1 = 0$，男：$X_1 = 1$
	年龄	X_2	$18 \sim 25$：$X_2 = 1$，$26 \sim 40$：$X_2 = 2$ $41 \sim 65$：$X_2 = 3$，$66 \sim 72$：$X_2 = 4$
	认知需求	X_3	低认知需求（中位数及以下）：$X_3 = 0$ 高认知需求（中位数以上）：$X_3 = 1$
内部因素	大五人格特质 情绪性	X_4	低情绪性（中位数及以下）：$X_4 = 0$ 高情绪性（中位数以上）：$X_4 = 1$
	外倾性	X_5	低外倾性（中位数及以下）：$X_5 = 0$ 高外倾性（中位数以上）：$X_5 = 1$
	开放性	X_6	低开放性（中位数及以下）：$X_6 = 0$ 高开放性（中位数以上）：$X_6 = 1$
	宜人性	X_7	低宜人性（中位数及以下）：$X_7 = 0$ 高宜人性（中位数以上）：$X_7 = 1$
	尽责性	X_8	低尽责性（中位数及以下）：$X_8 = 0$ 高尽责性（中位数以上）：$X_8 = 1$
外部因素	锚值	X_9	低锚：$X_9 = 0$，　　高锚：$X_9 = 1$

3. 模型构建

本文以锚定效应理论为基础，探讨锚定效应在消费者感知风险中的存在性并进一步探讨影响锚定效应的消费者个体特征。本文的因变量为 AI，采取方差分析检验不同外部锚值信息下受访者的判断是否存在差异，从而检测锚定效应，并进一步分析个体特征对锚定效应的影响。基于此，本文构建以下模型：

$$AIi(高/低) = \alpha i Xi + \delta (i = 1,2,3,\cdots,9) \tag{3}$$

其中，AI 为锚定效应，X 为自变量，δ 为随机扰动项。

四　研究结果及分析

（一）锚定效应的存在性检验

基于锚定效应指数，测算出问卷设计中的三个问题在不同锚值条件下的锚定效应大小，如表 3 所示。其中，三个问题的 AI 指数接近，而高锚组的锚定效应显著低于低锚组的锚定效应，低锚组的锚定效应显著且接近或等于 1。由此可知，与外部高锚值相比，受访者更容易将外部低锚值作为其判断风险的参照点。可能的原因在于，高锚值显得不合理或者过高，消费者并不能充分信任此参照点。另外，从估值上来看，高锚组的估值均值都高于 30% 的概率却低于 50% 的外部锚值，低锚组的估值均值都高于 5% 或 4% 的外部锚值，而控制组的估值均值则在 20% ～ 30%。因此，假设 1 成立，锚定效应存在且受访者受到了不同程度的锚定效应的影响，高锚值引发了高估值，低锚值引发了低估值。

表 3　估值与 AI 指数结果

描述	Q_1	Q_2	Q_3
H 组（M）	31.50	30.99	33.452
L 组（M）	8.040	9.394	6.553
C 组（M）	25.12	21.29	26.94
H 组（AI）	0.200	0.167	0.200
L 组（AI）	0.950	1.000	1.000

（二）锚定效应的影响因素分析

本文通过 SPSS 20 对相应条件下的锚定效应进行统计分析，并进一步运用方差分析检验各因素对锚定效应的影响，表 4 和表 5 分别是不同影响因素下的 AI 指数统计结果以及对影响锚定效应的各因素的方差分析。

上述分析结果表明消费者性别、认知需求以及外部锚值是影响锚定效应的重要因素，而年龄、人格特质对其的影响并不显著，具体分析如下。

（1）性别。无论是高锚组还是低锚组，男性受访者和女性受访者对于判断风险概率都呈现一定的锚定效应，但又存在性别差异。男性受访者的锚定效应均大于 0.7，明显高于女性受访者。同时，方差分析表明，三个问题中性别对锚定效应的 p 值均小于 0.05，表明对于食品安全风险概率的判断，性别显著影响锚定效应。这与郭妍（2018）的研究结果相反，可能的原因在于其研究的领域有所不同。对于中国女性主内的传统而言，女性对食品安全风险的熟悉度更高，相对于男性而言，其更不易受到外部锚值的影响。因此，假设 5 成立。

（2）年龄。对锚定效应的方差分析显示，年龄对锚定效应的影响并不显著，p 值均大于 0.05。这与郭妍（2018）的研究结果不同，可能的原因在于郭妍研究的是消费者网络借贷中的锚定效应。由于消费习惯和观念的改变，"95 后"及较为年轻的消费者明显比年龄相对较大的消费者对网络借贷模式更感兴趣，了解程度也相应较高，锚定效应则相对较低。而对于食品安全风险概率，由于国内缺乏公开、统一和权威的数据，各个年龄阶段的消费者对食品安全风险概率的了解程度都相对较低。因此，结果表现出无差异性，假设 6 不成立。

（3）认知需求。在低锚组，三个问题中认知需求较低的受访者的锚定效应略高于认知需求较高的受访者，但在高锚组中却表现出因问题而异。具体来说，在回答 Q_1 和 Q_3 问题时，认知需求高的消费者锚定效应相对较高，而 Q_2 问题中认知需求高的消费者锚定效应相对较低。但总体而言，仍然表现出认知需求高的消费者相对于认知需求低的消费者锚定效应更小。同时，方差分析显示，受访者的认知需求对锚定效应的 p 值明显小于 0.05，表明受访者的认知需求显著影响锚定效应。这与 Epley 和 Gilovich

表 4　各因素的 AI 指数

因素	描述	Q_1				Q_2				Q_3			
		低锚		高锚		低锚		高锚		低锚		高锚	
		M	SD	M	SD	M	SD	M	SD	M	SD	M	SD
X_1	男	0.860	0.320	0.260	0.884	0.722	0.740	0.366	0.728	0.885	0.316	0.338	0.916
	女	0.844	0.341	0.244	0.887	0.701	0.756	0.345	0.719	0.878	0.325	0.308	0.906
X_2	18~25	0.848	0.338	0.260	0.884	0.708	0.749	0.366	0.728	0.878	0.321	0.388	0.916
	26~40	0.857	0.321	0.244	0.890	0.719	0.743	0.345	0.729	0.885	0.318	0.311	0.916
	41~65	0.855	0.316	0.280	0.911	0.720	0.614	0.378	0.733	0.880	0.239	0.361	0.908
	66~72	1.100	0.000	0.200	0.000	1.130	0.000	0.330	0.000	0.950	0.000	0.8	0.000
X_3	较高	0.844	0.341	0.260	0.889	0.701	0.756	0.356	0.725	0.878	0.325	0.335	0.921
	较低	0.860	0.320	0.256	0.889	0.722	0.740	0.363	0.731	0.885	0.316	0.327	0.913
X_4	较高	0.844	0.341	0.257	0.893	0.701	0.756	0.352	0.728	0.878	0.325	0.324	0.919
	较低	0.866	0.319	0.260	0.884	0.726	0.751	0.366	0.728	0.886	0.321	0.338	0.916
X_5	较高	0.861	0.321	0.257	0.895	0.721	0.743	0.342	0.719	0.885	0.318	0.348	0.911
	较低	0.845	0.342	0.248	0.889	0.702	0.760	0.362	0.734	0.876	0.326	0.325	0.912
X_6	较高	0.845	0.339	0.260	0.884	0.704	0.752	0.366	0.728	0.809	0.323	0.388	0.916
	较低	0.866	0.319	0.237	0.892	0.726	0.751	0.348	0.725	0.886	0.321	0.317	0.903
X_7	较高	0.845	0.339	0.256	0.888	0.703	0.752	0.363	0.731	0.878	0.323	0.327	0.914
	较低	0.866	0.319	0.265	0.893	0.726	0.751	0.363	0.725	0.886	0.321	0.341	0.924

续表

因素	描述	Q₁				Q₂				Q₃			
		低锚		高锚		低锚		高锚		低锚		高锚	
		M	SD	M	SD	M	SD	M	SD	M	SD	M	SD
X_8	较高	0.845	0.339	0.260	0.889	0.704	0.752	0.356	0.725	0.878	0.323	0.335	0.921
	较低	0.866	0.319	0.220	0.891	0.726	0.751	0.345	0.733	0.886	0.321	0.288	0.903

表 5 各因素在不同问题下的方差分析

影响因素	Q₁		Q₂		Q₃	
	F	Sig.	F	Sig.	F	Sig.
性别	7.770	0.006***	7.845	0.006***	5.570	0.019**
年龄	0.135	0.939	0.836	0.476	0.882	0.452
认知需求	57.272	0.000***	67.283	0.000***	49.502	0.000***
开放性	0.013	0.911	0.192	0.662	0.146	0.702
外倾性	0.382	0.537	1.832	0.178	0.249	0.618
情绪性	0.641	0.424	0.895	0.345	0.309	0.579
宜人性	1.213	0.272	0.867	0.353	0.881	0.349
尽责性	1.918	0.168	0.957	0.329	5.075	0.025**
锚值	35.839	0.000***	9.834	0.002**	28.787	0.000***

注：** 表示显著性检验的 p 值 <0.05，*** 表示显著性检验的 p 值 <0.01。

（2006）的研究结果相似，较高认知需求的受访者不易被错误信息或无关信息所影响（周宁，2010），不易受到外部锚值的影响，从而锚定效应偏小。因此，假设 3 成立。

（4）锚值。三个问题中低锚组的锚定效应明显高于高锚组的锚定效应。具体来看，低锚组的锚定效应显著，接近于 1，且标准差相对更小，表明受访者估值相对更为集中，受到低锚值的影响程度更深。而高锚组的锚定效应相对较小，且标准差相对较大，受访者的估值相对分散，受到高锚值的影响程度较浅。在食品安全风险感知中，50% 的风险事件发生概率或者 50% 的不合格产品对于受访者来说是难以接受的，不符合消费者自身的认知，导致高外部锚值的可信度降低，受访者将高外部锚值作为参照的可能性降低，致使外部高锚组的锚定效应偏小，这与 Brewer N. T. 和 Chapman G. B.（2002）以及 Epley 和 Gilovich（2006）的研究结果相似。因此，假设 2 成立。

（5）大五人格特质。根据大五人格特质对锚定效应的方差分析表明，五种人格特质整体对锚定效应的影响不显著，这与 Lauriola M. 和 Levin I. P.（2001）以及 Mcelroy 和 Dowd（2007）的研究结果都不一致。可能的原因在于决策判断的是否精准最重要的仍然是对判断目标的了解程度。但对食品安全风险概率而言，各种人格特质在信息严重不足的条件下，缺乏对判断目标的了解，并不能对锚值进行更多的信息加工（Mcelroy and Dowd，2007），所以表现出无差异性。因此，假设 4 不成立。

五 研究结论与展望

本文基于锚定效应理论，利用锚定效应指数和方差分析，研究了外部锚信息对消费者食品安全风险感知的影响。结果证实了消费者风险感知中显著存在锚定效应，并且本文发现锚值、消费者的性别和认知需求对锚定效应具有显著影响，年龄和人格特质对锚定效应的影响并不显著。另外，研究进一步表明消费者对食品安全风险的可能性判断相对于客观风险相差过大，风险感知偏差仍旧存在。这一结论对于政府有效引导消费者纠正风险感知偏差具有重要的指导意义。一方面，消费者风险感知容易受到外部数字信息的影响。政府及有关部门需要且有必要向社会公众传递准确的数字风险信息。另一方面，不同人群受到外部数字信息的影响不同，需要分类引导。为此，政府首先应当及时披露更多的不同类型的食品安全信息，尤其是以风险概率为主的数字信息，提高消费者对主要食品安全的数字信息的可获得性，避免锚定效应对食品安全风险感知的长期负面影响，缩小消费者的食品安全风险感知偏差，合理引导消费者的风险感知。其次，政府应当积极扩展信息传播途径，充分利用微信、微博等互联网渠道发布风险信息，降低消费者获取信息的努力程度和时间成本，特别是促使认知需求低的男性消费者人群更频繁、便利地接触食品安全数字信息，减小消费者的风险感知偏差。当然，本文仅是对消费者风险感知中的锚定效应以及个体内部影响因素进行探讨，对于如何进一步通过锚定效应直接干预消费者的风险感知及其效果还有待进一步验证。

参考文献

［1］《张勇谈当前中国食品安全形势：总体稳定正在向好》，新华网，2011 - 03 - 01，http://news. xinhuanet. com/food/2011 - 03/01/c_121133467. htm。

［2］尹世久、吴林海、王晓莉、沈耀峰：《中国食品安全发展报告》，北京大学出版社，2016。

［3］Yang X., Chen L., Feng Q., "Risk Perception of Food Safety Issue on Social Media," *Chinese Journal of Communication*, 2016, 9 (02): 124 - 138.

［4］周应恒、霍丽玥、彭晓佳：《食品安全：消费者态度、购买意愿及信息的影响——对南京市超市消费者的调查分析》，《中国农村经济》2004 年第 11 期。

［5］全世文、曾寅初、朱勇：《我国食品安全监管者激励失灵的原因——基于委托代理理论的解释》，《经济管理》2015 年第 4 期。

［6］《第一财经日报》编辑部：《越多有效培训越少食品安全问题——访美国国家餐饮协会执行副主席大卫·杰·马修斯》，《食品工业科技》2013 年第 23 期。

［7］王建华、葛佳烨、朱湄：《食品安全风险社会共治的现实困境及其治理逻辑》，《社会科学研究》2016 年第 6 期。

［8］张宇东、李东进、金慧贞：《安全风险感知、量化信息偏好与消费参与意愿：食品消费者决策逻辑解码》，《现代财经（天津财经大学学报）》2019 年第 1 期。

［9］ 陈世平、揭满、王晓庄：《术语和俗语对疾病风险认知的影响》，《心理科学》2017 年第 5 期。

［10］ 李华强、范春梅、贾建民：《突发性灾害中的公众风险感知与应急管理——以 5·12 汶川地震为例》，《管理世界》2009 年第 6 期。

［11］ 任建超、韩青：《消费者食品安全风险感知偏差形成原因探析——基于信息供求视角的理论解释与实践验证》，《北京航空航天大学学报》（社会科学版）2018 年第 4 期。

［12］ 吴林海、钟颖琦、洪巍、吴治海：《基于随机 n 价实验拍卖的消费者食品安全风险感知与补偿意愿研究》，《中国农村观察》2014 年第 2 期。

［13］ Wegener D. T. , Petty R. E. , Detweiler-Bedell B. T. , et al. , "Implications of Attitude Change Theories for Numerical Anchoring: Anchor Plausibility and the Limits of Anchor Effectiveness," *Journal of Experimental Social Psychology*, 2001, 37（1）: 62 – 69.

［14］ SchlaPfer F. , Schmitt M. , "Anchors, endorsements, and preferences: A field experiment," *Resource & Energy Economics*, 2007, 29（3）: 229 – 243.

［15］ 王晓庄、安晓镜、骆皓爽：《锚定效应助推国民身心健康：两个现场实验》，《心理学报》2018 年第 8 期。

［16］ Hoyt, Mitchell G. Nudge, "Improving Decisions About Health, Wealth, and Happiness," *International Review of Economics Education*, 2009, 8（1）: 158 – 159.

［17］ Yang, D. J. , & Ma, T. K. E. , "Exploring Anchoring and Communication Effects from Message Manipulation: An Experimental Study about Recycling," *Pan-Pacific Management Review*, 2011, 14（2）, 79 – 108.

［18］ Wansink B. , "Consumer Reactions to Food Safety Crises," *Advances in Food and Nutrition Research*, 2004, 48: 103 – 150.

［19］ Schroeder T. C. , Tonsor G. T. , Pennings J. M. E. and Mintert J. , "Consumer Food Safety Risk Perceptions and Attitudes: Impacts on Beef Consumption across Countries," *Contributions to Economic Analysis and Policy*, 2007, 7（1）: 19.

［20］ 陈思、许静、肖明：《北京市公众食品安全风险认知调查——从风险交流的角度》，《中国食品学报》2014 年第 6 期。

［21］ Weinstein G. , Douglas M. , Wildavsky A. et al. , "Risk and Culture: An Essay on the Selection of Technological and Environmental Dangers: Acceptable Risk," *The American Political Science Review*, 1983, 77（1）: 203.

［22］ 张传统、陆娟：《食品标签信息对消费者购买决策的影响研究——以婴幼儿食品为例》，《统计与信息论坛》2012 年第 27 期。

［23］王志涛、苏春：《消费者风险感知、风险偏好与企业食品安全的风险控制》，《上海经济研究》2014 年第 9 期。

［24］Hall C. , Osses F. , "A Review to Inform Understanding of the Use of Food Safety Messages on Food Labels," *International Journal of Consumer Studies*, 2013, 37 （4）：422 – 432.

［25］郭小安、薛鹏宇：《微信朋友圈会让我们更相信谣言吗——论微信谣言的三个传播特征》，《电子政务》2015 年第 2 期。

［26］李培功：《媒体报道偏差的经济学分析》，《经济学动态》2013 年第 4 期。

［27］Yeung R. M. W. , Morris J. , "Consumer perception of food risk in chicken meat," *Nutrition & Food Science*, 2001, 31 （6）：270 – 278.

［28］黄浪、吴超：《风险感知偏差机理概念模型构建研究》，《自然灾害学报》2017 年第 1 期。

［29］Etkin, Jordan, "The Hidden Cost of Personal Quantification," *Journal of Consumer Research*, 2016, 42 （6）：967 – 984.

［30］Almalki M. , Gray K. , Martin-Sanchez F. , "Activity Theory as a Theoretical Framework for Health Self-Quantification：A Systematic Review of Empirical Studies," *Journal of Medical Internet Research*, 2016, 18 （5）：e131 – e137.

［31］Ruckenstein M. , Pantzar M. , "Beyond the Quantified Self：Thematic Exploration of a Dataistic Paradigm," *New Media & society*, 2017, 19 （3）：401 – 418.

［32］Simon H. A. , "A Behavioral Model of Rational Choice," *Quarterly Journal of Economics*, 1955, 69 （1）：99 – 118.

［33］Tversky A. , Kahneman D. , "Judgment under uncertainty：Heuristics and biases," *Science*, 1974, 185 （4157）：1124 – 1131.

［34］Furnham A. , Boo H. C. , "A Literature Review of the Anchoring Effect, " *Journal of Socio – Economics*, 2011, 40 （1）：1 – 42.

［35］Mandera P. , Keuleers E. , Brysbaert M. , "Explaining Human Performance in Psycholinguistic Tasks with Models of Semantic Similarity Based on Prediction and Counting：A Review and Empirical Validation," *Journal of Memory and Language*, 2017, 92：57 – 78.

［36］王晓庄、白学军：《判断与决策中的锚定效应》，《心理科学进展》2009 年第 1 期。

［37］王晓庄：《调整与通达：锚定效应心理机制的研究进展》，《心理与行为研究》2013 年第 11 期。

［38］张淑惠、陈珂莹：《锚定效应对经济管理决策的影响研究述评》，《财会月刊》

2018 年第 10 期。

［39］李斌、徐富明、王伟：《锚定效应的种类、影响因素及干预措施》，《心理科学进展》2010 年第 1 期。

［40］Mcelroy T., Dowd K., "Susceptibility to Anchoring Effects: How Openness-to-experience Influences Responses to Anchoring Cues," *Judgment & Decision Making*, 2007, 2 (1): 48 – 53.

［41］马颖、吴陈、胡晶晶：《基于 SD – SEM 模型的消费者食品安全风险感知的信息搜寻行为》，《系统工程理论与实践》2017 年第 4 期。

［42］王二朋、卢凌霄：《消费者食品安全风险的认知偏差研究》，《中国食物与营养》2015 年第 2 期。

［43］Newell, B. R., & Shanks, D. R., "Prime Numbers: Anchoring and its Implications for Theories of Behavior Priming," *Social Cognition*, 2014, 32: 88 – 108.

［44］郑立明：《价格判断估计的锚定效应及其实验研究》，《现代管理科学》2015 年第 12 期。

［45］陈仕华、李维安：《并购溢价决策中的锚定效应研究》，《经济研究》2016 年第 6 期。

［46］Strack F., Mussweiler T., "Explaining the Enigmatic Anchoring Effect," *Journal of Personality & Social Psychology*, 1997, 73 (3): 437 – 446.

［47］Epley N., Gilovich T., "The anchoringandadjustment heuristic: Why the adjustments are insufficient," *Psychological Science*, 2006, 19: 311 – 320.

［48］郭妍、赵文平、张立光：《网络借贷锚定效应理论的实验检验》，《山东大学学报》（哲学社会科学版）2018 年第 2 期。

［49］Cacioppo J. T., & Petty R. E., "The need for cognition," *Journal of Personality and Social Psychology*, 1982, 42 (1): 116 – 131.

［50］Wilson T. D., Houston C. E., Etling K. M., et al., "A New Look at Anchoring Effects: Basic Anchoring and its Antecedents," *Journal of Experimental Psychology: General*, 1996, 125 (4): 387 – 402.

［51］Lauriola M, Levin I. P., "Personality Traits and Risky Decision-making in a Controlled Experimental Task: an Exploratory Study," *Personality & Individual Differences*, 2001, 31 (2): 215 – 226.

［52］Jacowitz K. E., KahnemanD., "Measures of Anchoring in Estimation Tasks," *Personality & Social Psychology Bulletin*, 1995, 21 (11): 1161 – 1166.

［53］邝怡、施俊琦、蔡雅琦、王垒：《大学生认知需求量表的修订》，《中国心理卫生

杂志》2005 年第 1 期。

[54] 李金德:《中国版 10 项目大五人格量表（TIPI – C）的信效度检验》,《中国健康心理学杂志》2013 年第 11 期。

[55] Yu H. , Neal J. A. , Sirsat S. A. , "Consumers' Food Safety Risk Perceptions and Willingness to Pay for Fresh-cut Produce with Lower Risk of Foodborne Illness," Food Control, 2018, 86: 83 – 89.

[56] 徐洁、周宁:《认知需求对个体信息加工倾向性的影响》,《心理科学进展》2010 年第 4 期。

[57] Brewer N. T. , Chapman G. B. , "The fragile basic anchoring effect," *Journal of Behavioral Decision Making*, 2002, 15 (1): 65 – 77.

食品安全源头治理
机制研究

基于信任视角的 CSA 农场套餐
订购运营策略研究*

浦徐进　岳振兴**

摘　要： 随着社区支持农业（Community Support Agriculture，下文简称 CSA）规模的扩大，单一品种的有机农产品已经无法满足消费者日益差异化、多样化和个性化的需求，不同品种的 CSA 农场开始走向合作，由电商平台搭配成标准套餐销售给消费者。各地 CSA 农场在快速发展的过程中也面临着严峻的问题和挑战。随着"互联网＋农业"的蓬勃发展，越来越多的电商平台开始加入 CSA 项目的运作中，CSA 农场数量的不断增加以及供应链结构日趋复杂化，使得供应链成员的信任机制发生新的变化，并引发了供需不匹配问题。本文基于信任视角将 CSA 农场、电商平台和消费群体的选择偏好纳入研究范围，探究信任因素对各参与主体套餐订购策略的影响，最后通过参考契约经济学的供应链协调方法，设计合理契约提高基于 CSA 模式的农产品供应链的运作效率。研究发现：当 CSA 农场对电商平台的信任水平低于某一阈值时，至少有一个 CSA 农场的生产计划无法满足电商平台的预定数量，电商平台需要设计价格折扣合同，鼓励 CSA 农场制订更多的生产计划；随着 CSA 农场数量的增加，供应链主体之间的信任问题变得越来越严重，电商平台对价格折扣合同的需求也变得越来越紧迫，价格折扣合同的改善效果更加显著。

＊　本文是国家自然科学基金面上项目"'社区支持农业'共享平台的运作机理与优化策略研究"（项目编号：71871105）阶段性研究成果。

＊＊　浦徐进，江南大学商学院教授，主要从事农产品供应链管理等方面的研究；岳振兴，江南大学商学院硕士研究生，主要从事农产品供应链管理等方面的研究。

关键词： 信任视角 社区支持农业 套餐订购 运营策略

一 引言

社区支持农业（Community Support Agriculture，下文简称CSA）作为一种新型的农业生产方式，自2006年传入中国后已经有十多年的历史。CSA模式为消费者和生产者创造了一种直接沟通、相互支持实现共担食品生产风险和利益共享的合作方式。截至2017年，我国CSA项目数量已超过500家，参与的社区消费者家庭已有几十万户，分布在全国20多个省市，并呈现从一线城市向二三线城市快速发展的势头[1]。随着人民对美好生活的要求不断提高，单个CSA农场供应的单一品种已经不能满足市民多样化、差异化、个性化的需求。当然，在现阶段CSA农场发展尚未完善的情况下，让每个消费者都根据自己的个人喜好选择是不可能的。于是，多个CSA农场开始合作，共同推出品种多样的标准套餐供消费者订购。表1和表2是分享收获农场和西安田客CSA农场的套餐设计。

表1 分享收获农场2013年的套餐设计

	套餐种类	每周配送量	配送频率	配送次数	份额菜金	送菜方式	备注
全年配送份额	蔬菜八斤份	≥8斤	每周1次	49次	5880元	配送到家	
	蔬菜十二斤份	≥12斤	每周2次	98次	9408元	配送到家	每次6斤
	鸡蛋份额	10枚/次	每周1次	49次	1225元	随蔬菜配送	
	猪肉份额	3斤/次	每周1次	25次	3750元	随蔬菜配送	
	散养鸡份额	1只/次	每月1次	12次	1800元	随蔬菜配送	

表2 西安田客CSA农场2016年会员招募的一种套餐设计

自选套餐	收费标准	蔬菜价格	鸡蛋价格	备注
甲	3000元	12元/斤	2.5元/枚	一次选购8斤蔬菜或者订单超过200元免费配送，不足的话加收20元配送费
乙	6000元	10元/斤		

丹麦的Aarstiderne已通过电子商务平台的模式成功实施了社区支持农业模型。Aarstiderne平台与65位农民建立了长期合作关系。会员可以在平

台网站上选择不同的农产品组合，然后平台将它们打包并运送到会员家门口。例如，Aarstiderne 有 15 种不同的标准套餐选择，其中 35 美元的标准套餐，包括土豆、胡萝卜、生菜、西红柿、黄瓜和豆角等。中国的好农场 APP 是一个致力于为 CSA 农场服务的电商平台。CSA 农场是生产者和消费者的食品社区，其共同目标是获得健康食品。较短的地理半径可确保成员之间的充分沟通和相互信任，这比单纯的在线社区要稳定得多。但是，需求是多样化的，并且单个 CSA 农场很难满足消费者的所有需求。好农场 APP 可以促进多个 CSA 农场相辅相成，并为消费者提供更多的选择。好农场 APP 的消费模式与大型购物中心或普通电子商务平台不同。CSA 成员必须提前订购农产品，这需要牺牲一些自由。该系统已经在中国 30 多个省市的 220 多个农场进行了测试。

套餐订购方式的出现，使得 CSA 农场前期准备生产资料的投资数量决策变得更加复杂，CSA 农场不仅要考虑消费群体的预定数量，还要考虑本农场的生产数量与其他农场的生产数量能否组成标准套餐。有机农产品易于腐烂变质不能长期保存，变质后价值不复存在，无法组成标准套餐的剩余有机农产品可以通过电商平台以折扣价出售给消费者。套餐订购方式下，CSA 农场的信任危机将会加剧。当前，如何在考虑信任的前提下设计基于 CSA 模式的农产品供应链的运作机制，已成为推动我国社区支持农业健康可持续发展的首要问题[2]。一方面，消费群体在与 CSA 农场下达预定数量时，为了获得充足的有机农产品供货保障，存在故意放大预定数量的动机。一旦后期市场上存在价格更低的有机农产品，或者消费者对有机农产品的兴趣、偏好发生改变，消费者则会选择减少购买数量。另一方面，有机农产品生产过程不采用化肥农药，采用自然农法种植，前期单位生产计划投入很大，例如：人工除草、黄板粘虫、沼液施肥等，而且遵循季节生长规律，不适用大棚种植，生产周期跨度较长，生产者面临巨大的市场风险，且有机农产品容易腐烂，一旦滞销就会失去价值，更加剧了 CSA 农场对 CSA 项目的不信任。各地 CSA 农场的实践由过去的"星星之火"逐渐发展为如今的"燎原之势"，但是在快速发展的过程中也面临严峻的问题和挑战。随着"互联网＋农业"的蓬勃发展，越来越多的电商平台开始加入到 CSA 项目的运作中，CSA 农场数量的不断增加以及供应链结构的日趋复杂化，都使得供应链成员的信任机制发生新的变化，并引发了供需不匹配问题。

那么，随着社区支持农业规模的扩大，由供应品种单一的某一种蔬菜水果发展到供应品种较为丰富的套餐订购方式，套餐订购方式和之前有何区别？价格折扣契约能否实现套餐订购方式下基于 CSA 模式的农产品供应链的协调？信任因素将如何影响套餐订购方式下基于 CSA 模式的农产品供应链价格折扣契约的选择？电商平台的物流配送成本又会对各博弈主体的利益产生怎样的影响？对上述问题的分析和解答，可以为套餐订购方式下基于 CSA 模式的农产品供应链的运作提供理论依据和政策指导。

二　文献综述

运营管理领域关于信任的研究最早可以追溯到 Berg 等提出的著名的"信任博弈"理论[3]，后面的研究成果主要集中于制造业领域。国内外学者主要是通过实验、建模对供应链上下游信息共享中的信任机制进行探讨。主要研究有：Özer 等通过行为实验证实了信任在供应链信息共享中起到重要作用，并建立了一个包含信任的需求预测信息修正模型，开辟了信息共享研究的新途径[4]。Ebrahim-Khanjari 等针对一条由供应商、零售商和销售员构成的三级供应链，在零售商对销售员汇报信息不完全信任的环境下，探讨零售商的订购问题[5]。Pezeshki 等在一对多的供应链结构中，设计了一种基于信任的收益共享契约，并验证了这种基于信任的协调机制可以更好地提高供应链的运作绩效[6]。Gary Bolton 等研究如何设计购物网站上的"评分系统"才能增强人们对它的信任。研究者通过对 ebay 平台评分系统的实际数据进行分析，发现在 ebay 的原有卖家—买家双向评分机制中，部分购物体验不佳的买家由于担心卖家对自己打低分，选择不给卖家打低分，或者等待卖家对自己打分后再对卖家打分[7]。李亮等分析了制造商和供应商之间信息共享的不信任问题，并提出可以通过保险金的方式来降低风险[8]。Firouzi 等针对由一个供应商和一个制造商组成的供应链，研究了制造商完全信任和完全不信任供应商提供的供应预测信息时供应链的运作绩效。研究结果表明，供应商倾向于提供虚假的预测信息，制造商最优的决策是不相信供应商[9]。本文将信任状态拓展为一个从不信任到信任的连续状态，而不是要么完全信任，要么完全不信任的离散状态，更接近于供应链成员的现实状态。Han 等研究了由一个供应商和一个零售商组成的两级供应链，在单周期交易过程中，用 beta 函数表示供应商和零售商的信任，设计了一个包含信任、用保证金进行协调的需求预测信息共享合同[10]。

目前有关 CSA 共享平台的研究相对稀缺，且大都采用实证研究的方法。主要研究有：Vassalos 等采用全国在线调查与离散选择模型相结合方法来研究消费者特征、生活方式偏好和获取信息的渠道因素对 CSA 共享平台定价的影响[11]。Thomas W. 等采用来自新英格兰 226 家 CSA 共享平台的横截面数据集，实证研究平台定价与农民向消费者风险转移的程度[12]。Butler 等对 838 个美国 CSA 农户进行调查后发现，83.5% 的农户是通过共享平台维系和消费者的交易[13]。陈卫平对我国 7 个 CSA 农场的 336 位消费者的样本数据进行分析后，阐述并检验了消费者的社交媒体参与是如何影响其对生产者的信任建立的[14]。沈文薏等（2016）以美国 Farmigo 网站为具体案例，从订购、采购、配送等流程阐释基于共享平台的 CSA 模式的运作流程和特色优势[15]。谭思和陈卫平基于信任建立过程和信任发展的阶段性理论，以惠州四季分享 CSA 农场作为案例，探讨如何构建社区支持农业中的消费者信任[16]。邵腾伟和吕秀梅构建了社区化消费者与组织化生产者通过电商平台进行点对点的基于 CSA 模式的农产品供应链决策模型，研究发现，众筹预售与众包生产联合决策有助于扩大网购需求，提高供应链收益[17]。伏红勇建立了社区支持农业中生产者与消费者双方间信任博弈模型，设计了能够提高消费者信任的"信息化数据档案"约束机制[2]。

目前国内外学者对社区支持农业的研究大都是宏观性、描述性的概念阐释和经验总结，通过构建数理模型开展定量研究相对较少，没有提出对 CSA 系统进行分析和优化的决策模型。信任机制的研究大多集中在制造业供应链领域，用于解决上下游的信任危机和风险管理问题，将信任机制引入农产品供应链领域的研究成果相对较少。基于上述研究的不足，本文重点研究了信任机制影响 CSA 农场套餐订购运营策略的复杂机理，然后将 CSA 农场、电商平台和消费群体的选择偏好纳入研究范围，探究信任因素对各参与主体套餐订购策略的影响，最后通过参考契约经济学的供应链协调方法，设计合理契约提高基于 CSA 模式的农产品供应链的运作效率。

三　问题描述与模型构建

本文考虑由两个 CSA 农场和一个电商平台组成的农产品供应链。两家 CSA 农场各自生产电商平台标准套餐所需的两个单品中的一个，例如一家 CSA 农场生产蔬菜，一家 CSA 农场生产鸡蛋。假设两个单品的比例是 1∶1，这一假设不影响分析过程和结果。由于 CSA 农场农产品生产周期长，因此两个 CSA 农场必须在一个生产周期开始时提前做好生产计划。但是，由于电商平台的位置更接近消费者，拥有更多的消费者的数据，因此其可以观察到实际需求，而两个 CSA 农场则不能。在第一阶段，电商平台向两个 CSA 农场下达了预定订单。为了促使两个 CSA 农场准备更多的产能并确保充足的供应，电商平台有动机虚增预定订单。收到预定订单后，两个 CSA 农场会根据它们的信任感做出生产计划。生产周期结束，电商平台根据实际市场需求和 CSA 农场的生产能力下达最终订单，并将两个单品搭配成标准套餐配送给消费者（见图 1）。

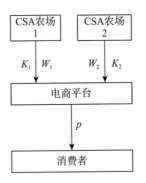

图 1　套餐订购方式下基于 CSA 模式的农产品供应链结构

（单个农场的情形）

CSA 农场 i 收到电商平台的预定订单后，提前决策自己的生产计划 K_i。CSA 农场 i 需要为每单位的生产计划支付单位产能准备成本 c_{K_i}，用于生产周期前平整土地、购买种子、雇用人工劳作等。另外，CSA 农场 i 的单位有机单品生产成本为 c_i，用于生产周期中灌溉排水、除草施肥等。生产周期结束，电商平台以单位有机单品批发价格 w_i 分别从 CSA 农场 i 采购有机单品。最后，电商平台将有机单品搭配成标准套餐以套餐销售价格 p 配送给消费者。各决策主体之间的博弈顺序如图 2 所示。

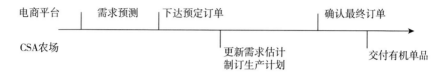

图 2　套餐订购方式下 CSA 各主体的博弈顺序

由于本文主要关注基于 CSA 模式的农产品供应链各主体的信息沟通过程，所以本文假设价格和成本因素都是外生的。有机产品具有易腐烂、保质期短、损失大等特点，对物流的温度和及时性要求很高，生鲜电子商务平台需要建立一个支持性的冷链物流配送系统。近些年，众多生鲜电商平台都建立了自己的冷链物流配送体系，例如安鲜达、每日优鲜和中粮我买网等。一般来说，在有机产品物流配送过程中，除常温配送成本之外，还会产生冷链物流成本，以防止有机产品的损失和腐化。为了更好地描述电商平台的物流成本，本文把物流成本划分成两部分：固定的常温配送成本 c_{fi} 和可变的冷链物流成本 $c_{vi}\min(D, K_1, K_2)$。固定的常温配送成本是指购买物流车辆、建设前置仓、雇用配送员工等成本，与有机产品数量无关；可变的冷链物流成本是指在有机产品进行加工、包装等的过程中产生的一些材料成本，通常与有机产品数量成正比例关系。

与前文基本假设一致，有机产品的需求 $D = \mu + \varepsilon$，由两部分组成：确定性的市场基本情况 μ 和不确定的市场随机需求 ε。市场随机需求 ε 的均值为 0，其累积分布函数为 $F(\cdot)$，概率密度函数为 $f(\cdot)$（Lisa, Ulrich, and Marco, 2018）。CSA 农场和电商平台都知道市场随机需求 ε 的分布，但是只有电商平台知道市场随机需求 ε 的实现。历史平均需求为 $\bar{\mu}$，这是基于 CSA 模式的农产品供应链全体成员都知晓的公共信息。因为 CSA 农场 i 的信任水平决定了其对电商平台预定数量的相信程度，本文用 T_i（$0 < T_i < 1$）表示 CSA 农场 i 的信任水平。CSA 农场 i 通过决策其最优生产计划 K_i^* 实现自己期望利润 $\prod_{si}$ 的最大化，电商平台通过决策其最优预定数量

μ_M^* 实现自己期望利润 $\prod_M$ 的最大化。决策顺序如下：（1）CSA 农场和电商平台都可以观察到历史平均需求 $\overline{\mu}$，电商平台预测到市场的基本情况 μ；（2）为了保证供应充足，电商平台有动机多报预定数量，向 CSA 农场 i 下达预定数量 μ_M；（3）CSA 农场 i 根据预定数量 μ_M 和历史平均需求 $\overline{\mu}$ 以及自身的信任水平 T_i，形成自己对市场需求的判断 $D_i = T_i\mu_M + (1 - T_i)\overline{\mu} + \varepsilon$。然后，CSA 农场 i 决策自己的生产计划 K_i。

电商平台认为的市场需求：$D = \mu + \varepsilon$

CSA 农场 i 认为的市场需求：$D_i = T_i\mu_M + (1 - T_i)\overline{\mu} + \varepsilon$

电商平台的期望利润：$\prod_{Si} = (w_i - c_i)E\min(D_i, K_i) - c_{K_i}K_i$

CSA 农场 i 的期望利润：$\prod_M = (p - w_1 - w_2 - c_{v1} - c_{v2})E\min(D, K_1, K_2) - c_{f1} - c_{f2}$

首先，利用逆推归纳法求解 $\dfrac{\partial\prod_{Si}}{\partial K_i} = 0$，可以得到命题 1。

命题 1　CSA 农场 i 的最优生产计划为 $K_i^* = T_i\mu_M + (1 - T_i)\overline{\mu} + F^{-1}\left(\dfrac{w_i - c_i - c_{K_i}}{w_i - c_i}\right)$。

命题 1 说明，在分散决策情况下，CSA 农场的最优生产计划会随着电商平台预定数量的增加而增加。如果电商平台的预定数量过高，而 CSA 农场非常信任电商平台的预定数量，那么 CSA 农场将制订更高的生产计划，准备更多的生产能力，并可能遭受有机单品生产过剩、资金链断裂的困扰。因此，CSA 农场不应盲目地信任电商平台的预定数量，而应提前了解电商平台的历史交易声誉，并应通过调查分析获得更多的市场需求信息。此外，CSA 农场对电商平台预定数量的信任以及不同 CSA 农场成本结构的差异可能会导致 CSA 农场间的单品搭配成标准套餐时的不匹配。本文发现，即使 CSA 农场对电商平台的信任水平不同，只要不同 CSA 农场的成本结构满足一定的关系，也有可能实现不同单品的供应匹配。电商平台应树立诚实的品牌声誉和可信赖的企业形象，并了解不同 CSA 农场的成本结构。

由于电商平台和 CSA 农场之间的交易遵循斯塔克伯格博弈过程，电商平台首先确定其预定数量，然后 CSA 农场会根据电商平台的预定数量来决定生产计划。因此，本文使用推论 1、推论 2 和推论 3 来说明当给定 μ_M 和 T_i 情况下的供应链状态。

推论 1　只有当 $T_i \geq 1 - \dfrac{F^{-1}\left(\dfrac{w_i - c_i - c_{K_i}}{w_i - c_i}\right)}{\mu_M - \bar{\mu}}$ 时，电商平台的预定数量可以被满足。

推论 1 说明，由于不完全信任，CSA 农场通过平衡电商平台的预定数量和历史上市场需求的数量来决定其自身的生产计划。本文惊讶地发现，在预定数量的情况下，CSA 农场的信任水平直接与其最优生产计划相关。但是，CSA 农场的信任水平不会影响所提供的预定数量的履行状态。此外，推论 1 指出了 CSA 农场的生产计划比电商平台的预订数量大得多的情况。然而，本文还发现至少一个 CSA 农场的生产计划小于电商平台的预定数量。由于已实现的需求被认为是预定数量，因此电商平台在和 CSA 农场的交易中故意利用这种优势，以保证 CSA 农场有机单品供应充足。这表明有机农产品较长的生产周期、CSA 农场与电商平台之间的参与目的、意愿和行为特征差异导致基于 CSA 模式的农产品供应链中的信息交流不畅。CSA 农场和电商平台将根据个体利益最大化做出决策。在下面的分析中，本文尝试提供价格折扣合同以改善套餐订购方式下基于 CSA 模式的农产品供应链的绩效。

推论 2　在给定 $\mu_M \geq \bar{\mu}$ 的情况下，当 $\mu_M < \dfrac{\mu - (1 - T_i)\,\bar{\mu}}{T_i}$ 时，CSA 农场 i 的期望利润随着 CSA 农场 i 信任水平的提高而增加；当 $\mu_M > \dfrac{\mu - (1 - T_i)\,\bar{\mu}}{T_i}$ 时，CSA 农场 i 的期望利润随着 CSA 农场 i 信任水平的提高而减少。

推论 2 表明，CSA 农场的不信任会导致错误判断，影响 CSA 农场的生产计划决策并进而导致 CSA 农场的实际收入损失。当电商平台的预定数量低于特定阈值时，CSA 农场的期望利润会随着 CSA 农场的信任水平的提高而增加；当电商平台的预定数量高于特定阈值时，随着 CSA 农场的信任水平的提高，CSA 农场的期望利润会减少。

同时，推论 2 还指出了 CSA 农场的期望利润趋势与 CSA 农场的信任水平无关并保持不变的情况。CSA 农场的期望利润与 CSA 农场认为的市场需求一致，而且 CSA 农场认为的市场需求主要取决于电商平台的预定数量、历史平均需求和 CSA 农场的信任水平，是对上述预测信息的加权判断。如果电商平台的预定数量高于历史平均需求，并且 CSA 农场相信电商平台的预定数量，则 CSA 农场的市场需求判断将趋向于电商平台的预定数量，并且 CSA 农场的期望利润不会改变。这反映了 CSA 农场决策过程的有限理性。与电商平台相比，CSA 农场获取信息的方式、手段和渠道都比较匮乏，CSA 农场只能根据有限的市场信息做出生产计划的判断。

推论 3　当 $\mu_M < \dfrac{\mu - (1 - T_i)\,\bar{\mu}}{T_i}$ 时，CSA 农场 i 的期望利润高于 CSA 农场 i 认为的期望利润；当 $\mu_M > \dfrac{\mu - (1 - T_i)\,\bar{\mu}}{T_i}$ 时，CSA 农场 i 的期望利润低于 CSA 农场 i 认为的期望利润。

推论 3 表明，当电商平台的预定数量低于某个特定阈值时，CSA 农场的期望利润高于其认为的期望利润，即 CSA 农场的加权判断可能会给自身带来实际的回报，这是因为当电商平台在汇报预定数量时选择不那么夸大需求甚至选择汇报真实的市场需求，那么 CSA 农场对电商平台预定数量的信任将有利于制订合理的生产计划。当电商平台的预定数量高于某个特定阈值时，CSA 农场的期望利润会低于其认为的期望利润，即 CSA 农场的加权判断可能会给自身带来实际的损失。这是因为当电商平台在汇报预定数量时选择夸大需求甚至极度偏离真实的市场需求，那么 CSA 农场对电商平台的信任将误导其做出不切实际的生产计划。尽管在 CSA 项目实践中无法避免 CSA 农场和电商平台之间的信息不对称，但是 CSA 农场应通过与电商平台的合作获取更多的市场信息，以探索某个特定阈值并确定正确的期望利润趋势。从电商平台的角度来看，其拥有更多的消费者的交易数据，可以观察到准确的市场状况，但是担心 CSA 农场的产出中断风险，为了获得最大的利润，其可能不愿意帮助 CSA 农场了解准确的市场状况，并且其可能会汇报虚假的预定数量误导 CSA 农场。"社区支持农业"的套餐订购方式建设需要设计合适的契约，加强电商平台与上游各自供应套餐所需单品的 CSA 农场之间的合作与互助。此外，一方面，电商平台应积极与 CSA 农

场共享市场信息，帮助 CSA 农场了解消费者的需求状况；另一方面，CSA
农场不仅可以通过邀请消费者到农场来参观体验进行线下沟通，传播有机
理念和农耕文化；还可以通过微信、电话、电子邮件、农场简报等媒介进
行线上沟通，及时得到消费者的反馈。

根据命题 1 和推论 1 可以了解，CSA 农场的不信任将导致双方的利润
损失，如生产过剩或者供应短缺。例如，当 CSA 农场完全忽视电商平台的
预定数量，不将其作为生产计划的决策依据，而电商平台如实汇报准确的
市场状况时，该 CSA 农场制订的生产计划将减少，电商平台将面临标准套
餐的单品短缺问题。相反，当 CSA 农场完全信任电商平台的预定数量，而
电商平台夸大该预定数量以使其比准确的市场状况大得多时，CSA 农场将
制订更多的生产计划并面临标准套餐的单品过剩问题。因此，CSA 农场的
信任水平和市场状况都会影响套餐订购方式下基于 CSA 模式的农产品供应
链的效率，分散决策的情况不能实现供应链总体帕累托最优。如果电商平
台希望自己的预定数量得到履行，它将愿意支付一定的经济利益，以消除
CSA 农场对制订充足生产计划的顾虑，而上游供应标准套餐单品的 CSA 农
场也将愿意参加合约。因此，在下一节中，本文将设计一个适当的合同来
增加参与者的期望利润并改善供应链绩效。

由于 CSA 农场制订的生产计划与准确的市场状况无关，而与电商平台
汇报的预定数量有关，因此 CSA 农场和电商平台都面临交易中的潜在损
失。双重边际效应导致的供应链绩效不佳对于套餐订购方式下的基于 CSA
模式的农产品供应链决策至关重要。这可能导致 CSA 农场之间产生"误
解"，从而导致基于 CSA 模式的农产品供应链交易的效率低下和交易成员
的信任危机。研究学者已经提出了协调合同可以改善供应链绩效（例如，
数量折扣、收益共享和成本分摊合同）。但是，这些合同在社区支持农业
的实践中很难操作。例如，收益共享合同需要电商平台与 CSA 农场分享其
利润，而其利润来自与不同 CSA 农场、不同交易过程的收入减去成本，核
算起来需要非常复杂的流程。例如，中国汽车制造商吉利（Geely）希望收
购供应商，而不是与供应商分享收入。根据先前的分析，CSA 农场的生产
计划工作由电商平台的预定数量驱动，因此，电商平台的价格折扣合同可
以直接鼓励 CSA 农场准备更多的产能并生产更多的材料。价格折扣合同易

于操作，并且生鲜易腐产品接近保质期之前采取降价打折的方式促销产品在实践中得到广泛使用。在本文中，供应链上下游均持有其私人信息。为了激励 CSA 农场制订更多的生产计划并防止标准套餐供应短缺，本文设计了一项价格折扣合同以调整供应链合作伙伴的目标。合同表明电商平台可以帮助 CSA 农场将未能搭配成标准套餐的单品以折扣价格出售给消费者 b_i（$b_i < w_i$）。

价格折扣契约下电商平台的期望利润：

$$\prod_M^b = (p - w_1 - w_2 - c_{v1} - c_{v2})E\min(D, K_1^b, K_2^b)$$
$$- b_1 [K_1^b - D]^+ - b_2 [K_2^b - D]^+ - c_{f1} - c_{f2}$$

价格折扣契约下 CSA 农场 i 的期望利润：

$$\prod_{Si}^b = (w_i - ci)E\min(D, K_i^b) - c_{Ki}K_i^b + b_i [K_i^b - D_i]^+$$

在这里，令 $\tilde{\prod}_{Si} = (w_i - c_i)E\min(D_i, K_i^b)$，

$$\tilde{\prod}_M = (p - w_1 - w_2 - c_{v1} - c_{v2})E\min(D, K_1^b, K_2^b) - c_{f1} - c_{f2}$$

需要特别注意的是，只有当价格折扣合同中的期望利润不少于分散决策模式中的期望利润时，CSA 农场才会选择参加价格折扣合同。因此，本文得到 $\prod_{Si}^b \geqslant \prod_{Si}$。本文将此约束条件称为 CSA 农场的参与约束条件。

因此，本文得到 $b_i \geqslant \dfrac{\prod_{Si} - \tilde{\prod}_{Si}}{[K_i^b - D_i]^+}$。

需要特别注意的是，只有当价格折扣合同中的期望利润不少于分散决策模式中的期望利润时，电商平台才会选择参加价格折扣合同。因此，本文得到 $\prod_M^b \geqslant \prod_M$。本文将此约束条件称为电商平台的参与约束条件。

因此，本文得到 $b_1 [K_1^b - D]^+ + b_2 [K_2^b - D]^+ \leqslant \prod_M - \tilde{\prod}_M$。

综上所述，只有在下列情况下，双方参加价格折扣合同的期望利润均不低于分散决策模式：$b_i \geqslant \dfrac{\prod_{Si} - \tilde{\prod}_{Si}}{[K_i^b - D_i]^+}, b_1 [K_1^b - D]^+ + b_2 [K_2^b - D]^+ \leqslant$

$$\prod_M - \tilde{\prod}_M。$$

K_i^{b*} 表示 $\max\left(\prod_{Si}^{b}\right)$ 的最优解，利用逆推归纳法求解 $\dfrac{\partial \prod_{Si}^{b*}}{\partial K_i^{b*}} = 0$ ，可以得到命题 2。

命题 2 价格折扣合同下 CSA 农场 i 的最优生产计划为

$$K_i^{b*} = T_i \mu_M^b + (1 - T_i)\bar{\mu} + F^{-1}\left(\frac{w_i - c_i - c_{K_i}}{w_i - c_i - b_i}\right)$$

命题 2 表明，在价格折扣合同下，CSA 农场的最佳生产计划要比分散决策情况下受到更多因素的影响。本文发现，价格折扣合同下 CSA 农场的最佳生产能力不仅随着电商平台最佳预定数量的增加而增加，而且随着电商平台折扣价格的增加而增加。因此，电商平台将平衡预定数量和折扣价格以影响 CSA 农场的最佳生产计划，从而实现预定数量履行的目标。同时，由木桶原理可知，一只木桶能盛多少水，并不取决于最长的那块木板，而是取决于最短的那块木板。当电商平台决定最佳预定数量时，其会将 CSA 农场 1 的最佳生产计划与 CSA 农场 2 的最佳生产计划进行比较，因为在套餐订购方式下的基于 CSA 模式的农产品供应链中，电商平台搭配成标准套餐的数量取决于 CSA 农场 1 和 CSA 农场 2 的最小生产计划。因此，电商平台需要在下达预定数量之前，基于某些因素（例如供应商关系和折扣价格）来预测和比较 CSA 农场 1 和 CSA 农场 2 的生产计划。电商平台应向 CSA 农场提供一定的政策支持和经济补贴，并与供应标准套餐所需单品的 CSA 农场建立有效的战略合作伙伴关系。例如：2016 年 9 月 6 日，京东集团与农业部在苏州召开的"互联网 ＋"现代农业工作会议上，签署了农业电子商务合作协议。双方将把优质农业资源的生产和销售联系起来，助力精准扶贫，开展全面合作。

由于电商平台提供价格折扣合同的目的是鼓励 CSA 农场提高生产计划，因此本文比较 K_i^* 和 K_i^{b*}，可以得到推论 4。

推论 4 对于给定相同的预定数量，价格折扣合同下 CSA 农场的最佳生产计划要高于分散决策情况下的最佳生产计划。

推论 4 表明，当电商平台在价格折扣合同下的预定数量等于分散决策情况下的预定数量时，CSA 农场在价格折扣合同下的最佳生产计划高于分散决策情况下的最优生产计划，即电商平台的折扣价格鼓励了提供标准套餐所需单品的 CSA 农场制订更多的生产计划。但是，如果电商平台提供价格折扣合同，则将影响电商平台的预定数量决策。因此，在价格折扣合同下，CSA 农场的最佳生产计划并不总是比分散决策情况下要高，而且还需要考虑电商平台的预定数量决策变化的影响。在电商平台向 CSA 农场提供价格折扣合同、消除 CSA 农场生产过剩顾虑的同时，它们还应努力保持及时、准确和真实的预定数量。例如：美国生鲜电商 Local Harvest 是连接 CSA 农场和消费者的平台。它为 CSA 农场提供农场管理软件 CSAware，增加了信息透明度，极大地提升了农场制订生产计划的效率，为农场日常管理和会员管理提供了便利。

四　模型求解与结果分析

在本节中，套餐订购方式下基于 CSA 模式的农产品供应链中的信任模型非常复杂，因为它充分考虑了变量的各种变化，例如市场状况、需求不确定性和多个 CSA 农场的信任水平。此外，对于价格折扣合同下电商平台的最佳预定数量无法得出分析解析解。因此，为了探究信任水平对套餐订购方式下基于 CSA 模式的农产品供应链决策的影响以及基于信任水平的价格折扣合同对供应链表现改善的程度，本文在实验中建立了几种方案。本文的实验重点如下：供应链成员何时选择价格折扣合同？价格折扣合同何时能使供应链成员受益？折扣价格的最佳范围是多少？为了便于说明，参考 Yi[18] 等的研究，本文采用以下参数设置：$p = 18$，$w_1 = 8$，$w_2 = 6$，$c_1 = 2$，$c_2 = 1$，$c_{K_1} = 4$，$c_{K_2} = 2$，$\varepsilon \sim U\ (0,\ 20)$，$\mu = 120$，$\bar{\mu} = 100$。

（一）信任水平的影响

众所周知，信任水平高通常意味着电商平台试图在交易过程中保持良好声誉。那么，是否意味着信任水平越高，对供应链各主体的决策越有利？实际上，下面的数值仿真表明最高的信任水平并不总是能带来最高的盈利能力。下面的数值仿真展示了信任水平对供应链各决策主体期望利润和折扣价格的影响。

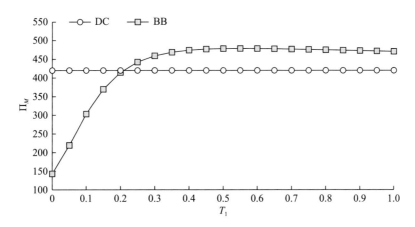

图 3　信任水平对电商平台期望利润的影响

图 3 表明, 在价格折扣合同下, 电商平台的最优期望利润随 CSA 农场信任水平的提高而增加。CSA 农场的信任水平越高, 电商平台的最优期望利润就越高。但是, 在分散决策的情况下, 电商平台的最优期望利润是一个恒定值。此外, 电商平台在价格折扣合同下的最优期望利润并不总是比分散决策情况下要大。例如, 当 CSA 农场的信任水平低于某个特定阈值时, 价格折扣合同将无法更好地发挥作用。当 CSA 农场的信任水平趋于零时, 电商平台提供的任何信息, 包括价格折扣合同, 都会被 CSA 农场视为谎言。结果, 电商平台在价格折扣合同下的最优期望利润低于分散决策情况下的最优期望利润。因此, 在 CSA 农场的信任水平趋于零的情况下, 电商平台应通过多次成功的交易来重建 CSA 农场的信任水平并保持良好的关系, 而不是提供价格折扣合同。

图 4 表明, 在价格折扣合同下, 当 CSA 农场 i 的信任水平低于某个阈值时, CSA 农场 i 的最优期望利润随 CSA 农场 i 信任水平的提高而增加。当 CSA 农场 i 的信任水平高于某个阈值时, CSA 农场 i 的最优期望利润会随着 CSA 农场 i 信任水平的降低而减少。此外, 在分散决策情况下, CSA 农场 i 的最优期望利润是一个恒定值。但是, 在价格折扣合同下, CSA 农场 i 的期望利润并不总是高于分散决策情况下的期望利润。例如, 当 CSA 农场 i 的信任水平趋于 0 或 1 时, 价格折扣合同就无法更好地发挥作用。

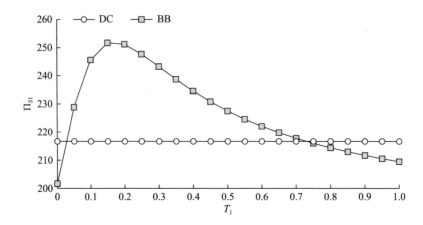

图 4 信任水平对 CSA 农场期望利润的影响

如果 CSA 农场 i 的信任水平很高，而 CSA 农场 i 非常依靠电商平台的预定数量制订生产计划，则电商平台无须提供价格折扣合同作为风险担保。

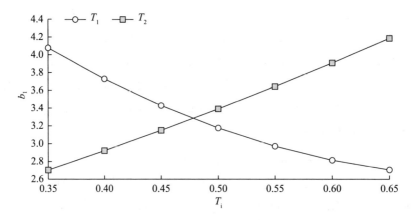

图 5 信任水平对 CSA 农场 i 期望折扣价格的影响

图 5 说明，CSA 农场 1 的期望折扣价格随着 CSA 农场 1 信任水平的提高而降低；但是，它随着 CSA 农场 2 信任水平的提高而提高。背后的原因是，当 CSA 农场 1 的信任水平很高时，CSA 农场 1 认为生产过剩的可能性很低，不需要电商平台为生产计划的可能过剩提供经济担保，所以 CSA 农场 1 的期望折扣价格就很低。相反，当 CSA 农场 2 的信任水平很高时，CSA 农场 1 担心电商平台和 CSA 农场 2 共谋欺骗自己，不信任电商平台的预定数量，所以 CSA 农场 1 的期望折扣价格就很高。它表明电商平台应当

探索折扣价格随信任水平的变化趋势，并选择适当的折扣价格。

当电商平台与上游供应标准套餐所需单品的 CSA 农场进行交易时，将有机农产品的标准套餐配送给消费者的冷链物流是一项很重要的成本支出，于是本文下面研究了单位冷链物流成本对电商平台利润的影响。

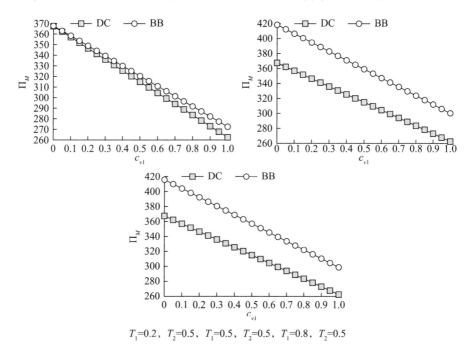

$T_1=0.2$，$T_2=0.5$，$T_1=0.5$，$T_2=0.5$，$T_1=0.8$，$T_2=0.5$

图 6　冷链物流成本对电商平台利润的影响

图 6 说明了冷链物流成本对电商平台利润的影响。无论是在分散决策情况下还是在价格折扣合同下，电商平台的利润都会随着单位冷链物流成本的增加而下降。因此，电商平台一方面可以采取措施促进与第三方的冷链物流公司和运输部门的合作，降低冷链物流的时间成本；另一方面可以利用物联网、保鲜等技术手段的推广，降低冷链物流的人力成本。这些措施可以有效降低冷链物流成本，并鼓励更多的电商平台将其有机农产品的标准套餐配送给消费者，让消费者享受到优质平价的服务。

（二）价格折扣合同的效果

前文提出了基于信任的价格折扣合同，以帮助电商平台与不信任它甚至完全忽略其预定数量的 CSA 农场进行交易时，使标准套餐的预定数量得到履行。同时，电商平台的价格折扣合同对冲了 CSA 农场因电商平台夸大预定数量而造成的潜在损失，因此，电商平台和 CSA 农场都将在价格折扣合同中受益。以下数值仿真显示了价格折扣合同的效果。

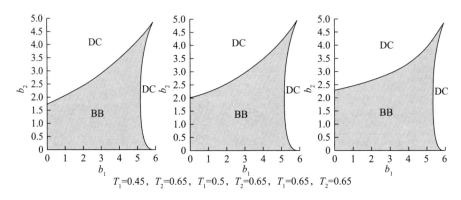

图 7　信任水平对电商平台价格折扣合同选择意愿的影响

图 7 说明电商平台对价格折扣合同的选择意愿随着 CSA 农场信任水平的提高而提高。在电商平台的预定过程中，更高的 CSA 农场信任水平将导致 CSA 农场制订更多的生产计划并带来更多的利润。因此，电商平台无须担心搭配成标准套餐过程中的单品供应短缺和中断，愿意提供更高的折扣价格帮助 CSA 农场处理过剩单品。随着信任水平的提高，电商平台倾向于选择价格折扣合同，而不是分散决策的情况。这表明电商平台应在价格折扣合同和分散决策情况下来探索其期望利润随着信任水平的变化趋势，从而在适当的情况下选择价格折扣合同。

图 8 说明了 CSA 农场对价格折扣合同的选择意愿随 CSA 农场信任水平的提高而降低。在 CSA 农场的生产过程中，更高的 CSA 农场信任水平将导致 CSA 农场在制订生产计划时更加相信电商平台的预定数量，认为自己不会面临生产成本过高和资金中断风险。因此，CSA 农场 i 认为电商平台不需要为生产过程中的预定数量提供价格折扣合同。随着信任水平的提高，CSA 农场更倾向于选择分散决策的情况，而不是价格折扣合同。这表明 CSA 农场 i 应该在价格折扣合同和分散决策情况下来探索其期望利润随着信任水平的变化趋势，从而在适当的情况下选择价格折扣合同。

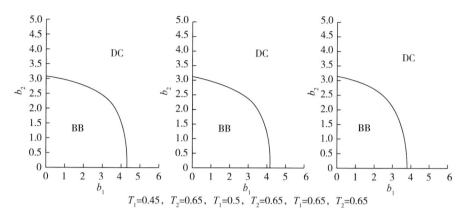

图 8　信任水平对 CSA 农场价格折扣合同选择意愿的影响

　　信任水平对供应链整体价格折扣合同选择意愿的影响如图 9 所示。根据图 7 和图 8，一方面，当折扣价格低于某个阈值 A 时，电商平台和 CSA 农场都愿意选择价格折扣合同，供应链整体能签订合同并达成共同协议。另一方面，本文注意到当折扣价格高于某个阈值 B 时，电商平台和 CSA 农场都会选择分散决策的情况，供应链整体都不签订价格折扣合同并不能达成共同协议。本文还注意到，在阈值 A 和 B 之间，存在着一个区域，在该区域中，供应链各决策主体选择不同的模式并且无法达成协议，例如电商平台愿意选择价格折扣合同（或分散决策情况），而 CSA 农场却愿意选择分散决策情况（或价格折扣合同）。

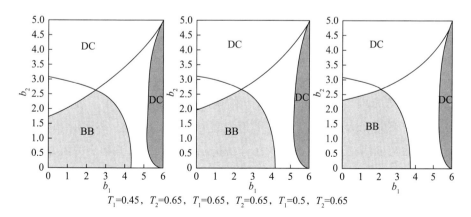

图 9　信任水平对供应链整体价格折扣合同选择意愿的影响

（三） 折扣价格的设置

很难找到折扣价格的分析解析解，折扣价格的可行范围对于套餐订购方式下基于 CSA 模式的农产品供应链实践具有指导意义。因此，本文尝试通过数值仿真找到使电商平台和 CSA 农场期望利润得到帕累托改进的折扣价格的可行范围。下面的数值仿真显示了电商平台和 CSA 农场折扣价格的决策。

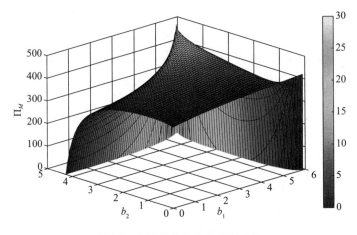

图 10　电商平台的期望折扣价格

图 10 说明了电商平台的期望利润随其折扣价格的变化趋势。可以看到，电商平台的期望折扣价格是较高的 b_1 和较高的 b_2。当 CSA 农场 2 的折扣价格为 0 时，电商平台的期望利润随着 b_1 的增加而增加；当 CSA 农场 1 的折扣价格为 0 时，电商平台的期望利润随着 b_2 的增加而减少。当 b_1 和 b_2 都增加到最大值时，电商平台的期望利润也达到了最大值。但是，当 b_1 和 b_2 都等于 0 时，电商平台的期望利润就不在其最低水平。可以解释如下：由于不同 CSA 农场的成本结构存在差异以及折扣价格对不同 CSA 农场的影响效果不同，因此电商平台在价格折扣合同下的期望利润并不总是比分散决策情况下高。因此，从电商平台的角度出发，事先调查 CSA 农场的成本结构并为不同成本结构的 CSA 农场提供不同的折扣价格对电商平台是有利的。

图 11 说明了 CSA 农场 i 的期望利润随其折扣价格的变化趋势。可以看

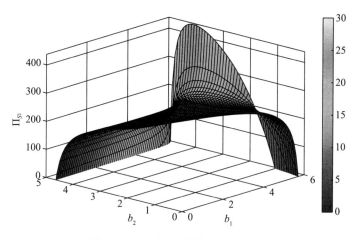

图 11 CSA 农场 i 的期望折扣价格

到，CSA 农场 i 的期望折扣价格是较高的 b_1 和较高的 b_2。当 CSA 农场 2 的折扣价格为 0 时，CSA 农场 i 的期望利润随 b_1 的增加而减少，当 CSA 农场 1 的折扣价格为 0 时，CSA 农场 i 的期望利润随 b_2 的增加而减少。当 b_1 和 b_2 都增加到最大值时，CSA 农场 1 的期望利润就不会达到最大水平。可以解释如下：折扣价格将影响 CSA 农场的生产计划决策，而 CSA 农场 1 在制订其最佳生产计划时将考虑 CSA 农场 2 的生产计划。结果，折扣价格 b_2 将间接影响 CSA 农场 1 的决策，从而影响 CSA 农场 1 的期望利润。因此，从 CSA 农场的角度出发，事先调查供应标准套餐所需单品 CSA 农场的生产状况并形成与共同供货的其他 CSA 农场结盟，以在与电商平台的谈判中获得有利地位对 CSA 农场是有利的。

五 模型拓展

上面的基本模型假设 CSA 农场数量为两个。在本节中，本文放宽此假设，并将 CSA 农场的数量扩展为 n。在 CSA 项目实践中，搭配成标准套餐中的单品可能来自两个以上的 CSA 农场，因此本文进行了模型扩展，以在 CSA 农场数量为 n 时发现新的规律，并探讨上述决策方法和规律是否仍然有效。但是，解析解相当复杂，因此本文专注于建立拓展模型并进行数值研究，以了解先前部分中的价格折扣合同的主要贡献是否仍然有效。图 12

显示了套餐订购方式下基于 CSA 模式的农产品供应链结构（n 个农场的情形）。

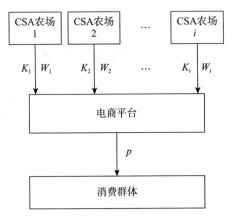

图 12　套餐订购方式下基于 CSA 模式的农产品供应链
结构（n 个农场的情形）

分散决策模式下具有 n 个 CSA 农场的电商平台的期望利润：

$$\prod_M^{nd} = \left(p - \sum_{n=1}^i w_n - \sum_{n=1}^i c_{vn}\right) E\min(D, K_1, K_2, \cdots, K_i) - \sum_{n=1}^i c_{fn}$$

分散决策模式下具有 n 个 CSA 农场的 CSA 农场 i 的期望利润：

$$\prod_{Si}^{nd} = (w_i - c_i) E\min(D_i, K_i) - c_{K_i} K_i$$

价格折扣合同下具有 n 个 CSA 农场的电商平台的期望利润：

$$\prod_M^{nb} = \left(p - \sum_{n=1}^i w_n - \sum_{n=1}^i c_{vn}\right) E\min(D, K_1^b, K_2^b, \cdots, K_i^b) - \sum_{n=1}^i b_n \left[K_n^b - D_n\right]^+ - \sum_{n=1}^i c_{fn}$$

价格折扣合同下具有 n 个 CSA 农场的 CSA 农场 i 的期望利润：

$$\prod_{Si}^{nb} = (w_i - c_i) E\min(D_i, K_i^b) - c_{K_i} K_i^b + b_i \left[K_i^b - D_i\right]^+$$

在这些假设下，发现本文的主要结果是可靠的，但是有趣的是，当 CSA 农场数量增加时，由信任引起的供需之间的不匹配更加严重。可以通过数值模拟得到图 13。

发现 1：电商平台的期望利润随着 CSA 农场数量的增加而下降。这些结果的驱动因素是双重边际效应。随着 CSA 农场数量的增加，供应链供需

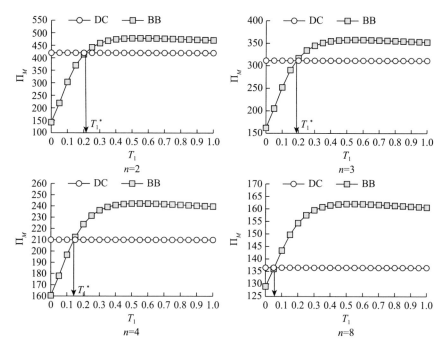

图 13   电商平台的价格折扣合同选择随不同 CSA 农场数量的变化趋势

之间的匹配变得越来越复杂，在分散决策的情况下，甚至导致电商平台更大的利润损失。随着"社区支持农业"的套餐订购策略快速推行，上下游之间以及 CSA 农场之间的利益摩擦将相应增加。因此，电商平台需要主动帮助解决纠纷，减少双重边际效应，促进 CSA 农场合作以实现共同目标。

发现 2：电商平台选择价格折扣合同的信任范围随着 CSA 农场数量的增加而扩大。随着 CSA 农场数量的增加，供应链主体之间的信任问题变得越来越严重，电商平台对价格折扣合同的需求也变得越来越紧迫。随着套餐订购方式的推广，其不断得到消费者的青睐，电商平台与上游供应标准套餐所需单品的 CSA 农场之间的交易往来将越来越紧密，CSA 农场的数量也会随着消费者需求多样性的增加而增加。电商平台应向 CSA 农场提供平等互利的价格折扣合同，以帮助 CSA 农场树立信心，增强信任和信誉。

发现 3：随着 CSA 农场数量的增加，电商平台在价格折扣合同下的期望利润减去分散决策情况下的差值会增加。这表明 CSA 农场数量的增加使价格折扣合同的改善效果更加显著。随着套餐订购方式下沉农村等低线城市市场，电商平台需要借助自己的技术优势、信息优势和渠道优势等，设计更加符合双方利益的合同，并吸引更多的 CSA 农场加入。因此，当参与套餐订购方式的 CSA 农场数量增加时，电商平台应采取行动加强与 CSA 农场的相互信任，并促进更加透明和畅通的信息共享。例如：食物优是一家用区块链技术解决农业供应链的"信任危机"的公司，它通过接入区块链技术联通全球的合作农场产销数据，利用区块链去中心化、透明、安全的特性，帮助品牌经销商与终端用户获取需要的数据信息。目前食物优公司与 432 家 CSA 农场合作覆盖 17 个国家，种植、养殖种类达 872 种，拥有130 多万的用户。季度收入增长 280%，复购率达到了 56%。

六　主要结论

本文重点探讨和分析了套餐订购方式情形下以及信任机制影响下的CSA 农场、电商平台和消费群体等行为变化的逻辑，充分研究了不同情形、策略下各参与主体的选择偏好。研究得到以下主要结论。（1）当CSA农场对电商平台的信任水平高于某一阈值时，CSA 农场的生产计划可以满足电商平台的预定数量，搭配成标准套餐销售给消费者，电商平台无须采取措施去激励 CSA 农场完成预定数量；而当 CSA 农场对电商平台的信任水平低于某一阈值时，至少有一个 CSA 农场的生产计划无法满足电商平台的预定数量，电商平台需要设计价格折扣合同，鼓励 CSA 农场制订更多的生产计划。（2）无论是在分散决策情况下还是在价格折扣合同下，电商平台的利润都会随着单位冷链物流成本的增加而下降，套餐订购方式下的电商平台需要加强冷链物流的智能化、节能型建设，通过降低冷链物流成本来获得更大的利润空间。（3）信任水平和折扣价格都会对 CSA 农场和电商平台价格折扣合同选择意愿产生影响，而且 CSA 农场和电商平台的选择意愿既具有一致性又具有差异性。电商平台可以提前调查研究 CSA 农场的选择意愿，有针对性地提出 CSA 农场乐于接受的协调契约，实现供应链整体利益最大化。（4）随着 CSA 农场数量的增加，供应链主体之间的信任问题变得越来越严重，电商平台对价格折扣合同的需求也变得越来越紧迫，价格折扣合同的改善效果更加显著。电商平台要发挥自身的技术、资金和信息优势，主动承担社会责任，实现套餐订购方式的 CSA 项目规模化、定制化。

参考文献

［1］董欢、郑晓冬、方向明：《社区支持农业的发展：理论基础与国际经验》，《中国农村经济》2017 年第 1 期。

［2］伏红勇：《社区支持农业"产—销"互动中的信任问题——基于信任博弈的分析》，《西南政法大学学报》2017 年第 5 期。

［3］Berg, J. , Dickhaut, J. , & McCabe, K. , "Trust, Reciprocity, and Social history," *Games and economic behavior*, 1995, 10（1）：122 – 142.

［4］Özalp Özer and Zheng Y. "Trust in Forecast Information Sharing," *Management science*, 2011, 57（6）：1111 – 1137.

［5］Ebrahim-Khanjari N. , Hopp W. and Iravani S. M. R. , "Trust and Information Sharing in Supply Chains," *Production and Operations Management*, 2012, 21（3）：444 – 464.

［6］Pezeshki Y. , Baboli A. , Cheikhrouhou N. , et al. , "A Rewarding-punishing Coordination Mechanism Based on Trust in a Divergent Supply Chain," *European Journal of Operational Research*, 2013, 230（3）：527 – 538.

［7］Bolton, G. , Greiner, B. , & Ockenfels, A. , "Engineering Trust：Reciprocity in the Production of Reputation Information," *Management Science*, 2013, 59（2）：265 – 285.

［8］李亮、卢捷琦、季建华：《基于需求不信任导致的保险金风险研究》，《系统管理学报》2015 年第 3 期。

［9］Firouzi F. , Jaber M. Y. , Baglieri E. , "Trust in Supply Forecast Information Sharing," *International Journal of Production Research*, 2016, 54（5）：12.

［10］Han G. , Dong M. , "Trust-embedded Coordination in Supply Chain Information Sharing," *International Journal of Production Research*, 2015（18）：1 – 16.

［11］Vassalos M. , Gao Z. F. , Zhang L. S. , "Factors Affecting Current and Future CSA Participation," *Sustainability*, 2017, 9（5）：1 – 16.

［12］Thomas W. S. , Jaclyn D. K. , Kyle D. B. , "The Pricing of Ccommunity Supported Agriculture Shares：Evidence from New England," *Agricultural Finance Review*, 2015, 75（3）：313 – 329.

［13］Butler B. S. , Travis D. , "Riding C. Community or Market? The Implications of Alternative Institutional Logics for IT Use in CSA Programs," *Twentieth Americas Conference on Information Systems*, 2014.

[14] 陈卫平：《社区支持农业（CSA）消费者对生产者信任的建立：消费者社交媒体参与的作用》，《中国农村经济》2015 年第 6 期。

[15] 沈文薏、孙江明：《基于 CSA 平台的美国农产品电子商务模式》，《世界农业》2016 年第 4 期。

[16] 谭思、陈卫平：《如何建立社区支持农业中的消费者信任——惠州四季分享有机农场的个案研究》，《中国农业大学学报》（社会科学版）2018 年第 4 期。

[17] 邵腾伟、吕秀梅：《基于消费者主权的生鲜电商消费体验设置》，《中国管理科学》2018 年第 8 期。

[18] Yi Z., Wang Y., Liu Y., et al., "The Impact of Consumer Fairness Seeking on Distribution Channel Selection: Direct Selling vs. Agent Selling," *Production & Operations Management*, 2018.

生猪养殖户对不同安全层次生产行为规范的偏好与激励研究*

钟颖琦　吴林海**

摘　要：本文借助委托—代理模型，设计了促进养殖户接受安全生产行为规范的激励机制。运用选择实验法，探讨了一定的激励与惩罚下养殖户对不同类型以及安全层次的生产行为规范的偏好及其接受意愿。随机参数 Logit 模型的结果显示，在给定的激励与惩罚下，养殖户对更高层次的安全生产行为规范的偏好均显著高于对低层次的安全生产行为规范的偏好。但养殖户的偏好表现出明显的异质性：养殖户对高层次饲料和添加剂使用规范的接受意愿不高；仅有三分之一的养殖户能遵守高层次的饲料、添加剂、兽药使用规范以及病死猪处理规范；在现有的激励水平下，仍有 18.3% 的养殖户需要分别给予 0.076 元/500g、0.229 元/500g 以及 0.083 元/500g 的额外激励补偿才愿意遵守饲料、添加剂以及兽药的使用规范。因此，政府应重视经济手段对养殖户遵守生产行为规范的引导作用，尤其加强对养殖户饲料以及饲料添加剂使用行为的激励与监管；加强对饲料质量的源头治理，规范饲料市场秩序；完善防疫登记制度和增加兽医人员的配置，形成公益性的服务体系。

关键词：猪肉　质量安全　激励相容　生产行为规范

---

* 本文为浙江省自然科学基金项目"不同层次养殖环节信息属性的可追溯猪肉的消费偏好与生产意愿研究"（项目编号：LQ20G030008）阶段性研究成果。

** 钟颖琦，女，河北石家庄人，浙江工商大学经济学院教师，研究方向为农业经济；吴林海，男，江苏无锡人，江苏省食品安全研究基地首席专家，江南大学商学院教授、博士生导师，研究方向为食品安全与农业经济管理。

一　引言

中国是全球最大的猪肉生产国和消费国，然而近年来有关猪肉质量安全的事件频繁发生，猪肉已经成为食品安全事件最为频发的食品类别之一[1]。与国外相比，中国的猪肉质量安全事件更多的是由人为因素所致。90% 以上与猪肉有关的食品安全事件是由供应链中责任主体的不规范行为导致[2]。而作为供应链前端的生猪养殖环节，对猪肉的质量安全影响最为深远[3]。食品安全问题之所以出现，主要是因为不符合规范的农产品进入加工环节[4]。由此可见，规范养殖户的生产行为是保障猪肉质量安全的前提。

利益激励是食品生产者采取不规范生产行为的主要原因[5]。在生猪养殖过程中，养殖户因降低生产成本、提高饲料转化率、减少疫病发生率等利益驱动，存在购买伪劣饲料、使用过量添加剂、滥用生长激素等可能性。为规范养殖户不当行为带来的猪肉质量安全风险，农业农村部发布并实施了多项行为规范，然而，由于养殖户生产行为的复杂性、隐蔽性以及养殖户主体形态的多样性，政府监管部门在现实中难以有效监管。由于猪肉兼具经验品与信任品的特性，在信息不对称的条件下，难以有效追溯养殖户不规范的生产行为，由此加大了生猪养殖环节出现违规行为的可能性。

鉴于生猪生产过程中的信息不对称性、养殖行为的复杂性以及监管资源的有限性，仅仅依靠政府监管难以达到保障猪肉质量安全的目的，有效解决猪肉质量安全问题，需要配合经济利益的激励，促使养殖户自发地遵守安全生产行为规范[6]。耿宇宁等也认为经济激励是改善食品生产者不规范生产行为的有效手段[7]。通过设计规范生猪养殖户安全生产的激励相容机制，有效发挥利益的激励作用。有鉴于此，本文基于委托—代理模型设计促使养殖户规范生产的激励相容机制，并基于实际调研，分析在给定的激励与惩罚下养殖户对安全生产行为规范的遵守程度，探讨养殖户行为规范偏好的异质性以及对安全生产行为规范接受意愿的差异，以期为现阶段中国政府有效监管养殖户的生产行为提出对策建议，提高猪肉质量安全风险治理的效率。

二　文献回顾

防范猪肉安全风险最终要落实到猪肉生产经营主体的行为上。因此，研究生猪养殖户的生产行为就成为破解猪肉质量安全问题的出发点。生猪养殖环节涉及的生产行为非常复杂，在养殖过程的众多生产行为中，育肥过程中的生物风险、饲料安全是影响猪肉安全的关键控制点[8]。农场隔离、动物检疫、粪便管理、病死猪处理以及鸟类和啮齿动物的控制是影响猪肉质量的关键控制点[9]。养殖户对饲料、饲料添加剂和兽药等投入品的选择行为直接决定猪肉的安全[3]。兽药、疫苗、饲料以及添加剂的不当使用是生猪养殖环节造成猪肉化学污染的主要原因[10]。而生猪疫病防治、病死猪处理等不当行为则是造成猪肉致病微生物污染的主要原因[11]。产地环境保护与投入品使用、生产过程管理等技术之间相互作用，共同构成影响猪肉质量安全的关键控制点[12]。

基于危害分析和关键控制点，学者们认为，养殖户饲料、添加剂、兽药的使用以及病死猪的处理等行为是影响猪肉质量安全的关键生产行为，并就这些行为及其影响因素进行了大量的研究。例如钟杨等分析了生猪养殖户饲料添加剂的使用行为及其主要影响因素[13]。浦华和白裕兵以及邬小撑等则对养殖户的兽药使用行为以及影响因素进行了研究[14-15]。张跃华和邬小撑从病死猪处理以及疫病防控环节出发，对养殖户是否出售病死猪以及疫情发生后是否向政府报告等行为进行了研究[16]。乔娟和舒畅、吴林海等对养殖户无害化处理病死猪的意愿及其影响因素进行了分析[17-18]。Nantima et al. 对非洲肯尼亚和乌干达边境地区生猪养殖户的生物安全性意识进行了研究[19]。研究普遍认为，养殖户的年龄、养殖年限负向影响其安全生产行为，而养殖户的受教育程度以及认知水平则对规范其生产行为具有显著的促进作用。

养殖户采取不规范的生产行为往往受市场利益的驱动，目的是追求更高的销售价格和更高的利润[20]。因此，学者们从利益激励的视角出发，研究信息不对称条件下生产者的决策问题，设计促使养殖户自发遵守安全生产行为规范的激励相容机制，以有效约束养殖户的生产行为。例如 Hir-schauer 和 Musshoff 利用修正的委托—代理模型分析了德国谷农的道德风险问题，并探讨了促使谷农遵守最短休药间隔期的激励相容机制[21]。King et al. 基于委托—代理模型，利用成本评估和技术参数估算了猪肉生产中养殖户控制沙门氏菌的激励相容机制[22]。Hirschauer et al. 构建了食品供应链上的分析生产者道德风险的理论框架，并引入企业声誉、社会规范以及社区压力等影响食品生产者行为的因素[5]。国内学者也逐步关注生产者质量安全行为决策以及激励相容机制的研究。例如，王常伟和顾海英基于委托—代理模型研究了信息不对称下引致食品生产者选择提高食品安全行为的激励相容机制，并引入监管因素，探讨了激励监管者选择期望监管频度的内在机理[23]。李想和石磊通过建立一个包含逆向选择和道德风险的两期交易模型，探讨了行业信任危机对食品安全的影响[24]。孙世民和张园园采用进化博弈模型研究了养殖场与屠宰加工企业猪肉质量投入的决策机制[25]。

　　总结以上文献发现，为规范养殖户的生产行为，探索保障生猪的质量安全的治理机制，学者们针对养殖户的各项生产行为及其影响因素进行了丰富的研究，也从激励相容机制的角度进行了有益探索。然而，现有的研究多从影响因素的角度对生猪养殖户某个单一的生产行为展开研究，忽视了养殖户生产行为的整体性、复杂性以及关联性。在对养殖户安全生产行为整体进行研究时，往往将其视为一个抽象的概念，例如利用委托—代理模型分析促使养殖户安全生产的激励相容机制，但忽视了养殖户对不同安全生产行为的偏好与所需激励的异质性。有鉴于此，有必要在构建规范养殖户生产行为的激励相容机制的基础上，结合经验数据研究养殖户偏好的异质性，从而对不同安全生产的激励加以优化。本文可能的创新在于，为研究养殖户对不同安全生产行为规范的偏好及其偏好的异质性提供了可能，从属性的角度探索了如何细化养殖户对遵守不同行为规范所需的激励，从而达到有效规制养殖户生产行为的目的。受研究方法的局限，样本量有限，未来的研究将持续动态地研究不同地区、不同规模的养殖户所需的激励，以验证研究结论的普遍适应性，为政府提供更有效的政策建议。

三　属性设计与调查组织

（一）属性与水平设计

1. 安全生产行为规范的属性与水平设计

已有的研究显示，饲料安全、添加剂使用、兽药及疫病防治、病死猪处理是影响猪肉质量安全的主要生产行为。根据《无公害食品禽畜饲料和饲料添加剂使用准则》（NY 5032 - 2006）的规定，养殖户使用的饲料不应存在生霉、变质、结块、虫蛀等质量问题；对于配合饲料、浓缩饲料等，需按照饲料标签所规定的用法、用量使用。对于使用的饲料添加剂需为《饲料添加剂品种目录》规定的品种，并且应按照产品标签规定的用法、用量使用。养殖户的兽药使用及疫病防治行为应根据《无公害农产品兽药使用准则》（NY/T 5030 - 2016），按照农业部批准的兽药标签和说明书用药，遵守给药途径、剂量、疗程、休药期等。对于病死猪的处理，应根据《病死及病害动物无害化处理技术规范》的要求，对病死猪进行焚烧、化制、深埋等无害化处理。在现实中，养殖户在自己处理病死猪时，由于技术水平的限制以及专业设备的缺乏，往往难以达到无害化处理技术规范的要求，不如无害化处理厂统一处理病死猪规范。根据上述行为规范的要求，结合养殖户生产行为的现实情况，将行为规范依据内容的丰富程度和要求的严格程度依次划分为低、中、高三个安全层次，具体如表 1 所示。

表 1　不同安全层次生产行为规范对应的养殖户生产行为要求

安全层次	饲料使用规范		添加剂使用规范		兽药使用规范		病死猪处理规范	
	确保饲料无质量问题	遵守规定的用法、用量	遵守规定的目录范围	遵守规定的用法、用量	遵守规定的目录范围	遵守规定剂量、给药途径、休药期	自己无害化处理	无害化处理厂统一处理
低	×	×	×	×	×	×	×	×
中	√	×	√	×	√	×	√	×
高	√	√	√	√	√	√	×	√

注："×"表示不遵守此项，"√"表示遵守此项。

2. 基于激励相容机制的价格测算

根据委托—代理模型，设计规范养殖户安全生产的激励相容机制，以此计算激励与惩罚金额，作为不同安全层次行为规范下养殖户生产的猪肉对应的价格属性。

假定养殖户是风险规避的，其保留效用为 μ。养殖户决定是否实施该生产计划，如果进行生产，其将在离散行为 a_n（$n = 1, 2, \cdots, N$）以及相应的努力 e_n，e_{n+1} 中进行决策（$e_n < e_{n+1}$）。在随机情形下，这些努力以概率 π_{nm} 产生相应的离散安全程度的猪肉 y_m，y_{m+1}（$y_m < y_{m+1}$）。对于这些安全程度的猪肉，购买者决定支付相应的费用 w_m，w_{m+1}（$w_m < w_{m+1}$）。养殖户的效用取决于所得的费用以及相应的努力程度，即 $u(w_m) - e_n$，其中 $u(w_m)$ 代表冯诺依曼—摩根斯坦效用函数。为便于分析，令 $N = M = 2$，此时的离散委托—代理模型简化为一个二元模型。在养殖户的两个行为决策中，a_1 对应不符合安全生产行为规范的生产行为（简称不规范的生产行为）。a_2 代表符合安全生产行为规范的生产行为（简称规范的生产行为）。

在这个离散的二元模型中，由于结果可以直接观测，并且可以精确地对应养殖户的不同生产行为，因此，结果的条件概率（π_{11} 和 π_{12} 分别表示不规范的生产行为生产出不安全猪肉的可能性和生产出安全猪肉的可能性，π_{21} 和 π_{22} 分别表示规范的生产行为生产出不安全猪肉的可能性和生产出安全猪肉的可能性）与支付费用的概率一致。在实际生产中，由于抽检的准确率 $c \leqslant 100\%$，正确追溯到相应养殖户的概率 $z \leqslant 100\%$，因此，养殖户的预期报酬与猪肉产品的安全程度并不完全一致。假定抽检准确率为 c 的抽检成本为 $c(c)$，追溯准确率为 z 的追溯成本为 $c(z)$，对不安全的生产行为实施处罚的成本为 $c(s)$，w_1 是购买安全程度未达到预期的猪肉所付出的费用，w_2 是购买安全程度达到预期的猪肉所付出的费用。e_1，e_2 代表对行为规范的遵守程度，在二元离散模型中，e_1 表示不遵守安全生产行为规范，为便于分析，令其等于 0。因此，生猪养殖户遵守安全生产行为规范所付出的成本为 $E = e_2 - e_1 = e_2$。由于现实中购买者无法直接观测养殖户的生产行为，只能根据行为的结果，即根据猪肉的安全程度是否达到预期进行支付，于是，购买者的激励问题为：

$$\min(w(a_2) + c(c) + c(z) + c(s))$$
$$= \min[cz\pi_{22}w_2 + cz\pi_{21}w_1 + c(c) + c(z) + c(s)] \tag{1}$$

$$\text{s. t. } w(a_2) - e_2 = cz\pi_{22}w_2 + cz\pi_{21}w_1 - E \geq 0 \tag{2}$$

$$w(a_2) - e_2 - w(a_1) - e_1 = cz\pi_{22}w_2 + cz\pi_{21}w_1 - E - (cz\pi_{11}w_1 + cz\pi_{12}w_2) \geq 0 \tag{3}$$

$$0 < cz \leq 1 \tag{4}$$

求解可得对安全程度未达到预期的猪肉的惩罚以及对安全程度达到预期的猪肉的激励：

$$w_1 = -E \frac{\pi_{12}}{cz(\pi_{22}\pi_{11} - \pi_{21}\pi_{12})} \tag{5}$$

$$w_2 = E \frac{\pi_{11}}{cz(\pi_{22}\pi_{11} - \pi_{21}\pi_{12})} \tag{6}$$

根据公式，促使养殖户遵守安全生产行为规范的惩罚与激励价格主要由养殖户遵守行为规范的所付出的额外成本 E 和调整因子 $\frac{\pi_{12}}{cz(\pi_{22}\pi_{11} - \pi_{21}\pi_{12})}$ 与 $-\frac{\pi_{11}}{cz(\pi_{22}\pi_{11} - \pi_{21}\pi_{12})}$ 决定。

养殖户遵守安全生产行为规范所付出的额外成本 E 主要来自两个方面，一是饲料、兽药、添加剂以及病死猪处理产生的额外费用，二是按照规定使用饲料、兽药、添加剂以及处理病死猪付出的额外劳动。

根据 2016 年《全国农产品成本收益资料汇编》，江苏省 2015 年生猪养殖户饲料投入以及劳动投入情况显示，饲养一头生猪的饲料投入总成本平均约为 755 元，按照一头生猪 100kg 计算，折合每 500g 的饲料成本为 3.77 元。预调研结果也显示，普通饲料的成本价格约为 2~4 元/500g。使用优质饲料所产生的额外成本按照饲料总成本的 20% 折算，每 500g 猪肉的额外成本约为 0.4~0.8 元。由于养殖户在医疗防疫方面的投入以及生猪死亡方面的损失并不多，因此，加上额外的兽药、添加剂以及病死猪处理的成本，养殖户遵守安全生产行为规范使用投入品等所付出的额外成本约合 0.6~1 元/500g。

人工成本方面，按照 2016 年《全国农产品成本收益资料汇编》，生猪养殖的劳动日工价约为 90 元/天。折合每 500g，人工成本约为 0.8 元。根据饲养每头生猪需要投入的平均人工成本计算，每 500g 的人工成本也约为

0.8 元。假设规范生产的额外人工投入成本占劳动投入总成本的 25%，则额外劳动的成本约为 0.2 元/500g。加上额外的兽药、添加剂与以及病死猪处理成本，由此得到遵守安全生产行为规范的额外成本为 0.8 元/500g 至 1.2 元/500g。取平均值可得 E 约为 1 元/500g。

调整因子的大小受变量赋值的不同影响，一般而言，抽检的准确率 c、追溯的准确率 z 越高，所需的激励金额越小；各项行为对应的结果越准确，所需的激励金额也越小。对追溯准确率 z，抽检准确率 c，以及行为对应结果的准确率 π_{11}、π_{22} 各种可能取值进行组合之后，对计算的惩罚与激励价格取均值，得出 w_1 约为 -0.53，w_2 约为 2.92。为简单化，分别取 -0.5 元/500g 与 3 元/500g。

预调研显示，生猪的售价在不同的年份和月份会有较大的浮动，2016 年 11 月份生猪的平均售价约为 8 元/500g，因此本文以 8 元/500g 为基准价格，在此基础上进行下浮和上浮，将价格设为 7.5 元/500g、8 元/500g 以及 11 元/500g 三个层次。

（二）选项卡设计

根据上述生产行为规范的安全层次水平的设定，总共可以得到 243（$3 \times 3 \times 3 \times 3 \times 3$）个生产行为规范的属性组合选项。因此，养殖户需要对 $C_{243}^2 = 29403$ 个生产行为规范进行比较后做出选择，这在现实中无法实现。因此，本文采用部分因子设计的方法，根据随机原则对生产行为规范的属性及层次进行随机组合，在减少养殖户需要比较的选项的同时又确保属性及层次分布的平衡性。由此共设计 10 个版本的问卷，每个版本包含 8 个比较任务。选择实验的选项卡示例如图 1 所示。

（三）实验组织与实施

本次调查主要选择江苏省作为调查地区。江苏省的南部、中部和北部地区反映了中国东部、中部和西部地区的经济发展水平差异，生猪养殖方式涵盖了散养模式、中小规模养殖模式与规模化养殖模式，具有较强的代表性。在全国百强养猪大县中，江苏省占 3 个，能够较为容易地满足样本需求。

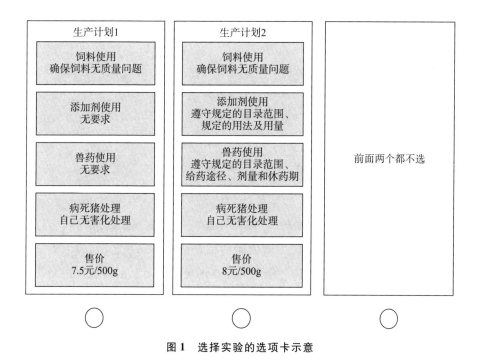

图1　选择实验的选项卡示意

本次调研分两步进行，第一步在对生猪养殖户的主要生产方式、成本投入以及出售情况做全面了解的基础上展开预调研，根据预调研情况修正选择实验的问卷设计。第二步于 2017 年 1~2 月正式展开调研，在江苏省南部的江阴、太仓、张家港，江苏省中部的海安、如皋、泰兴，江苏省北部的丰县、邳州、阜宁选取 2 个村，按照随机抽样原则，每个村随机抽取 15 个养殖户进行调查。为保证养殖户对问卷内容的理解，调研由经过培训的专业调研员在当地卫生防疫员的带领下进行。共发放问卷 270 份，剔除无效问卷和不合格问卷共计回收 215 份，问卷回收的有效率为 79.63%。

四　模型构建与变量赋值

（一）模型构建

养殖户的生产计划可以看作饲料、添加剂、兽药使用以及病死猪处理等不同安全层次生产行为规范下的各项行为的组合，根据随机效用理论和价值属性理论，养殖户基于自身效用（利润）最大化选择相应生产行为的属性组合。

假设第 n 个养殖户从选择空间 C 的子集 m 中，在第 k 个情形下选择第 i 个生产行为的组合所获得的效用为 U_{nik}，则 $U_{nik} = V_{nik} + \varepsilon_{nik}$，其中 V_{nik} 是确定项，表示可观测的效用，ε_{nik} 是随机误差项，表示不可观测的因素对养殖户选择的影响。养殖户选择第 i 个生产行为的概率为

$$\begin{aligned} P_{nik} &= prob(V_{nik} + \varepsilon_{nik} > V_{njk} + \varepsilon_{njk}; \forall j \neq i) \\ &= prob(V_{nik} - V_{njk} > \varepsilon_{njk} - \varepsilon_{nik}; \forall j \neq i) \end{aligned} \tag{7}$$

其中，V_{nik} 为饲料、添加剂、兽药使用规范以及病死猪处理规范下的生产行为的函数，即 $V_{nik} = \beta' X_{nik}$，β' 表示待估计的参数向量，X_{nik} 表示第 i 个生产行为的属性向量。假设 ε_{nik} 服从类型 I 的极值分布，则养殖户在 k 条件下选择生产行为 i 的概率为

$$P_{nik} = \int \frac{\exp(\beta' X_{nik})}{\sum_j \exp(\beta' X_{njk})} f(\beta) d\beta \tag{8}$$

其中，$f(\beta)$ 是概率密度函数，上述模型称为随机参数 Logit 模型（Random Parameters Logit Model，RPL）。如果 $f(\beta)$ 是离散的，则（8）式可进一步转化为潜在类别模型（Latent Class Model，LCM）。通过潜在类别模型可以进一步分析养殖户行为偏好的异质性。假设养殖户 n 落入第 t 个类别并选择了第 i 个生产行为的概率为 P_{nik}，

$$P_{nik} = \sum_{t=1}^{t} \frac{\exp(\beta_t' X_{nik})}{\sum_j \exp(\beta_t' X_{njk})} R_{nt} \tag{9}$$

其中，β_t' 是 t 类别养殖户群体的参数向量，R_{nt} 是养殖户 n 落入第 t 个类别中的概率，

$$R_{nt} = \frac{\exp(\theta_t' Z_n)}{\sum_r \exp(\theta_r' Z_r)} \tag{10}$$

（10）式中，Z_n 是影响某一类别中养殖户 n 的观测值，θ_t' 是在 t 类别中养殖户的参数向量，r 则表示第 r 个潜在类别。本文研究的是养殖户对安全生产行为规范的接受意愿，激励价格是对养殖户选择遵守更安全的生产

行为规范进行生产的补偿。本文采用接受的意愿（WTA）代替消费者偏好研究中的支付意愿（WTP），接受意愿的计算公式为

$$WTA_k = -2\frac{MU_k}{MUP_p} \tag{11}$$

在（11）式中，MU_k 表示生产者在第 k 个属性代表的行为规范下进行生产带来的边际效用，MUP_p 为边际效用利润，表示在该项行为规范下生产带来的边际收益，在这里用生猪售价替代。

（二）变量赋值

与虚拟变量赋值相比，效应代码的赋值方法能够保证所有属性的层次同等重要地被估计，因此本文采用效应代码赋值，具体赋值见表2。

表2　变量定义及赋值

变量	变量赋值	均值
高层次饲料使用规范 TIMFEED	TIMFEED = 1；DOSFEED = 0	–
中层次饲料使用规范 DOSFEED	TIMFEED = 0；DOSFEED = 1	–
低层次饲料使用规范 EXPFEED	TIMFEED = -1；DOSFEED = -1	–
高层次添加剂使用规范 TIMADDI	TIMADDI = 1；SCOADDI = 0	–
中层次添加剂使用规范 SCOADDI	TIMADDI = 0；SCOADDI = 1	–
低层次添加剂使用规范 EXPADDI	TIMADDI = -1；SCOADDI = -1	–
高层次兽药使用规范 TIMDRUG	TIMDRUG = 1；DOSDRUG = 0	–
中层次兽药使用规范 DOSDRUG	TIMDRUG = 0；DOSDRUG = 1	–
低层次兽药使用规范 EXPDRUG	TIMDRUG = -1；DOSDRUG = -1	–
高层次病死猪处理规范 UNIDISPO	UNIDISPO = 1；SELFDISPO = 0	–
中层次病死猪处理规范 SELFDISPO	UNIDISPO = 0；SELFDISPO = 1	–
低层次病死猪处理规范 NODISPO	UNIDISPO = -1；SELFDISPO = -1	–
价格 PRICE	PRICE1 = 7.5；PRICE2 = 8；PRICE3 = 11	–
性别 MALE	虚拟变量，男性 = 1，女性 = 0	0.67
年龄 AGE	连续变量	55.64
受教育程度 EDU	连续变量（取具体受教育年限）	4.76
家中是否有未成年孩子 KID	虚拟变量，是 = 1，否 = 0	0.46
养殖年限 YEAR	连续变量	19.67

续表

变量	变量赋值	均值
出栏数 OUTPUT	连续变量	908.19
是否专业化养殖 SPECIAL	虚拟变量，是 = 1，否 = 0	0.34
是否有集中处理病死猪场所 CENTRAL	虚拟变量，是 = 1，否 = 0	0.49

五　模型估计与结果讨论

（一）统计性描述

表 3 显示了被调查者的基本特征。养殖户以男性为主，占样本总量的 66.98%；养殖户的年龄普遍较高，受教育程度普遍较低；超过一半的养殖户家庭人口数为 5 人及以上。从养殖情况来看，兼业化比较普遍，约有 1/3 养殖户家庭收入的 80% 及以上来源于生猪养殖，70.24% 的家庭从事生猪养殖的劳动力占家庭人口总数的一半及以下；出栏量在 100 头以下的养殖户占样本总量的 59.54%；养殖户的养殖年限普遍较长，平均为 19.67 年，养殖年限在 10 年以上的养殖户占样本总量的 73.48%。

（二）估计结果

1. 主效应估计

应用 Nlogit 6.0，进行随机参数 Logit 模型估计，由表 4 结果可知，相对层次低的行为规范，层次中和层次高的行为规范基本通过了显著性检验，说明在给定的惩罚与激励下，养殖户偏好更高层次的行为规范。其中，高层次饲料使用规范（TIMFEED）和高层次兽药使用规范（TIMDRUG）的回归系数最大，说明养殖户在饲料和兽药的使用方面较为规范，能够遵守安全层次更高的行为规范。但高层次添加剂使用规范（TIMADDI）的回归系数未通过显著性检验，说明养殖户饲料添加剂的使用较不规范，更偏好安全层次低的添加剂使用方式。对于病死猪处理而言，高层次病死猪处理规范（UNIDISPO）的回归系数最大，说明养殖户更偏好集中处理病死猪的方式。通过计算可知，养殖户认为饲料、添加剂、兽药使用

表 3　养殖户的个体特征与生产特征的统计性描述

统计特征		分类指标	样本量	百分比（%）	样本均值
个体特征	性别	男	144	66.98	
		女	71	33.02	
	年龄	30 岁以下	9	4.19	55.64
		30～50 岁	68	31.63	
		51～70 岁	116	53.95	
		70 岁以上	22	10.23	
	受教育年限	小学及以下	85	39.53	
		初中	89	41.39	
		高中（包括中等职业）	31	14.42	
		大专（包括高等职业技术）	7	3.26	
		本科及以上	3	1.40	
	家庭人口数	1 人	0	0.00	
		2 人	17	7.91	
		3 人	37	17.21	
		4 人	42	19.53	
		5 人及以上	119	55.35	

续表

统计特征		分类指标	样本量	百分比（%）	样本均值
生产特征	养猪收入占家庭总收入比重	30% 及以下	47	21.86	
		31%～50%	42	19.53	
		51%～80%	49	22.79	
		81%～90%	15	6.98	
		90% 及以上	62	28.84	
	生猪饲养劳动力占家庭总人口的比重	30% 及以下	85	39.53	
		31%～50%	66	30.71	
		51%～80%	42	19.53	
		81%～90%	8	3.72	
		90% 及以上	14	6.51	
	出栏量	0～30 头	70	32.56	19.67
		31～100 头	58	26.98	
		100～1000 头	84	39.07	
		1000 头以上	3	1.39	
	养殖年限	0～10 年	57	26.52	
		11～30 年	124	57.67	
		30 年以上	34	15.81	
	专业化养殖	否	142	66.05	
		是	73	33.95	

以及病死猪处理四个行为规范的相对重要性依次为 9.54%，6.68%，23.49%，60.29%。因此，养殖户认为无害化处理病死猪的行为规范最为重要，但对饲料以及添加剂的使用规范相对不那么重视。

表 4　随机参数 Logit 模型估计结果

变量	回归系数	标准误	95% 置信区间
TIMFEED	0.19154**	0.07761	[0.03942, 0.34366]
DOSFEED	0.16831**	0.07389	[0.02350, 0.31313]
TIMADDI	0.08306	0.07839	[-0.07057, 0.23669]
SCOADDI	0.16881**	0.07380	[0.02417, 0.31346]
TIMDRUG	0.63195***	0.07868	[0.47773, 0.78616]
DOSDRUG	0.25351***	0.08100	[0.09474, 0.41227]
UNIDISPO	1.29125***	0.09151	[1.11189, 1.147061]
SELFDISP	0.98171***	0.08461	[0.81587, 1.14755]
PRICE	1.64573***	0.08843	[1.47242, 1.81905]
CHOOSENO	12.5174***	0.71125	[11.1234, 13.9114]
Std. Devs (TIMFEED)	0.23337	0.21591	[-0.18981, 0.65655]
Std. Devs (DOSFEED)	0.24796	0.18529	[-0.11521, 0.61113]
Std. Devs (TIMADDI)	0.02264	0.25250	[-0.47226, 0.51754]
Std. Devs (SCOADDI)	0.07259	0.11783	[-0.15836, 0.30353]
Std. Devs (TIMDRUG)	0.41583***	0.12343	[0.17390, 0.65775]
Std. Devs (DOSDRUG)	0.47664***	0.18025	[0.12337, 0.82992]
Std. Devs (UNIDISPO)	0.80197***	0.14030	[0.52699, 1.07694]
Std. Devs (SELFDISP)	0.22280*	0.13407	[-0.3997, 0.48557]
Log likelihood	-1005.38147		
McFadden R^2	0.46794		
AIC	2046.8		

注：***、**、*表示参数分别在 1%、5% 和 10% 水平上显著。

2. 潜在类别估计

养殖户对不同行为规范的偏好存在异质性，因此接下来利用潜在类别模型进一步分析不同类型的养殖户对不同安全层次生产行为规范偏好的差异。首先确定分类数，对比类别数为 2、3、4、5、6 的 AIC 值和 BIC 值，当分类数为3时，其值最小，分别为1568.7和1041.3，表明模型的适配情形最好，因此选定3为潜在类别模型的分类数。其次，在进行潜在类别回归时，考虑受教育程度、养殖年限、养殖规模等统计特征对养殖户落入哪一类别的影响。最终的估计结果如表5所示。从结果来看，可以将养殖户分为"不遵守安全生产行为规范的养殖户"、"遵守安全生产行为规范的养殖户"以及"中立者"，三个类别的比例分别为18.3%、32.6%和49.1%。

第一类是不遵守安全生产行为规范的养殖户。落入该组的养殖户无论是在饲料、添加剂还是兽药的使用方面，都偏好安全层次较低的行为规范。由类别1的回归结果可知中高层次饲料使用规范（DOSFEED、TIM-FEED）、高层次添加剂使用规范（TIMADDI）、高层次兽药使用规范（TIMDRUG）的系数均为负，其中，中层次的饲料使用规范（DOSFEED）的系数显著为负，表明养殖户不遵守饲料使用规范，不能确保使用没有质量问题的饲料，这对猪肉的安全具有十分重要的影响。此外，不选项系数的绝对值在三组中最大，因此将这一类养殖户归为拒绝遵守安全生产行为规范的养殖户。此类养殖户的价格系数绝对值在三组中最高，表明其对激励的价格相对更为敏感，由此推断其不愿意遵守安全生产行为规范的原因可能是激励价格较低，生猪售价无法弥补其安全生产的成本。另外，尽管此类养殖户在使用饲料、添加剂以及兽药方面偏好较低层次的行为规范，但在病死猪的处理方面较为规范。

第二类是遵守安全生产行为规范的养殖户。从类别2的估计结果可以看出，落入该类别的养殖户对中、高层次的饲料使用规范、添加剂使用规范、兽药使用规范以及病死猪处理规范的偏好均显著为正。表明此类养殖户能够较好地遵守饲料、添加剂、兽药的使用准则以及病死猪的处理规范。这一类的养殖户所占比例为32.6%，也就是说，不到三分之一的养殖户在四个关键生产行为上能够完全遵守高层次的安全生产行为规范，由此进一步验证了养殖户的生产行为普遍不够规范，这是导致猪肉质量安全事件频发的主要原因。

第三类是中立者，落入这类的养殖户对安全生产行为规范的遵守程度一般，既没有表现出对高层次行为规范的偏好，也不明显拒绝高层次的行

表 5 潜在类别模型的参数估计结果

变量	类别 1		类别 2		类别 3	
	回归系数	标准误	回归系数	标准误	回归系数	标准误
TIMFEED	-0.419	0.618	0.357*	0.182	0.044	0.129
DOSFEED	-1.442**	0.715	0.445**	0.179	0.249**	0.121
TIMADDI	-1.258	0.810	0.509***	0.193	0.064	0.130
SCOADDI	1.779**	0.736	0.275*	0.167	0.151	0.116
TIMDRUG	-0.457	0.517	1.218***	0.196	0.682***	0.124
DOSDRUG	0.617	0.684	1.126***	0.175	-0.126	0.137
UNIDISPO	2.039*	1.207	2.697***	0.407	1.674***	0.155
SELFDISPO	2.316**	1.066	1.729***	0.403	1.406***	0.145
PRICE	11.004**	4.410	0.471***	0.156	2.255***	0.184
CHOOSENO	78.380**	31.658	5.089***	1.263	17.100***	1.439
Probabilities	0.183		0.326		0.491	
Log likelihood			-746.365			
McFadden R²			0.605			
AIC			1568.7			

注：***、**、* 表示参数分别在 1%、5% 和 10% 水平上显著。

为规范，从回归结果来看，有少数安全生产行为规范的回归系数，比如中层次饲料使用规范和高层次兽药使用规范（DOSFEED、TIMDRUG）显著为正，大部分的系数均没有通过显著性检验，但此类养殖户对中、高层次病死猪处理规范（UNIDISPO、SELFDISPO）的偏好较为显著。由此可见，此类养殖户通过额外的激励补偿以及科学引导，很有可能成为完全遵守安全生产行为规范的生产者。这一类别的养殖户比例为 49.1%，占总样本的近一半。

3. 养殖户对安全生产行为规范的接受意愿

表 6 显示了两种模型估计下养殖户对安全生产行为规范的接受意愿。总体而言，随机参数模型的回归结果显示养殖户对安全生产行为规范的接受意愿均为正值。表明给定的激励与惩罚机制能够有效规范养殖户的生产行为。具体地，养殖户对病死猪处理行为规范的接受意愿最高，并且大多数养殖户偏好对病死猪进行集中的无害化处理，由主效应估计结果可知，养殖户对集中处理病死猪的接受意愿为 1.645 元/500g。但养殖户对饲料以及饲料添加剂使用规范的接受意愿普遍较低，养殖户对高层次添加剂使用规范（TIMADDI）的接受意愿仅为 0.101 元/500g。

对不同类别的养殖户而言，其偏好的异质性表现得非常明显，对于类别 1 的养殖户，其对安全生产行为规范的接受意愿大多为负，表明在现有的激励与惩罚价格下，此类养殖户仍不愿意进行安全生产，促使养殖户遵守安全生产行为规范需要提供额外的激励补偿。例如，养殖户遵守中、高层次饲料使用规范所需的激励补偿分别为 0.262 元/500g 和 0.076 元/500g，促使养殖户使用规定目录范围的添加剂、遵守添加剂规定的用法与用量所需的激励补偿为 0.229 元/500g，对于遵守兽药规定的目录范围和遵守规定剂量、给药途径以及休药期则需要 0.083 元/500g 的额外激励补偿。类别 2 的养殖户为对安全生产行为规范的接受意愿均为正，除对病死猪处理规范的接受意愿最高外（UNIDISPO、SELFDISPO 对应的额度分别为 11.466 元/500g 和 7.348 元/500g），对高层次兽药使用规范（TIMDRUG）的接受意愿也非常高，为 5.176 元/500g。类别 3 的养殖户的偏好则较为复杂，其对安全层次中等的兽药使用规范（DOSDRUG）的接受意愿为 −0.111元/500g，表明此类养殖户在使用规定目录范围的兽药时需要相应的补偿激励，但对于其他行为规范的接受意愿均为正。

表 6 养殖户对安全生产行为规范的接受意愿

变量	RPL 模型		LCM 模型	
	主效应	类别 1	类别 2	类别 3
TIMFEED	0.221	−0.076	1.518	0.039
DOSFEED	0.203	−0.262	1.891	0.221
TIMADDI	0.101	−0.229	2.163	0.057
SCOADDI	0.206	0.323	1.170	0.134
TIMDRUG	0.792	−0.083	5.176	0.605
DOSDRUG	0.313	0.112	4.786	−0.111
UNIDISPO	1.645	0.371	11.466	1.485
SELFDISPO	1.180	0.421	7.348	1.247

六　结论与启示

本文根据委托—代理模型，设计了促使养殖户规范生产的激励相容机制，借助选择实验法，实证分析了养殖户在给定的激励与惩罚下对四种不同安全层次生产行为规范的偏好，结果发现，给定的价格能有效激励养殖户选择更高层次的生产行为规范，然而，养殖户的偏好具有明显的异质性。

第一，在饲料、添加剂、兽药使用以及病死猪处理四种行为规范中，养殖户认为病死猪处理规范最为重要，其次是兽药使用规范。由于近年来监管部门加大了对随意丢弃病死猪、出售病死猪的处罚力度，迫使养殖户在处理病死猪时更为谨慎，此外，受无害化处理病死猪补贴以及政府宣传的影响，养殖户已普遍认识到无害化处理病死猪的重要性，因此，在四种行为规范中，对病死猪的处理规范赋予了最高的权重。

第二，潜在类别估计结果显示，仅有 1/3 的养殖户在四个关键生产行为上能够完全遵守安全生产行为规范，有接近一半的养殖户持中立态度，既没有表现出对高层次行为规范的偏好，也不明显拒绝高层次的行为规范，这与 Zhong et al. 的研究结论类似，即尽管养殖户在某个生产行为上较为规范，但要促使养殖户同时遵守多个行为规范仍需要一定的努力[26]。

第三，养殖户对安全生产行为规范的接受意愿也表现出明显的异质性。这与 Wu et al. 及王萌等的研究结论类似[27-28]。养殖户对病死猪处理规范的接受意愿最高，对饲料、饲料添加剂使用规范的接受意愿较低，由此说明，饲料和饲料添加剂的使用极易受到成本和收益的影响，成本与收益的小幅改变，就可能导致养殖户偏离安全生产的行为规范。潜在类别估计结果显示，仍有 18.3% 的养殖户对安全生产行为规范的接受意愿为负，促使养殖户遵守饲料、添加剂以及兽药的使用规范需要分别给予 0.076 元/500g、0.229 元/500g，以及 0.083 元/500g 的额外激励补偿。

本文的研究结论对如何规范养殖户的生产行为，保障猪肉的质量安全具有一定的参考意义。首先，本文的研究显示，养殖户在使用饲料以及饲料添加剂时不同程度地存在着不规范的生产行为，尤其是对成本—收益最为敏感的养殖户，受经济利益的刺激，出现不规范生产行为的可能性最高。因此，政府在加强对养殖户监管的同时，还可以通过经济手段引导养殖户采取规范的养殖行为。其次，针对部分养殖户对安全生产行为规范的接受意愿为负的问题，政府农业管理部门应当加强对养殖户的宣传和培训，以典型案例引导养殖户的生产行为。再次，政府应当加强对饲料质量的源头治理，规范饲料市场秩序，从源头上保证养殖户通过正规市场渠道购买合格的饲料，并尝试通过补贴的形式，既鼓励养殖户购买安全可靠的饲料，又建立保障饲料质量的长效市场声誉机制。最后，在生猪养殖密集地区，政府应履行公共管理的职能，完善防疫登记制度和增加兽医人员的配置，形成公益性的服务体系。与此同时，要继续加大对病死猪无害化处理的宣传力度，并依法依规处罚抛售病死猪的行为。

参考文献

[1] 吴林海、王淑娴、朱淀：《消费者对可追溯食品属性偏好研究：基于选择的联合分析方法》，《农业技术经济》2015 年第 4 期。

[2] 裘光倩、陆姣：《现实情景下在猪肉供应链体系中确保猪肉质量安全责任最大的主体是什么?》，《中国食品安全治理评论》2016 年第 2 卷。

［3］孙世民、张媛媛、张健如：《基于 Logit-ISM 模型的养猪场（户）良好质量安全行为实施意愿影响因素的实证分析》，《中国农村经济》2012 年第 10 期。

［4］Hennseey D. A.，"Information Asymmetry as a Reason for Food Industry Vertical Integration," *American Journal of Agricultural Economics*，1996，78（4）：1034 – 1043.

［5］Hirschauer N.，Bavorova M.，Martino G.，"An Analytical Framework for a Behavioral Analysis of Non-compliance in Food Supply Chains," *British Food Journal*，2012，114（9）：1212 – 1227.

［6］Dubovik A.，Janssen M. C.，"Oligopolistic Competition in Price and Quality," *Games & Economic Behavior*，2012，75（1）：120 – 138.

［7］耿宇宁、郑少锋、王建华：《政府推广与供应链组织对农户生物防治技术采纳行为的影响》，《西北农林科技大学学报》（社会科学版）2017 年第 17 卷第 1 期。

［8］Rostagno M. H.，Callaway T. R.，"Pre-harvest Risk Factors for Salmonella Enterica in Pork Production," *Food Research International*，2012，45（2）：634 – 640.

［9］Horchner P. M.，Pointon A. M.，"HACCP-based Program for On-farm Food Safety for Pig Production in Australia". *Food Control*，2011，22（10）：1674 – 1688.

［10］Marshall B. M.，Levy S. B.，"Food Animals and Antimicrobials：Impacts on Human Health," *Clinical Microbiology Reviews*，2011，24（4）：718 – 733.

［11］Liu C. Y.，Jiang H.，"Dead Pigs Scandal Questions China's Public Health Policy," *Lancet*，2013，381（9877）：1539.

［12］李中东、孙焕：《基于 DEMATEL 的不同类型技术对农产品质量安全影响效应的实证分析——来自山东、浙江、江苏、河南和陕西五省农户的调查》，《中国农村经济》2011 年第 3 期。

［13］钟杨、孟元亨、薛建宏：《生猪散养户采用绿色饲料添加剂的影响因素分析——以四川省苍溪县为例》，《农村经济》2013 年第 3 期。

［14］浦华、白裕兵：《养殖户违规用药行为影响因素研究》，《农业技术经济》2014 年第 3 期。

［15］邬小撑、毛杨仓、占松华、余欣波、张跃华：《养猪户使用兽药及抗生素行为研究——基于 964 个生猪养殖户微观生产行为的问卷调查》，《中国畜牧杂志》2013 年第 14 期。

［16］张跃华、邬小撑：《食品安全及其管制与养猪户微观行为——基于养猪户出售病死猪及疫情报告的问卷调查》，《中国农村经济》2012 年第 7 期。

［17］乔娟、舒畅：《养殖场户病死猪处理的实证研究：无害化处理和方式选择》，《中国农业大学学报》2017 年第 3 期。

［18］ 吴林海、许国艳、HU Wuyang：《生猪养殖户病死猪处理影响因素及其行为选择——基于仿真实验的方法》，《南京农业大学学报》（社会科学版）2015 年第 2 期。

［19］ Nantima N. , Davies J. , Dione M. , et al. , "Enhancing Knowledge and Awareness of Biosecurity Practices for Control of African Swine Fever among Smallholder Pig Farmers in Four Districts along the Kenya-Uganda Border," *Tropical Animal Health and Production*, 2016, 48 (4): 727 – 734.

［20］ 孙若愚、周静：《基于损害控制模型的农户过量使用兽药行为研究》，《农业技术经济》2015 年第 10 期。

［21］ Hirschauer N. , Musshoff O. , "A Game-theoretic Approach to Behavioral Food Risks: The Case of Grain Producer," *Food Policy*, 2007, 32 (2): 246 – 265.

［22］ King R. P. , Backus G. B. , Van Der Gaag M. A. , "Incentive systems for food quality control with repeated deliveries: Salmonella control in pork production," *European Review of Agricultural Economics*, 2007, 34 (1): 81 – 104.

［23］ 王常伟、顾海英：《基于委托代理理论的食品安全激励机制分析》，《软科学》2013 年第 8 期。

［24］ 李想、石磊：《行业信任危机的一个经济学解释：以食品安全为例》，《经济研究》2014 年第 1 期。

［25］ 孙世民、张园园：《基于进化博弈的猪肉供应链质量投入决策机制研究》，《运筹与管理》2017 年第 5 期。

［26］ Zhong Y. Q. , Huang Z. H. , Wu. L. H, "Identifying Critical Factors Influencing the Safety and Quality Related Behaviors of Pig Farmers in China," *Food Control*, 2017, 73: 1532 – 1540.

［27］ Wu L. H. , Xu G. Y. , Li Q. G. , et al. , "Investigation of the Disposal of Dead Pigs by Pig Farmers in Mainland China by Simulation Experiment," *Environmental Science and Pollution Research*, 2017, 24 (2): 1469 – 1483.

［28］ 王萌、乔娟、沈鑫琪：《交易方式对养猪场户生猪质量安全控制行为的影响》，《中国农业大学学报》2019 年第 10 期。

化学农药减施激励政策的农户偏好及其异质性研究：基于山东省1045个粮食种植户的选择实验[*]

尹世久　林育瑾　尚凯莉[**]

摘　要：农药的过量或不当施用带来的负面影响，日益引起社会各界的广泛关注和政府的高度重视。农户是我国农业生产的基本单元，准确把握激励政策的农户偏好，是实现农药减量控害、推动农业绿色发展的关键所在。本文基于随机效用理论，通过估计农户对相应政策属性的效用水平，研究农户选择偏好，据以考察农药减量施用相关激励政策实施效果。采用选择实验方法（设置技术支持、生物农药补贴、环保宣传和农业保险为激励政策属性，设置农药使用量变化率为政策结果属性），选取山东省16地市1045名粮食种植户实施选择实验调研，进而借助混合Logit模型和潜类别模型，分析了农户对农药减量施用激励政策的偏好及其偏好异质性。研究发现，在相关政策激励下，农户普遍愿意改变农药施用现状，农药减量施用激励政策具有积极效果；农户对不同激励政策属性的偏好存在显著异质性，由此可将农户分为政策敏感型（占36.5%）、补贴偏好型（占38.5%）和安于现状型（占25.0%）。农药减量施用激励政策应该针

---

* 本文得到山东省自然科学基金面上项目"认证食品的消费者偏好研究：模型构建、实证检验与政策应用"（项目编号：ZR2017MG018）和山东省高等学校优秀青年创新团队科技支持计划"食品安全与农业绿色发展研究创新团队"（项目编号：2019RWG009）资助。

** 尹世久，曲阜师范大学食品安全与农业绿色发展研究中心主任、教授，主要从事食品与农产品质量安全等方面的研究；林育瑾，曲阜师范大学食品安全与农业绿色发展研究中心在读硕士研究生，研究方向为农业经济统计；尚凯莉，曲阜师范大学食品安全与农业绿色发展研究中心在读硕士研究生，研究方向为农业经济统计。

对农户对政策属性的偏好尤其是偏好的异质性来制定，并注重政策组合的协同与侧重，政府应该提供合理的生物农药补贴，加强环境保护相关政策宣传，以提高农药减量施用相关激励政策的实施效果。

关键词：农户 农药减量施用 激励政策 选择实验 混合 Logit 模型

一 引言

自 20 世纪中后期以来，农药施用给农业生态环境和人类健康带来的影响，日益引起许多国家尤其是一些发达国家的重视与关注。从 20 世纪 80 年代开始，一些发达国家和地区相继推出了化学农药减量施用的行动计划。如，美国先后颁布了《联邦杀虫剂、杀菌剂和灭鼠剂法》（FIFRA）等 5 部相关法律，构建了从食品生产、加工到最终销售的一系列相对完善的农药管理方面的法律体系[1]；欧盟制定了《植物保护产品规例》等农药登记管理的法律规定，对欧盟成员国的农药残留检验等规定了详细程序和统一标准[2]。

我国作为人口和农业大国，农药施用在稳定增产和农民增收等方面发挥了重要作用。人多地少给粮食安全带来了巨大压力，加之农业生产以分散农户为主体的现实国情，当前农药过量施用甚至滥用现象较为严重[3]。2014 年全国农药使用量为 180.69 万吨①，之后虽然开始呈现下降趋势，但 2017 年仍高达 165.5 万吨②，单位面积用药量远超世界平均水平[4]。21 世纪尤其是新时代以来，农药滥用及其带来的一系列问题得到党和政府的高度重视。2015 年 4 月，农业部发布《关于打好农业面源污染防治攻坚战的实施意见》，通过各种政策举措，引导农业生产者减少化学农药施用，采用生物农药等绿色手段防控病虫害，尽快实现农药使用量零增长的近期目标[5]。

当前乃至很长一个时期内，农户是我国农业生产的基本生产单元。与其他生产经营主体相比，农户受教育程度普遍不高，农药施用知识普遍匮乏，安全生产意识与主体责任感相对偏低，导致农药施用不当等现象尤其

① 国家统计局、中国环境保护部：《中国环境统计年鉴（2015）》，中国统计出版社，2015。
② 国家统计局、中国环境保护部：《中国环境统计年鉴（2018）》，中国统计出版社，2018。

严重[3]。因此，引导生产者科学农药施用的相关激励政策普遍将农户作为重要的激励对象。经验研究表明，农户的农药施用意愿与行为，不仅取决于年龄、学历、生产规模等基本特征因素[6]，也受到政策环境的直接影响[7]。从现有政策实践来看，提供技术支持[8]、生物农药补贴[9]、环保宣传[10][11]以及农业保险[12]等是引导农户农药科学施用或减量施用的最常用政策举措，也开始引起国内外学界的高度关注。例如，Zhang 和 Hu 指出，我国农户病虫害防治及农药施用知识的匮乏，导致农药过量施用和施用不足现象并存[13]。Wang[14]认为通过教育或培训增加农户农药施用知识亟待实行。Sharma 和 Peshin 对印度菜农的研究发现，教育培训能够显著增加菜农采用非化学方法控制病虫害的行为。郭明程等[9]提出政府要加大低毒生物农药补贴力度，扩大低毒生物农药示范补贴试点范围，加快优质生物农药的推广使用。李想和陈宏伟[11]研究发现，环保意识对农户 IPM（Integrated Pest Management）技术的采纳密度有积极影响。张弛等[12]对黑龙江等 4 省 1039 名粮农的调研发现，参保地块的农药施用次数显著低于未参保地块，农户的参保行为能对农户施用农药行为起到抑制作用。

农药减量施用激励政策的实施效果，归根到底取决于农户行为与偏好[15]。准确把握激励政策的农户偏好，是实现农药减量控害、推动农业绿色发展的关键所在，对保障农业可持续发展、农产品质量安全以及生态环境改善都具有重要意义。有关农户农药施用及相关引导政策的研究已取得较为丰硕的成果，但现有研究主要集中于农户的农药施用意愿、行为及其影响因素或某项政策效果的探讨，从农户偏好视角综合考察农药减量施用激励政策实施效果的研究未见报道。因此，本文采用选择实验方法，设置技术支持、生物农药补贴、环保宣传、农业保险以及农药使用量变化率五种属性，基于山东省 1045 个农户调查样本数据，采用混合 Logit 模型（Mixed Logit Model，MLM）研究了上述激励政策属性的农户偏好，并运用潜类别模型（Latent Class Model，LCM）考察了农户偏好异质性及其可能来源，最后提出相应政策建议。

二 理论分析模型

依据 Lancaster[16]的随机效用理论，假定农户 n 将从特定的政策属性组

合选择集 C_n 中，选择方案 i，并且假定这个选择的间接效用 U_{ni} 大于其他替代方案的间接效用，间接效用函数表示为

$$U_{ni} = V_{ni}(Z_{ni}, S_{ni}) + \varepsilon_{ni} \tag{1}$$

其中，间接效用函数 U_{ni} 可分为可观测效用 V_{ni} 和随机效用 ε_{ni}；可观测效用 V_{ni} 可以表示为政策属性变量 Z_{ni} 和农户特征变量 S_{ni} 的函数；随机效用 ε_{ni} 表示农户个体选择中不可观测因素的效用。

由于农户偏好的异质性普遍存在，本文采用混合 Logit 模型（MLM）和潜类别模型（LCM）进行分析。混合 Logit 模型放宽了独立同分布假设，允许属性参数在不同农户之间随机变动。农户 n 选择第 i 个政策属性组合的概率，用混合 Logit 模型表示为

$$P_{ni} = \int \frac{\exp(\beta X_{ni})}{\sum_j \exp(\beta X_{ni})} f(\beta \mid \theta) \, d\beta \tag{2}$$

式（2）中，β 的概率密度表示为 $f(\beta \mid \theta)$，β 可看作服从分布 $f(\beta \mid \theta)$ 的随机变量，θ 为描述该分布的真正参数。

若 $f(\beta \mid \theta)$ 是离散的，式（2）可进一步转化为潜类别模型，以判断不同农户的所属类别，从而解决个人意志划分类别的弊端。N 个农户可划分为 S 个潜类别，偏好相同或相近的农户会落入同一类别。农户 n 落入第 s 个潜类别，并选择第 i 个政策属性组合的概率为

$$P_{ni} = \sum_{s=1}^{s} \frac{\exp(\beta_s X_{ni})}{\sum_j \exp(\beta_s X_{nk})} R_{ns} \tag{3}$$

式（3）中，β_s 是第 s 个类别的农户参数向量，R_{ns} 是农户 n 落入第 s 个潜类别的概率，具体为

$$R_{ns} = \frac{\exp(\mu_s z_n)}{\sum_s \exp(\mu_s z_n)} \tag{4}$$

式（4）中，μ_s 是第 s 个潜类别中农户的参数向量，z_n 为影响农户 n 落入某一潜类别的一系列特征向量。

综上所述，混合 Logit 模型可揭示农户对农药减量施用的激励政策的异质性偏好，潜类别模型则可将存在异质性偏好的农户划分为若干类别。综

合采用两种方法，有利于深化农户可观测效用 V_{ni} 的研究。将政策属性变量、政策结果变量、农户特征变量和交互项纳入可观测效用 V_{ni} 公式：

$$V_{ni} = ASC + \gamma_n Outcome_{ni} + \sum_{k=1}^{K} \beta_{ik} x_{ik} + \sum_{k=1}^{K} \lambda_k x_{nik} x_{nik} + \sum_{h=1}^{H} \alpha_h S_{nh} x_{nik} + \sum ASC_n S_{nh} \quad (5)$$

其中，ASC 为替代特定常数项，若每个选择集中前两个方案之一被选择，则认为农户愿意做出改变，即接受相关激励政策而通过采用绿色防控技术来减少农药的使用，赋值为 1；前两种方案都不选择，视为愿意保持现状，不接受激励政策，则取 0，ASC 能够获取遗漏变量效用。$Outcome_{ni}$ 为政策结果变量，即农药使用量变化率，γ_n 为其系数。β_{ik} 是第 i 个政策属性组合的第 k 个（$k=1$，2，3，4）属性变量 x_{ik} 的系数。λ_k 为政策属性之间的交互项的系数，α_h 为特征变量与政策属性交互项的系数，用来反映农户不同政策属性之间以及基本特征变量对其政策属性选择的影响。S_{nh} 表示农户 n 的第 h 个基本特征变量。$x_{nik} x_{nik}$、$S_{nh} x_{nik}$ 和 $ASC_n S_{nh}$ 分别表示政策属性之间、农户特征属性与政策属性之间，以及常数项 ASC 与农户特征属性之间的交互项。

混合 Logit 模型（MLM）中，β_n 服从随机分布，$f(\beta_n)$ 为参数 β_n 的密度函数，则农户 n 在特定选择集 C_n 中选择方案 i 的非条件概率为

$$P(i/C_n) = \int \frac{e^{V_{ii}}}{\sum_{j=1}^{i} e^{V_{ij}}} f(\beta_n) d\beta_n \ \forall j \in C_n \quad (6)$$

在式（5）的基础上，可以计算出农户对农药减量施用激励政策的偏好程度，本文采用 WTP 指标计算，将定义为农户对某项激励 WTP 政策的偏好，表示为当某一激励政策属性变化时，农户为保持效用不变，愿意接受的农药使用量变化率，即边际替代率。

$$WTP_k = \frac{\partial V_{ni}/\partial \gamma_n}{\partial V_{ni}/\partial \beta_k} \quad (7)$$

式（7）中 γ_n 为政策结果变量系数，β_k 为政策属性变量系数。WTP_k 越大，表示在该项激励政策下，农户愿意接受的农药使用量变化率越大，可以反映该项激励政策的效果。

三　实验设计与数据来源

（一）选择实验设计

选择实验法以 Lancaster[16] 的随机效用理论为基础，要求参与者从具有不同属性的多个组合情景中进行选择，进而通过混合 Logit 模型（MLM）估计参与者对这些属性的偏好参数[17]。农户对政策组合的选择与偏好，会直接影响激励政策的实施效果。本文运用选择实验，估计农户对激励政策属性的偏好参数，据以分析农户效用最大化的政策组合。

1. 属性设置

结合当前我国农药减量施用相关激励政策的实际情况，借鉴李想、陈宏伟[11]、闵继胜和孔祥智[18]对政策属性分类的研究成果，将激励政策划分为自愿激励型政策和经济激励型政策两类。自愿激励型政策包括技术支持和环境保护宣传，经济激励型政策包括农业保险和生物农药补贴。在选择实验中，相应设置上述激励政策属性变量，并根据本文研究主题，将"农药使用量变化率"设置为政策结果属性变量。

（1）技术支持政策属性。技术支持政策是指政府、合作社或者农药厂商等，通过组织开展农药科学施用、病虫害防治等相关技术培训，提供现场技术指导等方式，引导农户积极采用绿色防控技术、科学合理用药，从而促进农药减量施用。[3]技术支持政策变量（TECH）的属性水平设为"无技术支持"和"有技术支持"。由于当前我国现行的农业病虫害与农药施用的相关技术支持政策主要倾向于果农、菜农以及家庭农场、种粮大户等新型生产经营主体，大多数小农户往往难以得到技术支持，因此本文将"无技术支持"设置为技术支持政策变量的基础水平。

（2）环保宣传政策属性。环保宣传政策是指通过电视、广播、刷写宣传标语、制作环保减药宣传栏等宣传绿色环保农业理念，引导农户减量施用农药等化学投入品，改善农业生态环境。环保宣传政策变量（ENVI）的属性水平设为"无环保宣传"和"有环保宣传"。虽然近年来我国不断加强环境保护的宣传教育，但当前农业生态环境保护的宣传力度与普及程度仍有待提高，尤其是农户的农业绿色发展理念远未建立。因此，本文将"无环保宣传"设置为环保宣传政策变量的现状水平。

（3）农业保险政策属性。根据《农业保险条例》，农业保险是指保险机构根据农业保险合同，对被保险人在种植业、林业、畜牧业和渔业生产中因保险标的遭受约定的自然灾害、意外事故、疫病、疾病等保险事故所造成的财产损失，承担赔偿保险金责任的保险活动。[19]2019 年 10 月，财政部、农业农村部等颁布《关于加快农业保险高质量发展的指导意见》[20]，提出到 2022 年，稻谷、小麦、玉米 3 大主粮作物农业保险覆盖率达到 70% 以上。农户购买农业保险会降低病虫害灾害带来的经济损失，从而会在一定程度上影响其农药施用行为。本文将农业保险政策变量（IN-SURANCE）的属性水平设置为"无农业保险"和"有农业保险"。从我国农业保险实施的实际情况来看，种植业农户未购买农业保险的情况仍然非常普遍，因此本文将"无农业保险"设置为农业保险政策变量的现状水平。

（4）生物农药补贴政策属性。近年来，为鼓励引导农民使用低毒低残留农药及生物农药，以改善生态环境，提高作物的质量，农业农村部和各地财政相继开展了不同形式的农药减量控害工作。山东省于 2014 年就开展了"低毒低残留农药及生物农药补贴"试点工作。基于山东省生物农药补贴试点的有关情况，本文将生物农药补贴政策变量（SUBSIDY）的属性水平设为三个水平：无补贴、5 元/亩、10 元/亩。由于生物农药补贴政策目前处于试点与示范推广阶段，且多以蔬菜、茶叶等用药为主，绝大多数粮食作物用药尚无补贴，因此，本文将"无补贴"设置为生物农药补贴政策变量的现状水平。

（5）农药使用量变化率属性。由于农药减量施用激励政策的最终是实现农药的减量施用，本文设置"农药使用量变化率"作为政策结果属性变量。《山东省到 2020 年农药使用量零增长行动方案》[21]于 2015 年 7 月实施以来，山东省农药使用量已经呈现逐年下降态势。因此，本文将农药使用量变化率政策变量（RATE）的属性水平设为三个水平：基本不变、下降 5%、下降 15%。

选择实验设置的属性及相应属性水平见表 1。

表 1　选择实验设置的属性及相应属性水平

属性	水平	状态含义	属性	水平	状态含义
技术支持	1	无	生物农药补贴	1	无补贴
	2	有		2	5 元/亩
环保宣传	1	无		3	10 元/亩
	2	有	农药使用量变化率	1	基本不变
农业保险	1	无		2	下降 5%
	2	有		3	下降 15%

2. 选择实验任务设计

将表 1 所示的上述 5 个政策属性及相应属性水平按照全因子设计，可以得到 $2×2×2×3×3 = 72$ 个选择方案，两两组合将产生 $C_{72}^2 = 2556$ 个选择实验任务。让参与者在 2556 个选择实验任务中进行比较选择是不现实的。一般而言，参与者辨别超过 15～20 个选择实验任务就会产生疲劳，必须减少选择实验任务数以提高参与者的选择效率[22]。本研究采用部分析因方法进行实验方案设计，运用 SAS 软件 OPTEX 程序得到最小的任务卡片数量，运用 SAWTOOTH 1.0.1 CBC 模块进行分析，设计选择实验方案，剔除存在明显劣势解的情况，最终获得 27 个选择实验任务，为保证受访农户能够在 15～20 分钟内完成整个调查问卷，决定将 27 个选择实验任务随机分成 9 组，生成 9 个不同版本的选择实验问卷，每个版本问卷包含 3 个不同的选择实验任务，每个选择实验任务均包括两个选择方案与一个"不选项"（即前述两个选择方案都不选）。参与者被要求从每个选择实验任务中选择自己最偏好的政策组合。表 2 给出了选择实验中使用的 27 个相互独立的选择实验任务之一的样例。

表 2　选择实验任务样例

属性	方案 A	方案 B	方案 C
技术支持	无	无	
环保宣传	有	无	
农业保险	有	无	两个方案都不选
生物农药补贴	无补贴	10 元/亩	
农药使用量变化率	下降 5%	下降 15%	
您的选择（画"√"）	①	②	③

（二） 变量选择

基于学界相关研究成果[23][24][25]与本文研究主题，将农户激励政策偏好的影响因素划分为激励政策属性变量和农户特征变量。激励政策属性变量包括技术支持（*TECH*）、环保宣传（*ENVI*）、农业保险（*INSURANCE*）、生物农药补贴（*SUBSIDY*）以及作为政策属性结果变量的农药使用量变化率（*RATE*）。农户特征变量包括户主性别（*GENDER*）、年龄（*AGE*）、受教育程度（*EDUC*）、家庭人口数（*FAMILY*）、是否加入农业合作社（*COOP*）等。

（三） 数据来源

本文以粮食种植农户为调查对象，样本来自山东省 16 个地市。山东是全国农业大省，农业总产值长期居全国首位。2018 年粮食产量 5320 万吨，居全国第三位。山东省也是我国农药使用大省，山东省农药使用量连续多年高居全国首位，2017 年山东省农药使用量达到 14.1 万吨①，实现农药减施增效、推动农业绿色发展的任务尤其艰巨。

调查分两个阶段开展。第一阶段为焦点小组访谈阶段。2018 年 10 月至 11 月，本课题组采用典型抽样方法在山东省东中西部各选择 3 个地市，每个地市选择 10～15 位粮食种植农户，进行焦点小组访谈，了解当地的农药施用相关政策、农户的农药施用行为以及病虫害绿色防控技术应用现状等，为设计选择实验和调查问卷提供依据。

第二阶段为选择实验问卷调查阶段。在正式选择实验和问卷调查之前，在山东省日照市选择约 100 位粮食种植农户进行预调研，进一步完善实验方案和调查问卷。正式选择实验与问卷调查于 2019 年 2 月至 3 月实施，样本涵盖山东省 16 地市的 55 个乡镇。选择实验与问卷调查采取调查员与农户一对一当面访问的方式进行，以解决受访农民文化水平较低而导致的对实验方案和问卷可能产生的误解等问题。调查共发放问卷 1301 份（每个地市 60～100 份不等，根据地市设立区县数量确定样本数量），回收

---

① 国家统计局、中国环境保护部：《中国环境统计年鉴（2018）》，中国统计出版社，2018。

有效问卷 1045 份，有效回收率为 80.32%。

被调查农户的基本特征见表 3。

表 3　受访者基本特征变量描述性统计

特征描述	分类指标	人数	比例（%）
性别	男	722	69.09
	女	323	30.91
年龄	20~30 岁	14	1.34
	31~40 岁	102	9.76
	41~50 岁	360	34.45
	51~60 岁	362	35.64
	61~70 岁	181	17.32
	70 岁以上	26	2.49
受教育程度	小学及以下	414	39.62
	初中	493	47.18
	高中或中专	128	12.25
	大专及以上	10	0.96
家庭人口数	1~2 人	83	7.94
	3~4 人	513	49.09
	5~6 人	365	34.93
	7~8 人	63	6.03
	9 人及以上	21	2.01
是否加入农业合作社	是	237	22.68
	否	808	77.32

四　结果与讨论

（一）混合 Logit 模型估计结果

运用 NLOGIT5.0 软件对式（2）进行估计的结果见表 4。其中，模型一仅包含激励政策属性变量，模型二增加了激励政策属性变量两两之间的交互项，模型三增加了农户特征变量与替代特定常数项（ASC）以及与激励政策属性变量之间的交互项。模型一、二、三分别进行了适度拟合（$Pseudo-R^2 = 0.095$），结果表明，三个模型的激励政策属性变量均具有显著的效用系数，且系数符号符合预期，表明农户对激励政策的偏好存在异质性。

1. 激励政策属性变量

表4所示的估计结果表明，技术支持（TECH）的系数显著为正，表明提供技术支持可以有效提高农户政策组合偏好的效用水平，即提供技术支持能够引起农药使用量的显著变化，促使农户降低农药使用率，这与Gao等[26]关于技术支持会提高病虫害绿色防控技术应用的研究结论吻合。环保宣传（ENVI）、农业保险（INSURANCE）和生物农药补贴（SUBSIDY）属性系数均显著为正，说明环保宣传、提供农业保险和生物农药补贴能够显著提高农户的效用水平，会引起农药使用量的显著变化，有助于促使农户降低农药的使用量。农药使用量变化率系数显著且为正，表明农户农药使用量变化率与农户效用正相关，农户仍然普遍偏好使用较多的农药[27]。这可能与农户个人因素和施用习惯等原因有关，农药价格相对较低且见效快，加之农户多年耕作形成的施用农药经验很难摒弃，因此农户对减少农药使用量仍顾虑重重。此外，在三个模型中，替代特定常数项（ASC）系数均显著且为负，表明参与者普遍具有脱离现状的倾向[26]，即农户普遍愿意在相关激励政策下做出改变（减量施用农药）以获得更高的效用水平。

2. 激励政策属性变量之间的交互效应

农业保险（INSURANCE）与生物农药补贴（SUBSIDY）之间的交互项系数均显著为正，表明两种变量之间呈现互补关系。可能的原因在于：农业保险能够在一定程度上帮助农户规避粮食生产中存在的风险，更愿意接受生物农药补贴的农户往往会因为使用生物农药而对病虫害风险更为担忧，从而更倾向于选择农业保险；同样地，购买农业保险的农户，其对未来粮食生产过程中发生的风险具有更强承受能力，就会更敢于尝试使用生物农药，故更希望能够获得更多的生物农药补贴。环保宣传（ENVI）与农业保险（INSURANCE）之间的交互项系数显著为正，表明两种变量之间存在互补关系。环保宣传能够促进农户意识到农业环境问题及农药滥用造成的危害，对这些危害的担忧也使得他们更认可农业保险激励政策；同样地，那些偏好农业保险的农户，更多属于风险厌恶型，就更担心环境恶化带来的风险从而容易受到环保宣传政策的影响。技术支持（TECH）与环保宣传（ENVI）之间的交互项显著为负，说明两种政策属性变量之间呈现替代关系。对于农户来说，能够接受正规的技术培训掌握正确的施药方法远比单纯接受环保宣传更具吸引力，而且农户在接受技术培训的过程中也能相应提高他们的环保意识，因此对于技术支持（TECH）和环保宣传（ENVI），农户更倾向于选择技术支持（TECH），拒绝环保宣传（ENVI）。

3. 农户特征变量与替代特定常数项以及激励政策属性变量间的交互影响

在表 4 所示的引入农户特征变量的模型三估计结果表明，ASC 与农户受教育程度（EDUC）之间的交叉项系数为正且在 5% 统计水平上显著，这说明，受教育程度越高的农户，越偏好农药减量施用激励政策，越愿意在政策激励下减少农药使用量。受教育程度越高的农户，越容易意识到农药过量施用所带来的危害，且更愿意接受新技术以及生物农药、农业保险等新事物，对技术支持等各种激励政策就更偏好。ASC 与家庭人口数（FAM-ILY）的交互作用显著且系数为负值，说明家庭人口数越多的农户在相关政策激励下农药使用量的变化越小。其原因可能在于，家庭人口数多的家庭，由于外出务工人员多等因素，种粮收入占总收入的比重反而较低，对相关激励政策的反应不敏感。表 4 中模型三所示的估计结果还表明，农户年龄（AGE）与生物农药补贴属性变量（SUBSIDY）的交互项系数显著为正，说明年龄越大的农户越偏好生物农药补贴政策。农药价格是影响农户选择的重要因素，农户年龄越大对于价格往往越敏感，生物农药价格昂贵，严重制约了农户对生物农药的选择，而为生物农药提供越高的补贴，农户越愿意接受激励政策购买使用生物农药。技术支持（TECH）与农户是否加入农业合作社（COOP）交互项系数为负且在 1% 统计水平上显著，表明与加入合作社的农户相比，没有加入农业合作社的农户对技术支持政策更加偏好，即参加农业合作社的农户对技术支持政策偏好效用水平相对较低，原因可能在于参加农业合作社的农户已经能从农业合作社中获得一定的技术支持，从而对技术支持激励政策的偏好降低。

表 4　混合 Logit 模型估计结果

变量	模型一		模型二		模型三	
	系数	标准误	系数	标准误	系数	标准差
ASC	− 0.4193 **	0.1681	− 5.6774 ***	2.2024	− 0.6308 **	0.2478
TECH	0.2790 ***	0.0491	4.6724 **	1.9926	0.1877	0.2534
ENVI	0.1008 ***	0.0389	1.428	1.2128	0.1663 ***	0.0536
INSURANCE	0.3035 ***	0.0476	3.0164 **	1.4441	0.3314 ***	0.1254
SUBSIDY	0.1149 ***	0.0139	1.9327 ***	0.6136	0.0105	0.0657
RATE	1.3539 **	0.6064	38.0151 **	15.9327	0.7153	0.8631
TECH × ENVI	—	—	− 1.7222 *	0.9499	—	—
TECH × INSURANCE	—	—	0.4323	0.7730	—	—
TECH × SUBSIDY	—	—	− 0.0156	0.2157	—	—
ENVI × INSURANCE	—	—	1.4372 *	0.8729	—	—
ENVI × SUBSIDY	—	—	0.1132	0.1914	—	—
INSURANCE × SUBSIDY	—	—	0.5610 **	0.2501	—	—
ASC × EDUC	—	—	—	—	0.2184 **	0.1052
ASC × FAMILY	—	—	—	—	− 0.0902 **	0.0460
AGE × SUBSIDY	—	—	—	—	0.0027 **	0.0011
COOP × TECH	—	—	—	—	− 0.5440 ***	0.1424
Log likelihood	− 3295.8369		− 3091.1168		− 3089.7338	
McFadden Pseudo − R^2	0.0952		0.1014		0.1018	

注：*、**、***分别表示在10%、5%、1%水平上显著；限于篇幅，在模型三中，替代特定常数项（ASC）与农户特征变量之间的交互项系数以及激励政策属性变量与农户特征变量之间的交叉系数仅列出统计显著的数值。

（二）农药减量施用激励政策属性的农户偏好

根据表4所示的估计结果，运用式（7）可以分别计算出农户对农药减量施用激励政策的偏好，反映了农户在不同激励政策下的农药使用量变化率，计算结果如表5所示。表5所示的计算结果表明，农户对四种激励政策属性的偏好均为正值且在1%统计水平上显著，说明四种激励政策对于减少农户农药使用量都具有显著效果。虽然根据模型一、二、三对各种政策属性计算得出的农户偏好不同，但大小排序基本一致。其中，农户对农业保险政策属性最为偏好，其次是技术支持。这说明，农户仍然非常担忧农药减量施用可能无法有效防控病虫害从而给粮食生产带来较大影响，农业保险可以帮助农户规避风险，在四种激励政策属性中最为农户所偏好。农户对技术支持属性的偏好仅次于农业保险属性，也从侧面反映出当前我国农户科学施用农药的知识匮乏是农药过量施用乃至滥用的重要原因。这表明，提供技术支持能够很好地激励农户农药的减量施用。表 5 表明，虽然农户对生物农药补贴和环保宣传的偏好根据模型一、二、三计算出的结果大小排序略有变化，但两者较为接近，且远低于农户农业保险和技术支持属性的偏好，说明这两种政策的激励效果远低于农业保险和技术支持。与病虫害所带来的风险相比，生物农药补贴给农户带来的经济刺激难以起到很好的激励效果。对绝大多数农户而言，对经济利益的追求仍然是第一位的，可能远远高于其对生态环境的担忧。因此，农户对环保宣传属性的偏好相对较低。

表 5 不同激励政策属性下农药使用变化率

政策属性	模型一	模型二	模型三
TECH	0.3699 *** （0.0751）	0.1986 *** （0.1001）	0.2652 *** （0.0303）
ENVI	0.1289 *** （0.0496）	0.0289 *** （0.0807）	0.0553 *** （0.0241）
INSURANCE	0.4320 *** （0.0749）	0.2849 *** （0.0932）	0.1887 *** （0.0262）
SUBSIDY	0.1491 *** （0.0232）	0.1430 *** （0.0203）	0.0038 *** （0.0283）

注：*、**、*** 分别表示在 10%、5%、1% 水平上显著。括号内为相应的标准差。

（三）潜类别模型的估计结果

进一步地，根据式（4），本文采用潜类别模型对不同群体的农户偏好异质性进行分析。通常情况下，利用赤池信息准则（AIC）和贝叶斯信息准则（BIC）来衡量潜类别模型的拟合效果，当样本数量过多时，BIC 可以有效防止模型过度拟合[28]。根据表 6 所示的潜类别模型适度指标，类别数为 −3 时，BIC 值最小，因此本文选择 3 作为潜类别模型的类别数。潜类别模型估计结果见表 7。

表 6　多分类潜类别模型适度指标

指标	类别 - 2	类别 - 3	类别 - 4
Log likelihood	- 3100. 91139	- 3053. 65900	- 3042. 49445
Number	13	20	27
McFadden Pseudo R²	0. 0985081	0. 1122452	0. 1154910
AIC	6227. 8	6147. 3	6139. 0
BIC	6261. 2	6207. 2	6228. 0

　　根据表 7 数据，根据偏好异质性，农户可分为政策敏感型、补贴偏好型和安于现状型三个类别，分别占样本总数的 36.5%、38.5% 和 25%。第一类别为"政策敏感型"，技术支持、环保宣传和农业保险三个政策属性变量的估计系数相对较大且均显著为正，表明这类农户对农药施用技术的需求更为强烈，并且偏好于农业保险，他们更看重激励政策能否提供专业、有效的生产技术以及提供规避风险的保证。同时，这类农户也更易于接受环保宣传等培育理念。第二类别为"补贴偏好型"，该类别生物农药补贴政策属性变量的估计系数为正，且在 1% 的统计水平上显著，而其他政策属性变量的估计系数或者不显著或者显著为负，表明这类农户相对更为偏好生物农药补贴政策，这类农户可能对农药等投入品的价格比较敏感，提供补贴会显著提高他们对生物农药的采用。第三类别为"安于现状型"，该类别 ASC 系数显著为正，且激励政策属性变量的系数虽然显著为正但相对较小，表明这类农户倾向保持现状，拒绝做出改变，对激励政策反应不敏感甚至排斥。

表 7　潜类别模型估计结果

变量	类别 1		类别 2		类别 3	
	政策敏感型		补贴偏好型		安于现状型	
	系数	标准误	系数	标准误	系数	标准误
ASC	- 21. 756 *	11. 589	- 4. 308 ***	1. 295	2. 876 ***	. 523
TECH	10. 935 *	6. 173	. 1205	. 1590	- . 395 **	. 165
ENVI	8. 456 **	4. 238	- 1. 951 ***	. 467	. 885 ***	. 185
INSURANCE	20. 367 *	10. 960	- 3. 089 ***	. 773	. 470 ***	. 163
SUBSIDY	. 49199 *	. 29542	. 623 ***	. 161	. 273 ***	. 049

变量	类别 1		类别 2		类别 3	
	政策敏感型		补贴偏好型		安于现状型	
	系数	标准误	系数	标准误	系数	标准误
RATE	130.196 *	73.257	− 26.568 ***	6.462	5.568 **	2.179
占比	36.5%		38.5%		25.0%	
Log likelihood	− 3053.659		McFadden Pseudo R²		0.112	

注：*、**、*** 分别表示在 10%、5%、1% 水平上显著。

五　主要结论与政策建议

本文采用选择实验方法，选取山东省 16 地市 1045 名粮食种植户实施选择实验调研，进而运用混合 Logit 模型和潜类别模型研究了农药减量施用激励政策的农户偏好及其异质性，得出如下主要结论：（1）在相关政策激励下，农户普遍愿意减少农药施用，尤其是农业保险和技术支持政策对引导农户减少农药使用量具有显著成效，而生物农药补贴和环保宣传政策的效果相对较弱。（2）生物农药补贴政策和环保宣传政策均与农药保险政策存在互补关系；而技术支持政策与环保宣传政策之间存在替代关系。（3）受教育程度越高、家庭规模越小的农户，激励政策的效果越明显；年龄越大的农户越偏好生物农药补贴政策，而加入农业合作社的农户对技术支持政策的偏好要低于未加入合作社的农户。（4）农户对相关政策的偏好存在异性，农户可分为"政策敏感型"、"补贴偏好型"和"安于现状型"。

基于上述结论，本文提出如下建议：（1）政府应进一步扩大农业保险覆盖面，加强农药施用的技术培训与推广，并适当调整生物农药补贴和环境保护宣传政策的实施方式与范围，以提高政策激励效果。（2）农药减量施用激励政策的制定与实施，要考虑不同政策之间的交互影响，通过不同激励政策的优化组合，政策效果可以产生放大效应。（3）激励政策的制定与实施，要立足农户偏好异质性，根据农户群体性偏好差异有针对性地实施相应的政策激励。

参考文献

［1］ Balog, A., Hartel, T., Loxdale, H., Wilson, K., "Differences in the Progress of the Biopesticide Revolution between the EU and Other Major Crop-growing Regions," *Pest Management Science*, 2017, 73 (11).

［2］ Glenk, K., Hall, C., Liebe, U., Meyerhoff, J., "Preferences of Scotch Malt Whisky Consumers for Changes in Pesticide Use and Origin of Barley," *Food Policy*, 2012, 37 (6).

［3］ 黄祖辉、钟颖琦、王晓莉：《不同政策对农户农药施用行为的影响》，《中国人口·资源与环境》2016 年第 8 期。

［4］ Zhang, L., Li, X., Yu, J., Yao, X., "Toward Cleaner Production: What Drives Farmers to Adopt Eco-friendly Agricultural Production," *Journal of Cleaner Production*, 2018, 184.

［5］ 《农业部关于打好农业面源污染防治攻坚战的实施意见》，2015 年 4 月 13 日，http://jiuban. moa. gov. cn/zwllm/zcfg/qnhnzc/201504/t20150413_4524372. htm.

［6］ 孙款款、高露梅、刘龙超、王小雨、殷姝惠：《农户减少施用农药的影响因素研究》，《农村经济与科技》2019 年第 13 期。

［7］ 杨欣、胡继连：《粮食作物农药施用减量管理调查研究》，《山东农业大学学报》（社会科学版）2019 年第 1 期。

［8］ 郭利京、王颖：《我国水稻生产中农药过量施用研究：基于社会和私人利益最大化的视角》，《生态与农村环境学报》2018 年第 5 期。

［9］ 郭明程、王晓军、苍涛、杨峻：《我国生物源农药发展现状及对策建议》，《中国生物防治学报》，https://doi. org/10. 16409/j. cnki. 2095 － 039x. 2019. 05. 027。

［10］ 赵二毛：《农业生产者农药施用行为选择与农产品安全》，《中国农业文摘 － 农业工程》2019 年第 3 期。

［11］ 李想、陈宏伟：《农户技术选择的激励政策研究——基于选择实验的方法》，《经济问题》2018 年第 3 期。

［12］ 张驰、吕开宇、程晓宇：《农业保险会影响农户农药施用吗？——来自 4 省粮农的生产证据》，《中国农业大学学报》2019 年第 6 期。

［13］ Zhang, C., Hu, R., Shi, G., Jin, Y., Robson, M., Huang, X., "Overuse or Underuse? An Observation of Pesticide Use in China," *Science of the Total Environ-*

ment，2015，538：1 – 6.

[14] Wang, W., Jin, J., He, R., Gong, H., Tian, Y., "Farmers' Willingness to Pay for Health Risk Reductions of Pesticide Use in China: A Contingent Valuation Study," *International Journal of Environmental Research and Public Health*, 2018, 15 (4).

[15] 胡迪、杨向阳、王舒娟：《大豆目标价格补贴政策对农户生产行为的影响》，《农业技术经济》2019 年第 3 期。

[16] Lancaster, K., "A New approach to consumer theory," *Journal of Political Economy*, 1966, 74 (2): 132 – 157.

[17] 王文智、武拉平：《选择实验理论及其在食品需求研究中的应用：文献综述》，《技术经济》2014 年第 1 期。

[18] 闵继胜、孔祥智：《我国农业面源污染问题的研究进展》，《华中农业大学学报》（社会科学版）2016 年第 2 期。

[19] 中央人民政府网站：《农业保险条例》，2012 年 11 月 16 日，http://www. gov. cn/ zwgk/2012 – 11/16/content_2268392. htm。

[20]《关于加快农业保险高质量发展的指导意见》，2019 年 11 月 11 日，http://jrs. mof. gov. cn/zhengwuxinxi/zhengcefabu/201910/t20191012_3400537. html。

[21]《山东省到 2020 年农药使用量零增长行动方案》，2015 年 8 月 4 日，http:// www. sdny. gov. cn/zwgk/tfwj/zbz/201508/t20150804_661459. html。

[22] Greg M. Allenby, Peter E. Rossi, "Marketing Models of Consumer Heterogeneity," *Journal of Econometrics*, 1998, 89 (1).

[23] Yin, S., Hu, W., Chen, Y., Han, F., Wang, Y., Chen, M., "Chinese Consumer Preferences for Fresh Produce: Interaction between Food Safety Labels and Brands," *Agribusiness*, 2019, 35 (1).

[24] Haile, K., Tirivayi, N., Tesfaye, W., "Farmers' Willingness to Accept Payments for Ecosystem Services on Agricultural Land: The Case of Climate-smart Agroforestry in Ethiopia," *Ecosystem Services*, 2019, 39.

[25] Kanchanaroek, Y., Aslam, U., "Policy Schemes for the Transition to Sustainable Agriculture—Farmer Preferences and Spatial Heterogeneity in Northern Thailand," *Land Use Policy*, 2018, 78.

[26] Gao, Y., Zhang, X., Lu, J., Wu, L., Yin, S., "Adoption Behavior of Green Control Techniques by Family Farms in China: Evidence from 676 Family Farms in Huang-huai-hai Plain," *Crop Protection*, 2017, 99.

[27] Sharifzadeh, M., Abdollahzadeh, G., Damalas, C., Rezaei, R., Ahmadyousefi,

M.，"Determinants of Pesticide Safety Behavior among Iranian Rice Farmers," *The Science of the Total Environment*，2019，651（Pt 2）.

［28］尹世久、吕珊珊、吴林海：《基于偏好异质性的家庭农场扶持政策研究——黄淮海平原 570 个粮食类农场的实证分析》，《华中农业大学学报》（社会科学版）2018 年第 5 期。

"互联网+"背景下农产品产业
组织模式转型研究[*]

于仁竹[**]

摘　要："互联网+"概念的提出促进了市场环境变革，农产品的消费需求、质量安全信息传播方式以及市场竞争模式发生了改变，引发了农产品价值供应链的重构。以模块化、社群为基础的新型农产品产业组织模式在网络时代展现出较传统模式更强的生命力。当然，农产品产业组织模式的转型升级也面临着诸如适应风险、市场风险、监管风险等问题，在其发展过程中要注重政府作用发挥，并分阶段发展，设计科学合理的运行机制。

关键词："互联网+"　农产品　价值链重构　模块化　社群平台

一　问题的提出

2015 年政府工作报告中提出"互联网+"行动计划，"互联网+"的思想迅速在各个行业中传播应用，2019 年中央一号文件强调要深入推进"互联网+农业"。农产品由于其产品的特定属性，在农产品电子商务领域一直发展缓慢，虽然其市场潜量巨大，被称作互联网市场的最后一块蓝海，但当前其电子商务渗透率极低。随着社会整体消费环境的改变，尤其

---

　　* 本文是国家社会科学基金一般项目"高质量发展目标下新型农业经营主体的产业链协同机制研究"（项目编号：19BGL150）的阶段性成果。

　** 于仁竹，山东财经大学工商管理学院教授，硕士生导师，主要研究领域为农产食品产业组织、农产品质量安全管理。

是消费者群体对农产品质量安全的重视，网络环境对农产品的消费价值链条影响逐步加深。农产品产业的传统组织模式已经逐渐显现出对市场需求的不适应，新的农产品产业组织模式雏形亦出现在农产品市场中，并表现出较强的生命力。

关于农业（农产品）产业组织模式的研究，可追溯到"二战"时期英国牛奶销售商会对牛奶销售的管理与控制。[1]此后，国外对此的研究主要集中于农业产业链组织模式，提出"纵向协调"这种新的组织模式可以减少成本、降低风险、提高市场地位，[2]并将农产品产业链划分为农产品供应链和生鲜农产品供应链两种类型，[3]对供应链上各主体间的协作紧密程度、协作行为、组织效率等进行了研究，以及从消费者需求变化角度，强调如何通过纵向合作快速了解满足顾客需求。[4]交易成本、新制度经济学、博弈论等理论兴起后，被广泛用于解释农业产业纵向一体化的动机、纵向协调机制等，农业产业组织模式的纵向研究持续被学者关注，亦有少量学者也关注横向区域合作的研究。[5-7]

国内关于农业（农产品）产业组织模式的研究相对较晚，初始阶段主要是对于农业产业化的研究，对农业产业化的概念进行界定，并对农业产业组织模式进行理论解释。[8,9]随着农业产业化进程的推进，农业产业组织模式的相关研究也随之深化：一是对农业产业组织模式的概念与不同类型进行界定归纳，[10]并对不同模式下农户、农合社、龙头企业、超市等之间的合作关系，[11]不同产业组织模式优势与缺陷、动力机制、组织效率等进行较为系统的探讨。二是针对不同类型农产品的产业组织模式构成、选择及其运行效果进行研究，像猪肉产业、羊产业、梨产业、茶产业、中药材产业等，[12,13]或者针对特定地区的农业产业组织模式进行研究。

伴随"互联网＋"、数字化转型及信息产业的发展，互联网时代的农业产业组织模式研究逐渐得到关注。国外农业产业化组织化程度高，故相关研究多集中于农业产业信息化方面，关注计算机技术、自动控制技术、网络技术、数据技术等如何支持农业发展。[14]由于我国特殊的农业生产经营制度以及网络消费的快速发展，国内研究虽处于初始阶段，但相关研究较多，主要包括：一是从不同视角剖析产业组织模式以及农业产业链变革与创新的动力机制，指出现代农业产业链和商业模式的解构正在发生，

"互联网＋"作为新的生产力改变了农产品生产与消费方式，产业链共生、互利、共赢导向成为新的模式需求；[15]二是对"互联网＋"时代农业产业发展转型中人才、基础设施、农村物流等问题进行探索，指出信息技术虽然为农业转型提供了机遇与平台，但农村和农业自身还存在很多不足，致使信息带动作用难以发挥；[16]三是关注互联网背景下农业全产业链的融合及模式，对农产品的生产、流通、消费等环节实施全过程信息共享与追溯、构建信息化的产业服务体系、搭建电子商务平台等进行了探讨；四是对"互联网＋"背景下传统农业与网络的结合模式进行了总结，表明当前农村的"互联网＋农业"主要是以农业专业合作组织为载体结合电子商务平台搭建地方农产品网络销售渠道为主，用以拓展农产品销售范围。[17-19]

综上所述，已有文献的研究多侧重于互联网对农产品产业链各环节的影响及改进，对新型农产品产业组织模式创新机理的研究尚不够系统深入。"互联网＋"时代的重要特征就是消费价值驱动，且要以信息沟通为要素实现多主体协同合作，从此视角开展农业产业组织模式的研究还比较鲜见。因此，本文从顾客价值需求和农产品价值供应链视角，对"互联网＋"背景下新型的农产品产业组织模式进行探讨。

二　农产品产业组织模式转型的驱动因素：农产品价值链的重构

有效的农产品产业组织模式必须要适应市场环境的需求，提高农产品供应价值链的效率，满足消费者的消费偏好。目前，随着信息技术的发展，农产品的市场环境条件发生了显著变化，消费者的价值追求亦随之改变，新的竞争态势出现，农产品价值的传递方式发生了改变，这将对农产品产业组织模式产生重要的影响。

（一）外在驱动力：农产品市场竞争的新趋势

1. 消费价值需求的改变

多年以来，得益于农业技术和工业技术的快速发展，我国农产品产量不断提升，伴随着农产品供应数量上的满足，消费者衍生了对农产品供应新的价值需求。消费者对农产品数量的追求其目的是解决"吃饱"问题，当生活水平提高后自然就会衍生出"吃好"的需求。消费者对于农产品的价值选择逐步由单纯的数量追求向多元化追求转变，农产品价值需求不再是纯粹的有形产品，而是应该涵盖若干附加值的整体产品。这主要体现在三个方面。

（1）消费者对农产品多元化的需求。随着科学技术的发展，农产品的全年供应以及跨区域供应已基本实现，消费者对农产品种类需求逐步提升。农产品的多品类快捷供应成为当前农产品市场供应的基本需求。同时，消费者对农产品供应的需求也逐步显现出动态化趋势，小批量、多品类、应季需求等成为当前农产品消费的显著特征。当然，这也带来了农产品竞争强度的增加，对农产品经营者也提出了更高的要求。

（2）消费者对农产品质量安全的需求。农产品产量大幅度提高的代价是农业生态资源的过度开发使用以及商业利益刺激带来的农产品质量安全水平的下降。随着消费者认知水平与需求水平的提升，其对农产品质量安全越来越关注，能够为消费者提供安全农产品的、取得消费者信任的农产品经营组织更受青睐。

（3）消费者对农产品营养健康的需求。在农产品质量安全供应的基础上，消费者对农产品供应的要求进一步提升，不仅要安全，还产生了对农产品营养健康方面的要求。比如，现在市场上有很多颇受消费者青睐的富硒农产品、高钙农产品、健康油产品等。这反映出农产品消费价值的转变与升级，纯粹为解决温饱的农产品价值供应已经不足以满足消费者日益增长的需求，消费者对农产品的需求已经上升到对高品质生活的需求。与此对应，很多商家已经开始提供诸如营养顾问、健康配餐等附加服务来满足市场需求。

2. 质量安全信息传播机制的改变

农产品作为典型的可信任品，在市场交易中其质量安全信息通常处于不对称状态，这也是产生农产品质量安全问题的重要原因之一。传统上，农产品多通过各种认证标志或者各种政府公共机构传播与发布相关的质量安全信息。但由于农产品质量安全与消费者自身高度相关，所以消费者更倾向于通过可靠性较高的信息来源来获取农产品质量安全信息，即个人经验来源及公共信息来源。不过，对于农产品质量安全的公共信息来源，消费者更倾向于其报道的负面信息，而对证明信息则缺乏足够的关注度。在此情况下，消费者是单方接受或者获取农产品质量安全信息，是农产品质量安全信息的接受者。

互联网信息技术的普及，为农产品质量安全信息传递提供了新的工具与方式。从政府角度而言，借助信息技术，政府构建了快捷的农产品质量安全追溯系统，在标准化生产条件下，能够有效地监督农产品生产加工流通的各个环节。同时，农产品质量安全信息传播的更大变化在于消费者自身的变化。当前，消费者由原来单方的信息受众，变为农产品质量安全信息传播发散中的一个信息节点，通过网络在其社群内快速传播，能够发挥显著的推动作用。互联网的出现，极大地提高了消费者从个人信息来源获取信息的能力与效率。

农产品质量安全信息传播方式的改变，一方面，信息传播方式使消费者获取农产品质量安全信息更加方便，有助于提高消费者对农产品质量安全相关知识的认知。另一方面，便捷的信息获取与传播方式也导致了大量无效或虚假农产品质量安全信息的出现与散播，加上消费者的理性识别能力相对较低，容易成为这些虚假信息散播的助推者，这极大影响了农产品市场的交易秩序。为此，应构建新的农产品质量安全信息传播与反馈机制。

3. 市场竞争模式的改变

随着网络经济和交通运输业的发展，农产品的地域供应障碍被进一步打破，农产品的竞争范围进一步扩大，其竞争模式也不同于以往。其竞争模式的转变主要体现在以下几个方面。

（1）规模性竞争转变为范围性竞争。网络经济的出现改变了原有的区域范围内竞争关注大规模顾客群体或需求的状态。农产品市场同样如此，随着网络信息技术在农产品市场领域的深入，农产品销售除了原有的农贸市场、超市等区域规模化渠道外，很多销售者已经通过网络平台，在更大范围内吸引消费者，通过社群进行传播，辐射区域范围更广泛，其农产品品类也由只关注大量消费的产品，向多品种、小批量转变。农产品生产经营者所面临的竞争者已经不单纯是本地区的竞争者，其竞争范围可能扩散到全国各地，竞争的区域范围远超过往。

（2）价格性竞争转变为口碑性竞争。农产品通常被认为是同质化程度较高的产品，农产品市场交易中由于农产品质量安全信息的不对称，消费者对高质量农产品的价值认知较低，容易导致农产品的竞争多为价格竞争。互联网时代，信息共享程度高，农产品价格竞争手段效果较差。越来越多的农产品经营者注重品牌与口碑的塑造与宣传，尤其是农产品的网络经营中，一些地方特色农产品的网上销售更是如此，在消费者获得良好的消费体验的基础上通过社群传播逐步建立起口碑，然后形成良好的口碑传播，建立所谓的"病毒营销"模式。

（3）点对点式竞争转变为链条性竞争。随着农产品市场竞争激烈程度的增加，在竞争中单个组织依靠自身力量开展的点对点式的竞争已不足以让组织获取足够的竞争优势。越来越多的组织意识到要想获取足够的竞争优势必须联合上下游组织建立高效的供应链系统。尤其是现在农产品消费终端重视质量安全、需求多元化，农产品生产源头又容易碰到"卖难"，生产源头与需求终端之间往往存在信息沟通障碍、供需错位等问题，所以农产品供应链上、下游间的密切连接与配合是其获得市场竞争优势的重要途径。农产品的网络销售更是如此，销售者必须与其供货商、物流商乃至消费者之间建立稳定的关系，形成稳定的农产品价值供应链条，才能保证其竞争优势。

（二）内在驱动力：农产品价值链的重构

农产品价值链是指农产品价值的生产创造与传递的过程，即农产品生产创造价值并传递给消费者的全过程。随着农产品市场竞争的加剧，农产品买方市场已经形成，农产品价值链要以消费者的需求变化为导向进行设计，以满足消费者的价值需求。基于上述农产品竞争趋势的出现和消费者农产品价值追求的改变，农产品价值链要从产品价值设计、价值创造、价值传递做出相应的改变。

1. 农产品的价值选择与产品设计

消费者对农产品价值的追求已经不再是单纯的数量追求，质量安全成为新的核心价值追求。农产品价值链的价值选择要实时做出改变，由生产传递数量价值转变为供应以质量安全为核心的多元价值。

与之相应，作为价值载体的产品需重新设计。整体产品理论认为，产品分为核心产品、形式产品、附加产品。对于农产品而言，以数量价值为核心的时代，对农产品的形式产品、附加产品几乎不加以关注。当前，则其核心价值发生变化，一方面农产品的核心产品应由满足温饱转向满足营养健康；另一方面，要有效设计形式产品与附加产品。农产品的形式产品作为核心价值的载体与外在体现已是消费者追求价值的重要参照，即农产品的质量安全、营养品质、包装、品牌、价格等都需进行有效设计；农产品的搭配、食用方式、配送等都已成为消费者新的需求，也需要农产品供应者提供。

2. 农产品的价值创造与传递

消费者对农产品质量安全以及其他的价值需求对农产品价值的创造和传递产生了新的要求，这主要体现在农产品的生产加工与流通过程中，即农产品价值创造与传递过程。首先，农产品生产要改变过度追求产量的"化肥农业"，提高农产品生产的标准化、绿色化。这样，原有的分散化生产方式则难以适应要求，并对农产品生产者的综合素质有了更高的要求。其次，未加工的农产品或初加工的农产品难以形成强的竞争优势，加工企业要加强农产品深度开发，强化品牌与包装建设，深挖农产品的附加价值。再次，农产品流通要迎合消费者的渠道偏好，积极采用新技术、新手段进行农产品的销售和质量安全信息的传播，尤其对网络新渠道、新媒体的使用。最后，新的农产品价值创造与传递过程需要与之匹配的监督管理机制以保证其质量安全与效率。特别是对农产品的网络销售更要加强监管。借助互联网可以将外部的社会力量、媒体、一般公众都引入农产品的市场交易监管中，建立开放式的监管系统。

三　"互联网＋"背景下的农产品产业组织模式转型

鉴于消费者农产品选择价值的改变和农产品价值链的重构，传统的农产品市场组织模式无法高效地满足消费者的需求。伴随着互联网的快速发展，网络技术在各行业中的渗透以及物流、信息等农产品服务业水平的提升，一些新的农产品销售模式展现出较强的生命力，新的农产品产业组织模式逐步形成。

（一）农产品产业组织新模式的架构

1. 模块化产业组织模式

模块化作为一种有效地解决复杂系统问题的技术方法，已从一种单纯的经验方法推进到理论层次，并在制造业和服务业中运用。模块化组织依靠"背靠背"竞争、通用标准化界面等，加强了产业内部的竞争，提高了产品满足消费者的柔性与灵活性。农产品作为一种特殊的产品，兼具制造产品和服务产品的一些特征，既具备实体又属于经验品或可信任品，实现向市场供应符合消费者多元化需求的产品是农产品价值供应链的共同目标。基于此，农产品价值供应链可以看作一个半自律的系统，即农产品产业可以根据其价值链或供应链进行分解，采用模块化组织的方式动态灵活地向市场供应合格的产品，如图1所示。

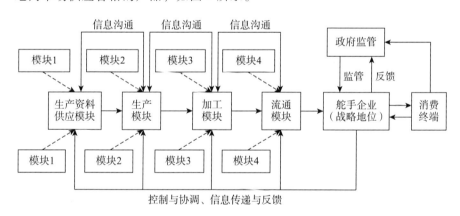

图1 模块化产业组织模式结构示意

农产品产业模块化组织模式以农产品价值供应链各环节为基础分解为生产资料供应、生产、加工、流通等不同模块。其中，任何一个模块都可能发展成为整个价值供应链中的舵手企业，引领整个模块化组织的发展，但通常加工、流通模块更容易成为舵手企业，引导整个模块化组织的发展。模块化组织中舵手企业负责掌握消费终端市场对农产品需求的变动趋势，协调制定各个模块需要达到的标准，决定模块化组织的发展方向，每个功能模块组织则按照标准进行农产品的生产、加工、流通等。同时，每个能够达到标准的组织都有可能进入该价值供应链中替代在位的功能模块组织，前提是提供更优的产品或以更低的成本提供，从而使整个模块化组织处于不断的创新中。

在互联网时代，企业面临的市场范围大，消费者需求的多样化程度高，因此流通型企业往往容易成为模块化组织的舵手企业。流通型企业掌握消费市场趋势，塑造市场口碑，由其进行相关农产品的生产加工者筛选，建立符合消费需求的价值供应链系统。比如，近年来"三只松鼠""百草味"等零食网络销售品牌，其基本的组织模式都类似于此。

2. 社群型组织模式

伴随着互联网的产生，信息时代的社群随之而来，大量消费者基于共同的利益诉求或兴趣爱好，聚集于某个平台，进行信息、物质、情感等方面的交流。随着社群的发展，其经济性目的、组织化程度越来越高，以社群为依托的销售逐渐成为一种新的商业组织模式。

农产品作为后来者也逐渐应用互联网技术开始网上销售，但由于农产品具有易腐烂、消费即时性等特点，在很长一段时间内，农产品的网络销售都受到较大的制约。同时，随着消费者对农产品质量安全越来越关注，以及诸多农产品质量安全问题的发生，农产品消费信任成为农产品市场面临的重要问题，也是农产品网上销售的重要制约因素。有学者研究表明，生鲜电商的渗透率不足 1%，其中 56% 的消费者明确表示放弃网购生鲜农产品的主要原因是顾虑农产品的安全问题；消费者信任缺失严重制约了生鲜电商的发展。[20]网络时代的社群作为消费者获取信息与口碑的有效个人渠道和经验渠道，成为农产品市场交易中解决消费信任的有效方法之一。通过社群平台，消费者可以从其他消费者处获得相关的消费经验以及产品质量与安全的相关信息，以此解决后顾之忧，再加上冷链物流的发展，通过社群模式销售农产品成为一种新的农产品产业组织模式。

以模块化产业组织模式为基础，以现代网络社群平台为核心，形成不同的消费者社群，根据不同消费者社群的需求，进行农产品信息的传播与价值供应，并借助线上的口碑宣传实现群体行为的引导，从而建立较为忠诚的、稳定的消费关系。信息时代的农产品产业组织模式可能有以下几种结构（如图 2 所示）。

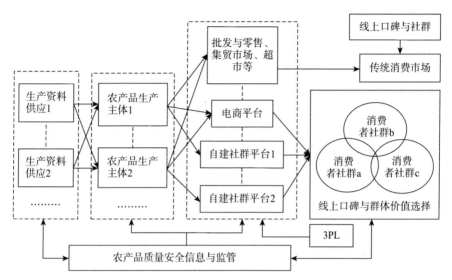

说明：1、2、……代表背靠背竞争关系；虚线代表竞争关系；a、b、c、……代表相互影响

图 2 信息时代的农产品产业组织模式示意

（1）面向传统消费市场的实体渠道模式。针对传统的消费市场，批发市场、集贸市场、超市等传统的渠道依然发挥了重要的作用。但借助现代信息技术，同样建立消费者社群进行线上口碑宣传，改变传统的农产品质量安全信息传播方式，引导消费者对农产品价值的认知。在此种模式中，农产品生产主体、渠道组织都有可能占据战略地位，引导整个农产品价值供应链。

（2）以电商平台为渠道的产业组织模式。信息时代，第三方的电商平台发展迅速，规模大的平台化组织拥有庞大的客户群，具有较强的市场竞争力，在农产品价值供应链中处于战略地位。电商平台通过自身的市场品牌宣传，拥有忠诚度较高的不同类别的客户群，在不同的客户群内传播具有针对性的农产品信息，引导消费者对具有特定质量与安全水平的农产品价值产生正确的价值认知，从而建立满足消费者需求的农产品价值供应链。此模式中，平台化组织通过搜寻合格的农产品供应商，筛选符合消费者多元化需求的农产品。同时，由于平台化组织的要求相对较高，农产品生产主体通常以龙头企业、家庭农场、生产大户为主，即其模式构成可能为新型农业经营主体（龙头业、家庭农场、生产大户、专业合作组织）＋平台化组织＋消费者社群、分散农户＋专业合作组织或龙头企业＋平台化组织＋消费者社群，并且，不同的电商平台之间、不同的农产品生产主体之间存在"背靠背"竞争关系。

（3）以自建社群平台组织为渠道的产业组织模式。随着 QQ、微信、自媒体等新媒体工具的兴起与深度发展，大量的网络社群逐渐体现出其商业价值。很多农产品龙头企业及生产者自行建立招募代理，组建多个网络消费社群，通过新媒体手段向其传递自身的品牌信息，了解消费者群体的特定需求，为其提供定制化的农产品，从而达到供应与需求之间的匹配，实现农产品供给结构符合市场的需求。在此模式中，农产品供应者可以借助现代化的信息技术与工具，实时传递与农产品相关的质量安全信息或其他消费者想要了解的信息，将农产品的生产加工流通过程透明化，实现农产品质量安全的"全程数字化"管理，提高了消费者对农产品质量安全信息的了解程度，能够增强消费者的信任与消费信心。同时，很多规模较大、实力雄厚的农产品生产主体还可能建立线下实体场所，为消费者提供产品展示、咨询与服务等，或者为消费社群提供线下交流与活动的场所，增强消费者的参与度与黏性，实现线上与线下之间的互补融合即所谓的 O2O（Online to Offline）模式。

与通过第三方电商平台组建的模式不同，由农产品生产主体自建的消费社群，往往具备一定的独占性，其"背靠背"竞争相对较弱，但由于消费者具有较高的自由度，可以参加多个社群，且地域范围广泛，所以从终端消费者角度而言农产品生产主体之间的竞争同样激烈。此外，由于农产品市场进入障碍低，网络社群建立成本也不高，农产品网络市场中存在大量的小规模由个人建立的农产品消费社群，这些社群通常以建立者个人及社群成员的社会人际关系为基础，其消费信任程度较高，在一定程度上缓解了农产品质量安全信息不对称带来的网上消费不信任问题，有助于质量安全背景下农产品的网上销售。但由于这些社群规模小、规范性差，容易成为农产品质量安全监管的盲区，不利于农产品质量安全整体水平的提升。

（二）农产品产业组织新模式的特点

农产品产业组织新模式在互联网背景下产生发展，与以传统农产品销售渠道为主的产业组织模式相比，具有新的特点，更适应当前农产品消费市场的需求，更符合互联网时代快速、信息化的要求。

1. 以需求为导向的综合动态调整

信息时代范围经济的发展，消费终端群体的引导作用和价值进一步提升，传统上以渠道推动市场需求的方式效率逐渐下降，渠道的扁平化趋势明显。上述两类农产品产业组织新模式，由于其能够直接掌握消费终端市场需求的变化，所以可以及时根据市场反应做出调整，对产品的种类、产品价格、产品包装、促销方式、付款方式等做出适时调整，这些调整通常会涉及整个产品价值供应链。

2. 以快速供应为目标的柔性生产

能够快速满足消费者需求决定了价值供应链的竞争优势。新的产业组织模式根据市场需求和标准快速组织价值供应链各节点组织，将符合要求的产品供应者纳入链条中。此外，新模式追求的不是纯粹的规模效益，而是强调对消费者个性化需求的满足，这决定了其产品的生产供应多以小批量、多种类为特点，其市场反应速度较快，能够比传统渠道更快地对消费者偏好的改变做出反应，从而抢占市场机会，获得竞争优势。

3. 以构建信任为准则的社群传播

农产品质量安全问题一直是消费者关注的焦点。由于农产品经验品的市场属性，农产品交易中的信息不对称容易导致质量安全问题，多年来消费者对农产品行业传统的销售渠道信任程度较低。新的产业组织模式借助网络社群，以熟人关系为依托，建立了农产品质量安全信息的口传渠道。通过社群传播和消费者体验后的口头传播，在一定程度上将农产品质量安全信息进行了有效传递，契合了农产品经验品的市场属性特征，从而提升了消费者对某组织或某渠道所供应农产品质量安全的信任程度，满足了消费者追求农产品质量安全的诉求。同时，农产品供应组织为持续获得消费者的忠诚，通常也会严格遵守标准，保证所供应农产品的质量与安全。

（三）农产品产业组织模式转型的风险

农产品新型产业组织模式比传统模式显示出更强的市场适应性，但由传统模式转向新模式过程中，不是简单的模式转变，还涉及新竞争规则、协作模式、资源与利益分配等的变化，这将给产业组织模式转型带来新的战略风险。如何识别并有效控制转型的高战略风险，是关系到农产品产业组织模式能否顺利实现互联网转型的重要影响因素。其面临的风险可能包括如下几种（见图 3）。

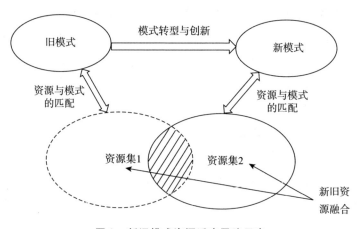

图 3 新旧模式资源适应风险示意

1. 适应风险

虽然农产品由于其生物属性，其生产和销售有着固有规律，但在新的产业组织模式和新的环境中，原有资源的适用性可能会存在问题。比如，新顾客获取与原有顾客流失、新供应商资源的获取与原有不合适供应商合作终止等资源的获取与抛弃风险，以及原有资源与新资源之间的融合风险。

2. 市场风险

新的产业模式是互联网时代的产物，它面临更大的市场范围，农产品生产经营者可能面临更大的市场风险。首先，竞争会更加激烈。由于市场范围的扩大，顾客需求的层次性、多样性更多，满足顾客需求的难度有所提升。同时，顾客的忠诚度下降，顾客品牌选择余地增加，农产品生产经营者吸引和维系顾客的难度增加，竞争的激烈程度增加。其次，经营管理方面存在风险。新产业模式中的顾客获取、渠道管理、沟通与促销等与传统不同，而且还涉及保鲜、物流等，因此需要比传统模式更高的组织协调能力、资源整合能力、信息收集分析传播能力等，这容易导致部分农产品生产经营者由于缺乏足够的经营管理能力而失败。再者，市场认可风险。新模式的渠道在目前还不是农产品的主流销售渠道，尤其是中国市场农产品销售渠道多样化，多数顾客依然倾向于传统的超市、农贸市场等渠道，对于网络销售渠道还存在不熟悉和不认可的情况，这给新模式带来了风险。最后，战略性关键要素的获取存在风险。模式的改变带来了战略性关键要素的变化，农产品生产经营者获取新模式经营的一些战略性关键要素存在较高的风险。比如，新模式顺利运行需要信息技术、社群传播、UI 设计、售前售后客服等多种人才的支持，但很多农产品经营者自己可能不具备此方面的能力或者难以获取合格的人才。

3. 监管风险

新模式中农产品的价值传递方式发生了改变，原有的农产品质量安全监管的模式存在不适应的方面。市场的分散化与社群化给监管带来了新的障碍，部分新销售渠道脱离了原有的监管系统。同时，互联网中存在的一般化风险也会存在，像个人信息泄露、支付安全风险等数字领域的安全风险同样会影响农产品新型产业组织模式的有效性。

四　结论与建议

产业组织模式的转型与创新要与外部环境条件相匹配，并且最终要满足顾客价值需求。农产品新型产业组织模式更符合网络信息时代的市场，表现出更强的适应性和竞争力。但同时，农产品新型产业组织模式尚处于初始发展阶段，还存在很多不完善之处，需要加以正确引导和扶持。

（一）注重政府作用的合理发挥

产业组织模式的转型与创新是产业制度创新与安排，与产业结构和产业政策密切相关，离不开政府力量的推动与扶持。新模式下良好竞争秩序的建立、新监管机制的构建、基础设施的投入、配套社会服务体系的建立等都需要政府积极发挥主导推动作用。对此，一方面，政府要积极发挥提供公共服务的基础性作用，努力为农产品产业组织模式转型与创新构建匹配的社会性服务体系。像农村网络与信息化建设、新型农民的培养、农村交通水利建设等都不是个体或单个组织能够完成的，这势必需要政府的公共财政投入。另一方面，政府要加强宏观政策的制定与制度环境的创造。通过制定科学合理的产业制度与政策，引导农产品产业组织模式创新转型的顺利发展。同时，在此过程中还应避免政府直接干预或过度干预微观主体的市场行为。政府还要制定有效的金融、财政、法律、监管等制度政策规范市场主体的行为，以保证市场竞争有序，农产品新产业组织模式能够稳定运行，产生较好的效益。

（二）分阶段科学发展

新产业组织模式通常需要经历产生、完善、成熟等阶段，才能真正实现其效果，然后在内外部环境的驱动下再次产生转型升级或创新。当前，农产品新型产业组织模式尚处于产生的初级阶段，内外部良好的经济、政策、制度等环境尚未完全形成，合理的运行机制尚未完全建立，模式运行中可能会存在很多问题或不足。因此，此阶段创造良好的环境基础是农产品新型产业组织模式发展的首要任务。随着运行环境与运行机制的不断完善，新模式进入中级阶段，模式内各主体将实现有序竞争，新模式的优势将不断展现出应有的作用和效果，因此该阶段中应不断推动各主体间的协同合作，提升产业竞争力。当进入模式的成熟高级阶段，则应推动农产品行业与其他行业的跨行业融合，构建农产品的产业价值网络体系，实现产业升级。农产品新型产业组织模式发展阶段示意见图 4。

（三）设计完善合理的运行机制

农产品产业组织模式转型与创新效果的实现最终需要依靠有效的运行机制。在不同的阶段要构建设计不同的运行机制以适应内外部环境的要求，尤其是要符合顾客的价值需求。运行机制主要包括以下几个方面。

（1）信息传导机制。"互联网 +"背景下可借助信息技术的力量，搭

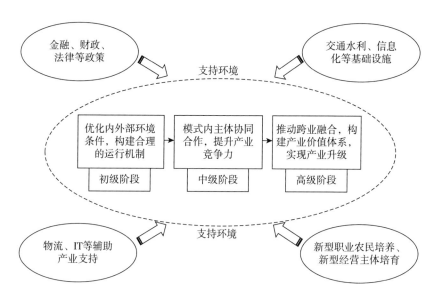

图 4　农产品新型产业组织模式发展阶段示意

建农产品质量安全信息、市场交易信息等的"智慧信息网络"系统平台，建立新的信息收集、分析与共享机制。

（2）信任机制。农产品具有经验品市场属性，其线上交易更容易出现欺诈或违规行为，且不容易监管，因此新模式中以"熟人关系"为基础的信任机制占据了主导地位。但随着市场竞争与规模的扩张，"熟人信任"机制势必会成为阻碍性因素。建立以契约为基础的信任机制则是新模式能够持续发展的重要基础条件之一。

（3）协同机制。新模式对顾客需求的反应更快，且竞争更激烈，已升级为供应价值网络的竞争，因此需要更高的相互协同。建立顾客价值供应链各节点的多种协同机制是其竞争优势的重要来源之一，像组织协同、生产协同、技术协同、信息协同、消费协同等都将直接影响新产业组织模式能否正常运行及产生应有效应。

（4）利益分配机制。传统农产品产业组织模式中生产源头的利益通常比较低，比如农产品市场上经常出现的"买难和卖难"问题，通常是中间渠道环节成本过高或者吞噬了较多的利益。新型的农产品产业组织模式必然要对此做出改善，提升整个价值链的产出，实现多方共赢。这是检验一种新的产业组织模式能够持续发展的根本标准。

参考文献

［1］贾生华、张宏斌：《英国牛奶销售商会的历史和作用》，《农业经济》1999 年第 3 期。

［2］Mighell，R. L. and Jones，L. A.，"Vertical Coordination in Agriculture（Agriculture Economic Report 19），" *Farm Economics Division*，*Economic Research Service*，*U. S. Dept. of Agriculture*，1963.

［3］Vorst J. G. A. J.，"Effective Food Supply Chains：Generating, Modelling and Evaluating Supply Chain Scenarios，" *Netherlands*：*Wageningen Universiteit*，2000：160 – 170.

［4］Bijman，J.，Hendrikse，G.，and Oijen，A.，"Accommodating two Worlds in One Organization：Changing Board Models in Agricultural Cooperatives，" *Managerial and Decision Economics*，2013，34（3）：204 – 217.

［5］Sumner，D. A.，"American Farms Keep Growing：Size, Productivity, and Policy，" *The Journal of Economic Perspectives*，2014，28（1）：147 – 166.

［6］Aleksandra，"Producer Organizations in Agriculture-Barriers and Incentives of Establishment on the Polish Case Procedia". *Economics and Finance*，2015，23（11）：976 – 981.

［7］Gashaw，T. A.，"Drivers of Agricultural Cooperative Formation and Farmers' Membership and Patronage Decisions in Ethiopia，" *Journal of Co-operative Organization and Management*，2018，06：53 – 63.

［8］罗必良：《农业性质、制度含义及其经济组织形式》，《中国农村观察》1999 年第 5 期。

［9］黄祖辉、王祖锁：《从不完全合约看农业产业化经营的组织方式》，《农业经济问题》2002 年第 3 期。

［10］苑鹏：《"公司 + 合作社 + 农户"下的四种农业产业化经营模式探析——从农户福利改善的视角》，《中国农村经济》2013 年第 4 期。

［11］刘凤芹：《不完全合约与履约障碍——以订单农业为例》，《经济研究》2003 年第 4 期。

［12］钟真、孔祥智：《产业组织模式对农产品质量安全的影响：来自奶业的例证》，《管理世界》2012 年第 1 期。

［13］孙世民：《大城市高档猪肉有效供给的产业组织模式和机理研究》，中国农业大学博士学位论文，2003。

［14］Muhammad Anshari，Mohammad Nabil et al.，"Digital Marketplace and FinTech to Support Agriculture Sustainability，" *Energy Procedia*，2019，1：99 – 113.

［15］罗珉、李亮宇：《互联网时代的商业模式创新：价值创造视角》，《中国工业经济》2015 年第 1 期。

［16］成德宁、汪浩、黄杨：《"互联网 + 农业"背景下我国农业产业链的改造与升级》，《农村经济》2017 年第 5 期。

［17］王柏谊、杨帆：《"互联网 +"重构农业供应链的新模式及对策》，《经济纵横》2016 年第 5 期。

［18］杨秋海：《"互联网 +"视域下现代农业产业化组织模式创新研究》，《中州学刊》2016 年第 9 期。

［19］周捷：《基于农村合作组织的农产品网络营销模式优化研究》，《农业经济》2018 年第 9 期。

［20］吴翔、肖哲晖、张金隆等：《制度管控对生鲜电商信任影响的实证研究》，《第十五届全国计算机模拟与信息技术学术会议论文集》，2015 年 7 月。

食品安全治理
新模式探索

科学认识传染性食品相关流行病*

陈秀娟　　吴林海**

摘　要：当前食品相关流行病尤其是传染性食品相关流行病的负面影响日益显现，严重威胁着全球食品安全和粮食安全，并造成了巨大的公共卫生负担，迫切需要引起更多的重视与应对。本文聚焦于食品相关流行病这一问题展开综述研究，通过对相关术语定义的充分解析、现有文献的广泛研究以及审慎思考，提出了食品相关流行病的定义是"与食品链密切相关（由自然原因或人为原因引发的，暴发的原因可以在食品链的不同层次上找到）、广泛传播并影响人数众多、威胁食品安全和/或粮食安全并损害公共健康及经济社会发展的、传染性和非传染性人类疾病与动植物疾病的总称"。进一步对传染性食品相关流行病进行了分类，并阐述了典型传染性食品相关流行病的特征、暴发案例及其负面影响。希冀能引起社会各界的更多关注，以共同促进食品安全、公众健康和人类经济社会的可持续发展。

关键词：食品链　食品相关流行病　食源性疾病　传染病　人兽共患病

---

　* 本文是江苏省社会科学基金青年项目"江苏建立食品安全现代化治理体系的内涵和路径研究"（项目编号：19GLC008）阶段性研究成果。
** 陈秀娟，江南大学食品安全风险治理研究院副研究员，主要从事食品安全治理等方面的研究；吴林海，江南大学食品安全风险治理研究院教授、首席专家、院长，主要从事食品安全治理等方面的研究。

一 引言

健康是一个繁荣、有生产力的社会的核心，而疾病和恐惧会扼杀生产、消费、娱乐、旅行和整体福祉[1]。食品是人类生存和健康维护不可或缺的基础，在经济中也扮演着重要的角色；但食品也可以与流行病紧密关联，某些情况下甚至成为疾病传播的媒介[2-4]。除了已为人所知的传统食源性疾病带来的公共卫生问题外，新发和再发传染病也可以是与食品相关的重要而复杂的公共卫生挑战。*Food Control* 期刊 2020 年第 109 卷发表了 Anal et al.（2020）[5]的文章，其中列举了几起被报道的发生在亚洲的"食品流行病暴发"（outbreaks of food-epidemics）的案例，如发酵产品导致的沙门氏菌病[6]、猪体内的埃博拉莱斯顿病毒[7]、中国婴幼儿配方奶粉三聚氰胺化学污染[8]。而 Kim et al.（2020）[9]在其发表的论文中列举了 2003 年至 2014 年间美国部分州或全国暴发的四种"食物相关流行病"（food-related epidemic disease）的案例，包括疯牛病（BSE）、禽流感（avian influenza）、猪流感（swine flu）、婴儿型沙门氏菌病（Salmonella Infantis），并提出食品相关流行病（food-related epidemic disease，FRED）的特点是传播广泛并且影响人数众多。分析以往案例可知，食品相关流行病可以是传染性的（由细菌、病毒等病原体引起），也可以是非传染性的（由化学物质引起）；可以是自然原因引发的（如疯牛病），也可以是人为原因引发的（如三聚氰胺掺假奶粉导致婴儿肾结石）；食品相关流行病的暴发可以出现在从源头到餐桌全程食品链的不同环节上[5]，不同层次的食品链利益相关者都会牵涉其中。

食品相关流行病破坏食品系统，造成巨大的公共卫生负担及经济损失，严重影响社会安全和稳定[10]。随着我们的世界变得更加相互关联，流行病和大流行的威胁也在增加[11]。面对食品相关流行病的增多趋势，为了人类的可持续发展，防控食品相关流行病的暴发显然成为全世界需要共同面对的严峻挑战。在新冠肺炎疫情全球暴发的背景下，中国成功抗疫经验已然证明同舟共济、科学防治、精准施策所起的决胜性作用。应对食品相关流行病，也需要依靠科学来精准识别风险并予以分类分级防控。虽然近来有文献谈及食品相关流行病的暴发[5,9]，但据检索截至目前还未有就食品相关流行病这一重要问题展开系统阐述的研究文献。我们认为，食品相关流行病是持续存在于人类社会进程中的事关人类生存的重要问题，尤其是传染性食品相关流行病更是涉及面广泛、影响深远，亟须引起全球社会各界更多的重视。为此，本文就这一问题展开综述研究，在界定食品相关流行病概念的基础上，阐述传染性食品相关流行病各个类型的总体特征、暴发案例及其负面影响，以期能引起更多关注以共同促进食品安全、公众健康和人类经济社会的可持续发展。

二 食品相关流行病、传染性食品相关流行病的定义

由于目前学界尚未对食品相关流行病作出明确的定义，因此出于研究需要，本文首先对食源性疾病、传染病、人兽共患病、流行病等与食品相关流行病有关联的术语定义展开解析，在此基础上结合已有文献对食品相关流行病特征的描述，首次提出食品相关流行病与传染性食品相关流行病的定义。

（一）食源性疾病（foodborne diseases）

食源性疾病的定义是"通过摄食方式进入人体内的各种致病因子引起的通常具有感染或中毒性质的一类疾病"。顾名思义，凡与摄食有关的一切疾病（包括传染性和非传染性疾病）均属于食源性疾病，食源性传染病是食源性疾病的一部分[12]。食源性疾病的致病因子可能是传染性的（通常是细菌、病毒）或有毒的（如真菌毒素、河豚毒素），可能是食物的固有成分（如毒蘑菇）或从外部引入食物中的（如奶粉中的三聚氰胺掺假物）。食物中传染性病原生物的总体危害远远超过有毒物质（天然毒素或人造化学物质）的危害[12]。常见的食源性疾病包括人畜共患传染病、肠道传染病、寄生虫病、食物中毒以及化学性有毒有害物质所引起的疾病。广义的食源性疾病，还应包括由营养不合理所造成的某些慢性非传染疾病（肥胖、糖尿病、高血压、高血脂、心脑血管疾病等），以及摄入某种食物导致人体出现过度保护的免疫反应所引起的食物过敏症（如花生过敏）、食

物不耐受症（如乳糖不耐）[13]。

（二）传染病（infectious diseases）与人兽共患病（zoonoses）

传染病是由病原体侵入体内生长和繁殖引起的具有传染性的在一定条件下可造成流行的疾病，它是全球人类、动物和植物死亡的主要原因[14]。传染病传播的媒介可以是人、水、食物或非人类带菌者（如蚊子、壁虱、跳蚤）[15]，超过 70% 的传染病来自或通过动物来源传播[16]。人兽共患病（zoonoses）就是指在人类与脊椎动物之间自然感染与传播的由共同的病原体引起的流行病学上又有关联的一类疾病；很多人兽共患病具有食源性疾病的特点。人类历史上，无论是食源性或水源性传染疾病、季节性流感等一直存在、反复出现的传染病，还是新型冠状病毒肺炎、埃博拉出血热等新发人兽共患传染病，均是对人类和/或动物健康及社会经济福祉的严重威胁，不仅在发展中国家如此，在工业化发达国家也是如此[17-19]。尽管缺乏数据使精确的量化变得困难，但新发传染病和人兽共患病在全球疾病负担中占相当大的比例[20]。

（三）流行病（epidemics）

牛津高阶词典中对"epidemic"（流行病）的定义是"a large number of cases of a particular disease or medical condition happening at the same time in a particular community"（指某一特定疾病的大量病例或医疗状况同时发生在某一特定社区）。流行病的特征是：同一时期内发生大量病例；可以只在某地区发生（epidemic），也可以是全球性的大流行（pandemic），例如新型冠状病毒肺炎（COVID-19，简称"新冠肺炎"）即为全球性大流行病。根据 1970 年 MacMahon 提出的流行病学是"研究人类疾病频率的分布及疾病频率决定因子的科学"[21]这一描述，流行病显然不局限于传染病，也包括了非传染性疾病[22]。近来非传染性疾病的全球疾病负担在加重[23]，已经超过了传染病、孕产妇疾病、新生儿疾病和营养障碍的总和[24]。但传染性疾病通常仍被认为是重要的健康流行病，因为传染性流行病暴发的后果往往是抗疫的高成本、日常活动的中断、区域和国家的经济衰退以及严重病例的死亡[25,26]。

（四）食品相关流行病（food-related epidemic disease，FRED）

目前学界尚未对食品相关流行病做出明确的界定。由此，我们通过对相关术语定义的充分解析、现有文献的广泛研究以及审慎思考，将食品相关流行病定义为"与食品链密切相关（由自然原因或人为原因引发的，暴发的原因可以在食物链的不同层次上找到）、广泛传播并影响人数众多、威胁食品安全和/或粮食安全并损害公共健康及经济社会发展的、传染性和非传染性人类疾病与动植物疾病的总称"。由病原体感染引起的具有可传染性的食品相关流行病，称为传染性食品相关流行病（infectious food-related epidemic disease，IFRED）；传染性食品相关流行病可能在人群中发生而直接影响人类，也可能在动植物中发生而间接影响人类。传染性食品相关流行病的类型可涉及：食源感染型、人兽共患非食源型、特殊人兽共患非食源型、动物疫病型、植物疫病型。

三 传染性食品相关流行病的分类特征及典型案例

以下针对不同类型的传染性食品相关流行病，分别归纳概括其总体特征，并列举典型案例以分析不同类型传染性食品相关流行病对食品链相关利益者所产生的负面影响。这将有助于今后对传染性食品相关流行病的风险识别与分类防治。

（一）人类传染性食品相关流行病

1. 总体特征

人类传染性食品相关流行病主要包括食源感染型、人兽共患非食源型、特殊人兽共患非食源型三类。食源感染型 IFRED 与已为人所知的传统食源性疾病关系密切，被食品安全研究者关注得较多；人兽共患非食源型、特殊人兽共患非食源型两类 IFRED，较少进入食品安全治理的研究视域。这三类 IFRED 均会导致人类罹患疾病，虽然在人群中的流行程度不一，但无一不对公众身体健康和生命安全构成威胁。

（1）食源感染型 IFRED：是由食源性病原体（细菌、病毒、寄生虫等）引起的，其中一部分病原体是人畜共患病原体。食源性病原体通过食用/饮用受污染的食物/饮品传播给人类[14]，导致人类罹患感染性食源性疾病，其症状轻重不一，严重时可致死亡。食源感染型 IFRED 是世界上最常见的分布最广的疾病之一，其疫情在世界上所有国家均定期和不加区分地发生流行。该类 IFRED 总体发病概率较大，对全球人类健康产生不利的影响；但因为它常常属于自限性疾病以及普遍的高漏报率，导致它的发生率与危害性被低估。

（2）人兽共患非食源型 IFRED：具有人畜共患病（指人类与人类饲养畜禽之间的共患疾病）的特征，未被归入食源性疾病行列；它们在禽畜之间容易造成大规模流行；存在由禽/畜到人的传播，人感染主要是因为人直接或间接接触携带病毒的病/死禽畜或者暴露于被禽畜污染的环境。一旦暴发该类 IFRED，往往可以使得受到感染的禽/畜类，如鸡群/猪群等，突然出现大量死亡或患病，当地的家禽/畜养殖业首当其冲遭受巨大的经济损失，经营相关品种禽畜肉类的零售业、餐饮业也会被牵连。同时，可能导致禽畜肉蛋产品数量骤然下降，不利于维护物价稳定及食品数量安全。而且，由于其具有人畜共患特性，因此该类 IFRED 不仅仅危害地区产业的发展，引发消费者对畜牧业生产的担忧乃至消费恐慌，另外也关系到所流行地区的公众健康，严重的甚至会阻碍国家经济和社会发展。

（3）特殊人兽共患非食源型 IFRED：具有人兽共患的起源，其病原体来源被认为与人类食用"野味"（野生动物加工成的食品）有关。其特殊性体现在：一是正常情况下野味不应该出现在人类餐桌上，但因全球范围内（包括在中国）野味产业增长、野味进入食品链，这导致了新病原体（包括 COVID - 19 病毒、SARS 病毒）的接触与扩散，酿成该类食品相关流行病发生的苦果。二是因为该类 IFRED 往往是"人传人"的新发传染病，一旦持续"人传人"被触发，就可能迅速在地方流行，甚至演变成全球大流行；因此，它特别容易引起社会恐慌，对人类生命健康和生产生活构成极大的危害，对正常的经济秩序产生极大的冲击。社会各行各业均受到不同程度的影响，在食品链相关产业中餐饮行业所受的负面影响最大，而野味产业链理所应当会被强制阻断。

2. 食源感染型案例

（1）李斯特菌病

李斯特菌病是由李斯特菌（Listeria monocytogenes）引起的一种具有重要公共卫生意义的食源性和动物源性人畜共患病[27]，发病率相对较低，但临床表现严重，病死率很高[28]，疾病负担大[29,30]；是欧洲食源性感染的第二大死因，仅次于沙门氏菌病[28]。过去 30 年进行的流行病学研究表明，食用受污染的食品尤其是即食食品是李斯特菌病流行和散发的主要原因[31,32]。与大多数食源性病原体不同，单核增生乳杆菌可以在相当低的湿度、高盐浓度，最重要的是在冷藏温度下生长，从而赋予其在食品环境中生存和繁殖的能力[33]。在食品生产环境中，单核增生 L. 可能会导致特别危险的结果，因为它能够附着在几个食品接触面上形成生物膜，持续存在数月或数年[34]。2018 年，南非暴发了历史上最大的李斯特菌病疫情，造成南非全国范围内约 200 人死亡，死亡率约 30%[35]。李斯特菌病危机迅速成为南非新闻媒体报道的焦点，"疫情/流行病""传染性食源性疾病""李斯特菌病暴发""李斯特菌疫情"成为媒体文章中最常见的主题和关键词[29]。经调查，食品加工公司 Tiger Brands Limited 和 Rainbow Chicken Limited 是疫情的源头[29]。除了消费者，有时李斯特菌病的目标也可以是餐饮企业的员工：2010 年，两名分别为 21 岁和 27 岁的女服务员在一家意大利餐厅工作，被诊断为遭遇食源性感染患上李斯特菌菱形脑炎，疑似感染源为餐厅供应的 RTE 肉类加工品[36]。

（2）诺如病毒感染

诺如病毒感染是由诺如病毒（一种高传染性的 RNA 杯状病毒）引起的在全世界范围内流行的人类病毒性胃肠道疾病[37,38]，其临床症状包括恶心、呕吐、腹部绞痛、腹泻、发烧和头痛[39]。诺如病毒影响所有年龄的人，它导致了世界上大约 90% 的流行性非细菌性肠胃炎暴发。诺如病毒的食源性传播是通过食用被污染的食物进行的，污染环节可能出现在食物的生产、运输和分发过程中，也可能出现在携带诺如病毒的餐饮从业人员的备餐和供餐中[40,41]。至今，世界各地报告了多起因食用受污染食品而发生的诺如病毒感染流行事件。据文献记录，1998～2002 年，芬兰每年诺如病毒肠胃炎的暴发中有 14% 与餐馆和食堂有关[42]。2015 年，芬兰坦佩雷市×餐厅受诺如病毒感染的厨房工作人员可能因不适当的卫生措施而传播诺如病毒，导致在来就餐的顾客群体中食源性疾病暴发[38]。在 2016 年 10 月和 11 月期间，超过 1000 名的顾客和员工在英国一家餐厅集团的 23 家分店进食后报告发生了诺如病毒感染肠胃炎；此次暴发最有可能的食物载体是一种从欧盟以外进口的即食新墨西哥辣椒产品[43]。2017 年 2 月，我国成都市成华区某酒楼发生一起群宴食客及酒楼员工均出现胃肠炎症状的聚集性疫情，经调查确定为诺如病毒感染[41]。2017 年 11 月，美国田纳西州的一家餐馆发生了因一名受诺如病毒感染的顾客在餐厅呕吐而引发的点源性诺如病毒暴发的案例[44]。当前与诺如病毒有关的食源感染型流行病的疾病负担极可能被低估。

（3）食源性寄生虫感染

食源性寄生虫病是指因食入被感染期寄生虫虫卵或卵囊污染的食物和水源而引起感染的一类疾病的总称[45]。尽管食源性寄生虫（foodborne parasites）对人类和动物健康具有全球相关性，但与其他食源性病原体相比，其受到的关注相对有限[46]。然而实际上，虽然近年来食源性寄生虫病感染率有所下降，但是世界范围内仍有多种食源性寄生虫病在地区流行，尤其在发展中国家食源性寄生虫感染的问题较为突出。在中国，估计全国有 3859 万人被华支睾吸虫、带绦虫、蛔虫等重点食源性寄生虫病感染[47]。华支睾吸虫病是最具影响力的食源性寄生虫病之一，在中国、韩国、俄罗斯和越南流行[48-50]。华支睾吸虫病往往是通过生吃或食用未煮熟的淡水鱼而感染的；华支睾吸虫一旦感染人，就寄生在肝内胆管内。在一些严重的病例中，它会导致肝脏和胆道疾病，如胆管炎、胆石症或胆囊炎[51]。一项研究估计华支睾吸虫病的全球负担为 275370 DALYs（残疾调整生命年）[52]。在欧洲，虽然旋毛虫病是一种罕见的疾病，但欧洲也采取了控制措施，但它仍对食品链安全构成威胁；其主要的传播物种是 felineus，人类通过食用鲤科的生的或未煮熟的淡水鱼而获得感染[46]。在南美，口腔恰加斯病（oral Chagas disease）暴发，原因是人们食用或饮用含有传染性克鲁斯锥虫或锥虫粪污染的食物或饮料，例如果汁、棕榈酒、阿萨伊果肉、甘蔗汁，以及那些可能被克鲁斯锥虫污染的野生动物肉[53]。

3. 人兽共患非食源型案例

（1）人感染禽流感

禽流感是一种由甲型流感病毒引起的在禽类特别是家禽之间传播的疾病（家禽既是传播者也是受害者）；导致人感染禽流感的主要有甲型流感H5N1和H7N9两种禽流感病毒。目前尚无证据直接显示这一疾病会通过恰当烹煮的食物传染给人类[54]。由于禽流感病毒可能造成人感染禽流感疾病的发生，消费者害怕受到影响[55]，因此禽流感暴发严重损害家禽消费，导致重大经济损失和疫情担忧。Obayelu（2007）[55]指出，在禽流感暴发期间，约80%的消费者停止或打算停止在家中食用家禽产品。此外，禽流感也对餐饮消费者的购买行为产生了负向影响[56,57]。2013年3月、4月H7N9禽流感侵袭我国，给上海、江苏、浙江等省餐饮业发展带来严重的不利影响。迄今世界各地多次暴发不同亚型禽流感，疫情导致数百万家禽感染外还引发人感染病例，伴随而来的是医疗保健费用增加、生产力损失和食品工业数十亿美元的损失。

（2）人感染猪流感

猪流感是一种由A型流感病毒引起的猪呼吸道疾病，可在猪群中造成流感暴发；人感染猪流感也被称为甲型H1N1流感。甲型H1N1流感（2009年）是21世纪人类的第一次流感大流行，也是世界卫生组织（WHO）成立以来首次发布流感大流行警告[58]。当年，全世界有20.3万人死于人感H1N1流感，美国更是有1万人丧生[59]）。虽然美国农业部（USDA）宣布猪流感不是一种食源性疾病，但对疾病名称的恐惧和担忧、媒介的误解以及对疾病名称的不充分和不恰当的理解，使消费者更加相信食用猪肉是有害的。为此，猪流感的暴发抑制了2009年美国和许多其他国家的猪肉进口，导致全球猪肉贸易下降了11%[60]。2009年的猪流感疫情还对餐饮企业的价值产生了直接和持续的负面影响[9]，例如，由于食品安全的不确定性和焦虑，消费者对猪肉食品的消费在餐饮企业中大幅下降[61]。

4. 特殊人兽共患非食源型案例

（1）新型冠状病毒肺炎（COVID - 19）

新型冠状病毒肺炎是一种新发传染病，已证实为新型冠状病毒感染引起的急性呼吸道传染病。这场突如其来的"国际关注的突发公共卫生事件"，对公众身体健康和生命安全构成了严重威胁，对众多行业造成了巨大经济损失。由中国疾控中心、中科院、中国医学科学院联合开展的新冠病毒溯源和传播路径研究，提示此次疫情可能与野生动物交易有关，进一步排除新冠病毒来源于家禽、家畜[62]。中国学者刊登在《柳叶刀》上的评论文章（*Game consumption and the 2019 novel coronavirus*）称：官方确认新冠肺炎与野味之间存在密切联系，新型冠状病毒也可能具有人兽共患的起源[63]。国内有流行病学调查实例提示，餐饮场所聚餐可导致新型冠状病毒肺炎传播，由此引发众多的限制性要求以及疫情期间客源的骤降，导致餐饮行业损失惨重。中国烹饪协会发布了《2020 年新冠肺炎疫情期间中国餐饮业经营状况和发展趋势调查分析报告》，估计仅在 2020 年春节 7 天时间里，疫情就已经对餐饮行业零售额造成了高达 5000 亿元左右的损失。而根据 2020 年 3 月 2 日中国饭店协会发布的调查报告，估计餐饮行业全年损失将超过 1.3 万亿元，前提是如果疫情能够在 3 月份被控制住[64]。

（2）非典型性肺炎（SARS）

严重急性呼吸综合征（也称为传染性非典型肺炎，简称"非典"）是一种由 SARS 冠状病毒引起的急性呼吸道传染病，传染性极强、病死率高。2003 年 SARS 迅猛流行，给全球尤其是中国健康保障、医疗卫生系统、人民生计、经济稳定和增长等造成严重影响，并给人们带来了类似当前新冠疫情阴影下的恐慌心理。已有的流行病学证据和生物信息学分析显示，广东野生动物市场上的果子狸是 2003 年 SARS 冠状病毒的直接来源；研究进一步证实中华菊头蝠是 SARS 病毒的源头[65]。关于 SARS 病毒起源的诸多研究结果表明，SARS 病毒来自野生动物，而与家畜家禽和宠物无关[66]。Kan 等[67]对来自餐馆和市场的果子狸身上分离的病毒株与 2003 年早期以及晚期流行的病毒株 s 基因序列进行系统进化分析，推断出人的 SARS-CoV可能是由果子狸直接传播而来；另外，在对 2003 年至 2004 年冬广州市发现的 4 例感染 SARS-CoV 病例进行流行病学调查分析时发现，其中有 2 例是来自同一经营果子狸餐馆的女服务员和顾客[68]。这些已有研究文献反映了少数的餐馆成为买卖、烹饪、食用野生动物的推波助澜者，通过迎合当地消费者喜食野生动物的陋习非法盈利，结果招来 2003 年这场 SARS 人兽共患病毒性传染病，造成当年餐饮行业整体损失 210 亿元左右。

（二）动物传染性食品相关流行病

1. 总体特征

这类 IFRED 是由病原体感染引起的在动物之间传播的流行病，会严重破坏人类重要动物源食品的安全生产，对人类动物源食品数量安全造成一定的威胁。与人类 IFRED 的第 2 类人兽共患非食源型相似的是，一旦暴发往往可以使得人类的食物来源动物（食用动物）在短期内突然出现大量死亡或患病，当地的养殖业首先遭受近乎毁灭性的打击，经营相关品种食品的零售业也会被牵连；危害地区经济与贸易，导致巨大的经济损失，不利于民生保障与社会安定。但动物疫病型 IFRED 在人类公共健康方面的负面影响相对要小一些，因为它不是人兽共患病，疾病仅限于在动物间传播而不会在人类间传播，所以往往不会对公共健康构成直接威胁。但是，不能忽视如"病死猪"流入市场等人为制造的动物疫病型 IFRED 所衍生出来的食品安全事件给公众健康带来的潜在危害。

2. 动物疫病型案例

非洲猪瘟

非洲猪瘟是由非洲猪瘟病毒（African swine fever virus，ASFV）引起的以家猪、野猪为宿主的高传染率和高死亡率的动物传染疾病[69]。健康猪与患病猪或其污染物直接接触是非洲猪瘟最主要的传播途径，不良的农业实践、农场的泔水喂养和屠宰也可以促进疫情传播[70]。自首次在非洲发现以来，美洲、欧洲、亚洲和大洋洲均发生了非洲猪瘟疫情且呈现愈演愈烈的趋势。幸运的是，非洲猪瘟不是一种人兽共患病（ASFV 不感染人），这限制了它对公共卫生的影响[71]。但是，非洲猪瘟关系到生猪养殖业的巨大经济效益，疫情的持续暴发严重消蚀消费者对猪肉制品的消费信心，对国民经济尤其是出口型经济带来巨大的负面影响，特别是在出口活猪、猪肉和/或产品的国家以及在猪肉产品是蛋白质重要来源的国家[71]。因为非洲猪瘟疫情的发生足以触发控制措施（如动物活动及其产品的控制和动物检疫）以及区域、国家和国际对猪肉产品的贸易限制。我国是全球最大的生猪生产和消费国，2018 年 8 月首次发生非洲猪瘟疫情严重干扰了生猪产业秩序，阻碍了生猪养殖和猪肉制品加工产业的发展，限制了国内猪肉及肉制产品的流通与猪肉贸易输出，给我国养猪业带来前所未有的挑战，造成的损失数以千亿计[72,73]。

（三） 植物传染性食品相关流行病

1. 总体特征

这类由病原体感染植物引起的 IFRED 在农业植物之间传播，病害的大面积流行严重破坏人类重要植物源食品的安全生产，对人类粮食安全带来重大威胁，常常导致巨大的经济损失。一旦暴发该类 IFRED，往往可以使得食用作物减产甚至绝收，种植业遭受巨大打击，相关食物链下游环节的利益相关者同样受到一定程度的负面影响，危害地区经济发展。同时，因此类 IFRED 导致相关品种食品的产量大幅下降，常常会加剧粮食危机，影响食物链的正常运作，严重破坏民生和社会安定，尤其是威胁世界上贫困人口的健康与生存。此外，某些受真菌感染的粮食作物中会蕴含强毒性的真菌毒素（如串珠镰刀菌产生的伏马菌素），通过食物链直接传导给人类或由食用动物间接传导给人类，从而严重危害食品安全与公众健康。

2. 植物疫病型案例

农业植物真菌感染

真菌感染在农业植物中比在动物中更常见和危险，最具传染性的真菌种类包括疫霉菌、稻瘟病菌等[14]，它们会在全世界范围内引起主要粮食作物的流行性病害。马铃薯晚疫病（Potato late blight）是由致病疫霉菌（*Phytophthora infestans*）引起的马铃薯茎叶死亡和块茎腐烂的毁灭性病害，可导致马铃薯100%减产。19 世纪 40 年代，爱尔兰马铃薯作物发生的疫病导致 100 万人死于饥饿[14]。如今，马铃薯晚疫病仍旧每年对现代农业造成数以亿计美元的损失，尤其影响着以马铃薯为主要农业生计的发展中国家的粮食安全和农民收入[74,75]。在我国，每年因马铃薯晚疫病造成的减产损失及晚疫病的防治费用之和达到 20 亿美元[76]。稻瘟病是由稻瘟病菌（Magnaporthe oryzae）引起的世界范围内最具毁灭性的水稻病害，也是威胁全球粮食安全的十大真菌病害之一[77]。稻瘟病会导致水稻枯萎，严重阻碍水稻的高产和稳产，流行年份一般可使全球水稻减产10% ~ 30%，严重时可导致绝收[14]。据报道，世界上已有 85 个国家报道该病害的发生，亚洲、非洲和拉丁美洲是受害相对严重的流行地区；稻瘟病也是我国西南地区一季稻常见的流行性病害之一[78]。真菌感染病害流行对粮食产量和安全造成重大的负面影响。

四 结语与展望

通过对相关术语定义的解析、现有文献的广泛研读以及审慎思考，本文提出了食品相关流行病及传染性食品安全流行病的定义，并进一步分析了典型传染性食品相关流行病的分类特征、暴发案例及其负面影响。研究认为，食品相关流行病是一个与生活在地球村里的每一个人都息息相关的全球性问题，是持续存在于人类社会进程中的事关生存和可持续发展的根本问题，涉及面广泛，影响深远。在全世界范围内，食品相关流行病尤其是传染性食品相关流行病，对食品安全、粮食安全、公共卫生、经济政治及社会心理造成的负面影响正日益凸显。当前人类面临一系列传染性食品相关流行病的严峻挑战，如何科学预防与应对是摆在人类面前的一道共同难题，需要全世界人民的共同努力。对我国来说，食品相关流行病可能不仅仅是对现代化社会治理体系建设的考验，还应当警惕其成为我国全面建设社会主义现代化国家的绊脚石。希望通过本文的抛砖引玉，引起社会各界对食品相关流行病治理的更多关注和研究，以共同促进食品安全、公众健康和人类经济社会的可持续发展。

参考文献

[1] Smith K. M., Machalaba C. C., Seifman R. et al., "Infectious Disease and Economics: The Case for Considering Multi-sectoral Impacts," *One Health*, 2019, 7: 100080.

[2] Ares G., de Saldamando L., Giménez A. et al., "Consumers' Associations with Well being in a Food-related Context: A Cross-Cultural Study," *Food Quality and Preference*, 2015, 40: 304 – 315.

[3] Aschemann-Witzel J., "Consumer Perception and Trends about Health and Sustainability: Trade-offs and Synergies of Two Pivotal Issues," *Current Opinion in Food Science*, 2015, 3: 6 – 10.

［4］ BaroneB. , NogueiraR. M. , Guimarães K. R. L. S. L. D. Q. et al. , "Sustainable Diet from the Urban Brazilian Consumer Perspective," *Food Research International*, 2019, 124: 206 – 212.

［5］ Anal A. K. , Waché Y. , Louzier V. et al. , "AsiFood and its Output and Prospects: An Erasmus + Project on Capacity Building in Food Safety and Quality for South-East Asia," *Food Control*, 2020, 109: 106913.

［6］ Nanasombat S. , Wimuttigosol P. , "Control of Salmonella Rissen and Staphylococcus Aureus in Fermented Beef Sausage by a Combination of Cinnamon and Mace Oils," *Kasetsart Journal-Natural Science*, 2012, 46（4）: 620 – 628.

［7］ Marsh G. A. , Haining J. , Robinson R. et al. , "Ebola Reston Virus Infection of Pigs: Clinical Significance and Transmission Potential," *The Journal of Infectious Diseases*, 2011, 204: S804 – S809.

［8］ Havelaar A. H. , Kirk M. D. , Torgerson P. R. et al. , "World Health Organization Global Estimates and Regional Comparisons of the Burden of Foodborne Disease in 2010," *PLoS Medicine*, 2015, 12（12）: 1 – 23.

［9］ Kim J. , Kim J. , Lee S. K. et al. , "Effects of Epidemic Disease Outbreaks on Financial Performance of Restaurants: Event Study Method Approach," *Journal of Hospitality and Tourism Management*, 2020, 43: 32 – 41.

［10］ Rivera D. , Toledo V. , Reyes-Jara A. et al. , "Approaches to Empower the Implementation of New Tools to Detect and Prevent Foodborne Pathogens in Food Processing," *Food Microbiology*, 2018, 75: 126 – 132.

［11］ Katz R. , Wentworth M. , Quick J. et al. , "Enhancing Public-Private Cooperation in Epidemic Preparedness and Response," *World Medical and Health Policy*, 2018, 10（4）: 420 – 425.

［12］ Gupta R. K. 2017, "Chapter 2 – Foodborne Infectious Diseases," *Food Safety in the 21st Century*［M］, edited by Gupta R. K. , Dudeja, and Minhas S. , pp. 13 – 28. Pittsburgh: Academic Press. https://doi. org/10. 1016/B978 – 0 – 12 – 801773 – 9. 00002 – 9

［13］ Swanger N. , Rutherford D. G. et al. , "Foodborne Illness: the Risk Environment for Chain Restaurants in the United States," *International Journal of Hospitality Management*, 2004, 23（1）: 71 – 85.

［14］ Neethirajan S. , Ragavan K. V. , Weng, X. et al. , "Agro-defense: Biosensors for Food from Healthy Crops and Animals," *Trends in Food Science & Technology*, 2018, 73: 25 – 44.

［15］ Yan J. , Lucinda A. , Santosh V. et al. , "Communicating about Infectious Disease Threats: Insights from Public Health Information Officers," *Public Relations Review*, 2019, 45 (1): 167 – 177.

［16］ Vidic J. , Manzano M. , Chang C. M. et al. , "Advanced Biosensors for Detection of Pathogens Related to Livestock and Poultry," *Veterinary Research*, 2017, 48: 11.

［17］ Larson E. L. , "Home Hygiene: A Reemerging Issue for the New Millennium," *American Journal of Infection Control*, 1999, 27: 1 – 3.

［18］ Wurz A. , Nurm U. , Ekdahl K. , "Enhancing the Role of Health Communication in the Prevention of Infectious Diseases," *Journal of Health Communication*, 2013, 18 (12): 1566 – 1571.

［19］ Johnson J. , Howard K. , Wilson A. et al. , "Public Preferences for One Health Approaches to Emerging Infectious Diseases: A Discrete Choice Experiment," *Social Science & Medicine*, 2019, 228: 164 – 171.

［20］ Christou L. "The Global Burden of Bacterial and Viral Zoonotic Infections," *Clinical Microbiology and Infection*, 2011, 17 (3): 326 – 330.

［21］ Mac M. B. , Pugh T. F. 1970, *Epidemiology: principles and methods* ［M］. Boston: Little Brown & Co.

［22］ 曾光:《流行病学的新定义、新使命与新应用》,《国际流行病传染病学杂志》2017 年第 44 卷第 6 期。

［23］ Manhanzva R. , Marara P. , Duxbury T. et al. , "Gender and Leadership for Health Literacy to Combat the Epidemic Rise of Noncommunicable Diseases," *Health Care for Women International (HEALTH CARE WOMEN INT)*, 2017, 38 (8): 833 – 847.

［24］ Murray C. J. , Vos T. , Lozano R. et al. , "Disability-adjusted Life Years (DALYs) for 291 Diseases and Injuries in 21 Regions, 1990 – 2010: a Systematic Analysis for the Global Burden of Disease Study 2010," *Lancet*, 2012, 380 (9859): 2197 – 2223.

［25］ Waggoner M. R. , "Parsing the Peanut Panic: The Social Life of a Contested Food Allergy Epidemic," *Social Science & Medicine*, 2013, 90: 49 – 55.

［26］ Ogunsona E. O. , Muthuraj R. , Ojogbo E. et al. , "Engineered Nanomaterials for Antimicrobial Applications: A review," *Applied Materials Today*, 2019, 18: 100473.

［27］ Gelbí T. , Zobaníková M. , Tomá Z. et al. , "An Outbreak of *Listeriosis* Linked to Turkey Meat Products in the Czech Republic, 2012 – 2016," *Epidemiology and Infection*, 2018, 146 (11): 1407 – 1412.

［28］ Andrea O. , Francesca C. , "The Occurrence of *Listeria monocytogenes* in Mass Catering:

An Overview in the European Union," *International Journal of Hospitality Management*, 2016, 57: 9 – 17.

［29］ Boatemaa S. , Barney M. , Drimie S. et al. , "Awakening from the *Listeriosis* Crisis: Food safety Challenges, Practices and Governance in the Food Retail Sector in South Africa," *Food Control*, 2019, 104: 333 – 342.

［30］ Filipello V. , Mughini-Gras L. , Gallina S. et al. , "Attribution of *Listeria monocytogenes* Human Infections to Food and Animal Sources in Northern Italy," *Food Microbiology*, 2020, 89: 103433.

［31］ Miya S. , Takahashi H. , Ushikawa T. et al. , "Risk of *Listeria Monocytogenes* Contamination of Raw Ready-to-eat Seafood Products Available at Retail Outlets in Japan," *Applied and Environmental Microbiology*, 2010, 76 (10): 3383 – 3386.

［32］ EFSA, ECDC, "The European Union Summary Report on Trends and Sources of Zoonoses, Zoonotic Agents and Food-borne Outbreaks in 2017," *EFSA Journal*, 2018, 16 (12): 5500.

［33］ Matthews K. R. , Kniel K. E. , and Montville T. J. 2017, *Food Microbiology: an Introduction (fourth ed.)* ［M］. Washington, DC: ASM Press.

［34］ Välimaa A. L. , Tilsala-Timisjärvi A. , Virtanen E. , "Rapid Detection and Identification Methods for *Listeria Monocytogenes* in the Food Chain—A Review," *Food Control*, 2015, 55: 103 – 114.

［35］ World Health Organization, "*Listeriosis-South Africa* (2018)," Retrieved from World Health Organization Website: http://www. who. int/csr/don/28 – march – 2018 – listeriosis-south-africa/en/.

［36］ Libera D. , Colombo B. , Truci G. et al. , "A Strange Case of Waitress Headache," *Lancet*, 2011, 378 (9805): 1824.

［37］ European Food Safety Authority, "Scientific Opinion on an Apdate on the Present Knowledge on the Occurrence and Control of Foodborne Viruses," *EFSA Journal*, 2011, 9 (2190): 96.

［38］ Vo T. H. , Okasha O. , Al-Hello H. et al. , "An Outbreak of Norovirus Infections Among Lunch Customers at a Restaurant, Tampere, Finland, 2015," *Food and environmental virology*, 2016, 8 (3): 174 – 179.

［39］ Iwamoto M. , Ayers T. , Mahon B. E. et al. , "Epidemiology of Seafood-associated Infections in the United States," *Clinical Microbiology Reviews*, 2010, 23 (2): 399 – 411.

［40］ Elbashir S. , Parveen S. , Schwarz, J. et al. , "Seafood Pathogens and Information on

Antimicrobial Resistance：A Review，" *Food Microbiology*，2018，70：85 – 93.

［41］温雅、文艳群、唐旭等：《某酒楼一起诺如病毒胃肠炎聚集性疫情流行病学调查》，《中国初级卫生保健》2018 年第 8 期。

［42］Maunula L.，von Bonsdorff C.，"Norovirus Genotypes Causing Gastroenteritis Outbreaks in Finland 1998 – 2002，" *Journal of Clinical Virology*，2005，34（3）：186 – 194.

［43］Morgan M.，Watts V.，Allen D. et al.，"Challenges of Investigating a Large Foodborne Norovirus Outbreak across All Branches of a Restaurant Group in the United Kingdom，October 2016，" *Euro Surveillance*，2019，24（18）：1800511.

［44］Brennan J.，Cavallo S. J.，Garman K. et al.，"Multiple Modes of Transmission during a Thanksgiving Day Norovirus Outbreak—Tennessee，2017，" *MMWR：Surveillance Summaries*，2018，67（13）：1300 – 1301.

［45］雷世鑫、杨亮：《我国食源性寄生虫感染特点及防控探讨》，《中国农村卫生事业管理》2016 年第 3 期。

［46］Cacciò S. M.，Chalmers R. M.，Dorny P. et al.，"Foodborne Parasites：Outbreaks and Outbreak Investigations. A Meeting Report from the European Network for Foodborne Parasites（Euro-FBP），" *Food and Waterborne Parasitology*，2018，10：1 – 5.

［47］俞少琛、石武祥：《食源性寄生虫感染流行特点及其影响因素研究》，《医学信息》2019 年第 23 期。

［48］Hong S. T.，Fang Y.，"Clonorchis Sinensis and Clonorchiasis，an Update，" *Parasitology International*，2012，61（1）：17 – 24.

［49］Keiser J.，Utzinger J.，"Food-borne Trematodiases，" *Clinical Microbiology Reviews*，2009，22（3）：466 – 483.

［50］Qian M. B.，Chen Y. D.，Liang S. et al.，"The Global Epidemiology of Clonorchiasis and its Relation with Cholangiocarcinoma，" *Infectious Disease of Poverty*，2012，1（1）：4.

［51］Yang S.，Pei X.，Yin S. et al.，"Investigation and Research of *Clonorchis Sinensis metacercariae* and *Metorchis Orientalis Metacercariae* Infection in Freshwater Fishes in China from 2015 to 2017，" *Food Control*，2019，104：115 – 121.

［52］Furst T.，Keiser J.，Utzinger J.，"Global Burden of Human Food-borne Trematodiasis：A Systematic Review and Meta-analysis，" *The Lancet Infectious Diseases*，2012，12（3）：210 – 221.

［53］Franco-Paredes C.，Villamil-Gómez W. E.，Schultz J. et al.，"A Deadly Feast：Elucidating the Burden of Orally Acquired Acute Chagas Disease in Latin America-Public Health and Travel Medicine Importance，" *Travel Medicine and Infectious Disease*，2020，

101565.

［54］贾潇岳：《人禽流感（H5N1 与 H7N9）流行病学监测》，汕头大学硕士学位论文，2018。

［55］Obayelu A. E. , "Socio-economic Analysis of the Impacts of Avian Influenza Epidemic on Households Poultry Consumption and Poultry Industry in Nigeria: Empirical Investigation of Kwara State," *Livestock Research for Rural Development* 2007, 19（1）: 4.

［56］Center for Disease Control and Prevention. "Multistate outbreak of human Salmonella infections linked to live poultry in Backyard Flocks（Final Update）（2014）," Retrieved from Centers for Disease Control and Prevention Website: http://www. cdc. gov/salmonella/live-poultry – 05 – 14/.

［57］De Krom M. P. , Mol A. P. , "Food Risks and Consumer Trust. Avian Influenza and the Knowing and Non-knowing on UK Shopping Floors," *Appetite*, 2010, 55（3）: 671 – 678.

［58］翁昌寿：《健康风险沟通中的传播者形象构建：以甲型 H1N1 流感为例》，《国际新闻界》2012 年第 6 期。

［59］World Health Organization, "Salmonella（non-typhoidal）（FS139）（2018）," Retrieved from World Health Organization Website: http://www. who. int/mediacentre/factsheets/fs139/en/.

［60］Johnson R. , "Potential Farm Sector Effects of 2009 H1N1 'swine flu': Questions and answers," Retrieved from Congressional Research Service Website: https://fas. org/sgp/crs/misc/R40575. pdf.

［61］Bánáti D. , "Consumer Response to Food Scandals and Scares," *Trends in Food Science and Technology*, 2011, 22（2 – 3）: 56 – 60.

［62］《研究：初步排除 2019 – nCoV 来源于已知家禽冠状病毒的可能性》，《中国食品学报》2020 年第 2 期。

［63］Li J. , Li J. , Xie X. et al. , "Game Consumption and the 2019 Novel Coronavirus," *The Lancet Infectious Diseases*, 2020, 20（3）: 275 – 276.

［64］《新冠疫情下中国餐饮业发展现状与趋势报告》，新华网，2020 – 03 – 02，http://www. xinhuanet. com/food/2020 – 03/02/c_1125652997. htm.

［65］Ge X. , Li J. , Yang X. et al. , "Isolation and Characterization of a Bat SARS-like Coronavirus that Uses the ACE2 Receptor," *Nature*, 2013, 503（7477）: 535 – 538.

［66］董明盛、贾英民：《食品微生物学》，中国轻工业出版社，2006。

［67］Kan B, Wang M, Jing H. et al. , "Molecular Evolution Analysis and Geographic Investigation of Severe Acute Respiratory Syndrome Coronavirus-like Virus in Palm Civets at an Animal Market and on Farms," *Journal of Virology*, 2005, 79 (18): 11892 – 11900.

［68］ Wang M., Yan M., Xu H. et al., "SARS-CoV Infectionin a Restaurant from Palm Civet," *Emerging Infectious Diseases*, 2005, 11 (12): 1860 – 1865.

［69］ 刘文丽、阳晴、陈洁等:《中国非洲猪瘟疫情风险防控体系研究》,《湖南农业大学学报》(自然科学版) 2019 年第 3 期。

［70］ Sánchez-Vizcaíno J. M., Mur, L., Gómez-Villamandos, J. C. et al., "An Update on the Epidemiology and Pathology of African Swine Fever," *Journal of Comparative Pathology*, 2015, 152 (1): 9 – 21.

［71］ Arias M., Jurado C., Gallardo C. et al., "Gaps in African Swine Fever: Analysis and Priorities," *Transboundary and Emerging Diseases*, 2018, 65: 235 – 247.

［72］ 袁琴琴、刘文营:《非洲猪瘟及其防控措施》,《食品工业科技》2019 年第 9 期。

［73］ 朱增勇、李梦希、张学彪:《非洲猪瘟对中国生猪市场和产业发展影响分析》,《农业工程学报》2019 年第 18 期。

［74］ Birch P. R., Whisson S. C., "Phytophthora Infestans Enters the Genomics Era," *Molecular Plant Pathology*, 2001, 2 (5): 257 – 263.

［75］ Haverkort A. J., Struik P. C., Visser R. G. et al., "Applied Biotechnology to Combat Late Blight in Potato Caused by *Phytophthora Infestans*," *Potato Research*, 2009, 52 (3): 249 – 264.

［76］ 钱坤:《马铃薯晚疫病强毒菌株 CN152 特异免疫抑制效应子的鉴定》,中国农业科学院研究生院硕士学位论文, 2016。

［77］ Dean R., Van Kan J. A., Pretorius Z. A. et al., "The Top 10 Fungal Pathogens in Molecular Plant Pathology," *Molecular plant pathology*, 2012, 13 (4): 414 – 430.

［78］ 颜学海:《西南地区稻瘟病菌群体遗传多样性分析及其毒性相关基因分布频率初步预测》,四川农业大学硕士学位论文, 2015。

网络平台对食品安全风险进行
管控的博弈机制研究*

王嘉馨　傅　啸　韩广华**

摘　要：新型冠状病毒肺炎疫情发生以来，许多消费者会选择通过网络平台采购食品，同样地，食品制造企业也会越来越多地通过网络平台进行销售。网络平台不仅能够利用在线评论通过大数据分析为制造商提供更多更精准的市场需求信息，同时也有能力担负起对食品安全风险进行管控的责任。本文首先构建了基于食品制造企业与网络平台企业的两层供应链模型，其次通过斯塔克伯格博弈，分析当食品制造企业和网络平台分别占据市场主导地位时的两种供应链情境，得到制造商最优产品质量和网络平台最优食品监管水平的策略。最后，通过一系列的仿真实验得到一些管理启示：第一，食品制造企业有寻找监管水平低的网络平台进行销售的动机，但是食品制造企业想要获得最大收益还是需要提升"内功"，老老实实做好产品质量。第二，当食品制造企业占主导地位时，本身产品质量过硬、声誉好的制造商会拿走网络平台的大多数利润，而当网络平台占主导地位时，网络平台也会有选择中小型食品加工企业为其生产自有品牌产品的可能。第三，网络平台能够利用产品在线评价信息、用户画像、基于地理信息的推送服务等大数据分析手段了解消费市场需求，对食品安全风险

---

* 本文是国家自然科学基金青年项目"佣金代理情况下零售商基于信任的订货决策和风险控制研究"（项目编号：71802065）的阶段性研究成果。

** 王嘉馨，中国美术学院中国画与书法艺术学院助理研究员，研究方向为公共关系、媒介研究；傅啸，杭州电子科技大学浙江省信息化发展研究院副教授，研究方向为供应链企业信任关系、食品安全供应链；韩广华，上海交通大学国际与公共事务学院副教授，研究方向为食品安全、风险治理。

进行有效管控，最终能够为其自身和制造商带来双赢。

关键词：食品安全　网络平台　斯塔克伯格博弈机制　风险管控

一　引言

新型冠状病毒肺炎疫情期间，消费者不得不宅在家中，导致生活状态和生活需求产生了很多变化，这些变化将很有可能影响消费者的选择。很多人开始尝试，并且越来越多的人习惯了在线购买食品。同时伴随着的是人们对线上购买食品质量的日益关注，即网购食品的安全问题。首先，疫情导致消费者出现信任危机，消费者对食品的安全性提出更高要求。人们往往更愿意选择知名品牌或者由知名网络平台背书的产品。例如，伊利、中粮等这些国民大牌，或者是在盒马鲜生、一号店上的食品更容易被选择。其次，消费者对食品的便捷性需求普遍提升。最先使用网络平台采购食品的年轻人，他们的需求往往是快速、方便地解决餐食问题，所以外卖、速食、方便食品销量大幅增长，但这些也是食品安全的重灾区。最后，由于疫情的发生，消费者对于免疫力提升意识增强，中老年人也会更关注食品健康和安全问题。如何通过互联网应对食品安全问题？近年来，一些政府和第三方机构陆续推出了食品安全数据共享平台，例如欧盟食品和饲料快速预警系统（RASFF）、加拿大食品安全监管机构信息公布中心（CFIA）、美国食品安全信息公布网站（www. foodsafety. gov），以及我国国家食药总局、国家卫计委、国家质检总局等部门信息中心，相关食品安全数据信息被集中收集[1]。然而，由于"虚假"数据的存在（美国食品安全信息公布网站的虚假信息率超过 13.4%）、数据来源和格式多元化，如何快速地从现有食品监控数据中抽取有用数据并采用可靠的分析技术将之应用于食品安全风险治理过程中，是实现食品安全动态管理的关键。

食品安全风险治理一般是通过以下两种方式进行管理，其一是政府制定食品安全管理制度并监督实施，传统上称为"公共规制"；另一种是食品制造企业的质量契约，传统上称为"私人规制"[2]。但由于政府缺少专业的食品安全分析技术和一手的食品安全信息，公共规制效率往往不佳。而企业一般是经济人理性，其目标在于利润最大化，私人规制往往有悖于实现社会福利，因此两种规制手段均有先天缺陷。目前随着大数据技术的发展，数据已经成为食品安全治理的有效资源，而这其中网络平台就起到了非常重要的作用。网络平台可以为食品制造商与消费者提供虚拟经营场所、交易规则、信息发布等服务，同时也可以依托自身数据、算法、技术等优势通过舆情监控、监管水平评分、追踪追溯及时对食品安全风险进行管控。据了解，美团点评、百度外卖等第三方网络平台正积极利用大数据技术加强对网上商家的审核把关。比如，美团点评建设"天网"系统，即入网经营商户食品安全电子档案系统，与各地食品监管部门的监管数据进行对接，形成大数据。当商家想入驻平台时，可通过大数据技术很快地实现信息审核，了解该商家是否有合法资质以及违法情况等。此外，对消费者的用餐点评中关于食品安全的信息进行大数据分析，可以快速了解食品安全整体趋势，并对集中突发的食品安全情况实时预警，帮助政府部门提升监管效率。

本文在此研究背景上，首先建立了食品制造企业（简称"制造商"）与网络平台企业（简称"平台"）的两层市场结构模型；其次，通过斯塔克伯格博弈，分析食品制造企业和网络平台分别占据供应链主导地位的两种情况，得到了制造商最优质量和批发价的表达式，以及平台最优食品监管水平和零售价的表达式；最后，通过一系列的仿真实验，提出了对于制造商的食品质量提升，以及选择不同食品监管水平平台的策略建议。本文研究的贡献在于：（1）目前鲜有文献将网络平台作为食品监管主体应用于食品安全性监管的理论中。本研究以网络平台的大数据技术作为背景，通过分析平台与企业的动态博弈关系，形成一套有效的食品安全协同治理方法，具有重要的理论价值。（2）食品安全治理不仅关系到民众健康，也关系到城市的运行和社会稳定。本文针对"互联网＋"背景下，食品安全的新情况有针对性地展开研究，研究结果所揭示的基本规律、所提出的对策建议有助于食品制造企业提升食品质量、降低食品安全风险，具有重要的现实意义。

二　文献综述

与本文密切相关的研究主要分为三类：第一类是食品供应链管理研

究；第二类是食品质量与定价策略研究；第三类是网络平台的监管对产品质量和定价的影响。国内外学者对食品供应链管理的研究已经取得不少成果。Hennessy 等[3] 研究了在食品安全供应链中食品制造企业的领导力作用以及机制设计。Starbird[4] 研究了食品制造商采用质量检测手段，并且市场管理者对制造商制定了当不遵守食品安全规则时的惩罚策略，质检对制造商行为的影响。之后 Starbird[5] 还针对在供应链上的食品质量信息不可能均匀分布的情况，提出了食品供应链契约机制使得消费者能够更好地鉴别出食品质量安全的生产者，并且还研究了质量成本及惩罚成本等。Weaver 等[6] 和 Hudson[7] 分别对食品供应链中的契约问题进行了理论和实证分析。张燈和汪寿阳[8] 研究了当供应链上下游企业间对于食品质量成本存在信息不对称问题时，通过引入第三方质量成本检测建立合同机制，结果发现以批发价格契约为基础可以有效地抑制谎报质量的问题。Martinez 等[9] 则认为在食品供应链管理的不同环节上，私人规制和公共规制的结合能有效地提高食品质量安全的水平，降低成本，实现供应链上资源的合理配置。

早期，关于产品质量与定价问题的研究主要集中于可提供相互替代产品的多个单层企业之间的平行竞争决策[10]。近年来逐渐有学者从两层供应链博弈的视角开展产品质量与市场定价的分析。这些研究大多假定上游制造商决定产品的质量投入，下游网络平台对成品的终端市场零售定价进行决策。Gurnani 等[11] 在假设产品的市场需求为其质量、零售价格和网络平台销售努力的线性函数时，研究了多种不同博弈结构下供应商的质量投入和网络平台的销售努力、零售定价的优化决策。Zhu[12] 研究了多个零部件供应商与单一成品制造商组成的两层分散决策的供应链中零部件质量投入和成品零售定价问题。传统上，对产品质量、质量投资的研究，多以制造商为主导。而对于供应链多渠道竞争的产品定价问题，多以网络平台为主导。Chen 等[13] 分析了传统零售渠道是否要引入直销渠道，以及渠道引入对定价和质量的决策产生的影响。面对市场的风险，Zhu 等[14] 研究了具有品牌商誉损失的质量投资对供应商的订货批量决策和网络平台的订货量决策的影响。Li 等[15] 从退货政策和产品质量问题出发对线上网络平台最小化退货数量进行了分析。Seifba 等[16] 和 Zhang 等[17] 都考虑利用契约来协调产品质量投资后，需求变化对供应链整体效用的影响。此外，还有对两级供应链的质量投资竞争的研究。Xie 等[18]将原材料质量作为产品质量标准，分别讨论了供应链在集中和分散情形下的质量投资问题。Zhang 等[19]也将产品质量引入双供应链竞争问题中。

关于网络平台通过在线评价、大数据分析等手段得到的消费者需求以及产品定价信息的研究目前也比较多。基于斯塔克伯格和伯特兰博弈模型，Yao 等[20]对线上与线下两种销售渠道的价格竞争策略进行了研究，得到两种模型下的产品均衡定价方式。在分析产品和网络平台特征的基础上，Raj 等[21]采用多层线性供应链模型来研究网络平台的差异化定价，研究结果表明当网络平台提供了高质量的服务，市场竞争就会激烈，产品的最优定价也会很高。Kauffman 等[22]研究了线上与线下两种渠道不可相互转换以及可以相互转换两种情况下的企业定价策略。Wang 等[23]考虑到消费者通过传统零售商和网络平台两种不同的渠道进行购物，研究消费者对这两种渠道产品定价的感知和购物体验，分析在线评论对网络平台最优定价策略的影响，结果表明价格敏感系数和在线评论的数量对网络平台销售的收益有重要影响。Li 等[24]建立了一个考虑到在线评论对消费者购买行为决策具有影响的两阶段购买模型，分析在阅读评论后产品的最优定价和消费者剩余，并且通过实证分析发现，在线评论体现出的产品价值与产品的性价比呈现正相关关系。

综上所述，通过食品供应链视角研究食品质量的安全风险控制已具有扎实的理论基础，但是从网络平台的视角去研究食品安全风险问题尚处于探索阶段。所以本文首次通过博弈手段考察食品供应链上制造商的产品质量和网络平台的食品监管策略，为探索食品安全风险治理提供了一种新的思路。

三　模型设计

本文考虑由一个制造商与一个网络平台组成的两层市场结构，制造商的产品通过网络平台进行销售。假设制造商通过生产研发投入确定产品实际质量，平台利用对食品安全的监管投入来确定产品感知质量[10,18]，并且消费市场会根据产品的零售价格和感知质量来确定最终的需求量[11,13]。在此基础上，针对制造商和网络平台分别占据主导地位，进行斯塔克伯格博弈决策出最优的产品质量、批发价格、监管水平以及零售价格。具体的决策流程如图 1 所示。

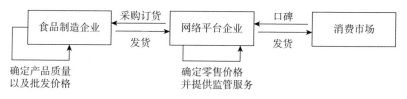

图 1　决策流程

假设产品的市场需求量受到零售价 p_s 和感知质量的影响，其中感知质量包括产品的实际质量 q 和监管水平 t，则产品需求量 D 表示为

$$D(p_s, q, t) = a - \alpha p_s + \beta(q + \gamma t) \tag{1}$$

其中，a 为市场需求基数，反映整个市场的顾客内在需求。α 为价格系数，反映产品价格对顾客需求的影响，$\alpha \in (0, 1)$。β 为质量系数，反映产品感知质量对顾客需求的影响，$\beta \in (0, 1)$。γ 为监管水平系数，反映平台利用大数据技术对食品安全监管的投入及其对顾客需求的影响，$\gamma \in (0, 1)^{[18]}$。顾客感知价值（Customer Perceived Value）是顾客在感知到产品质量和监管服务之后，减去其在获取产品或服务时所付出的成本而得出的对产品效用的主观评价[25]。

网络平台的收益函数为

$$\prod_S (p_s, p_m, t) = D(p_s, q, t)(p_s - p_m) - \frac{\eta}{2} t^2 \tag{2}$$

其中，p_m 为制造商的批发价，η 表示平台投入食品安全监管的成本系数。

制造商的单位成本为 $p_c(q) = k_1 q + k_2$，其中，k_1 和 k_2 表示单位食品生产成本与质量呈线性关系[18]。制造商的固定成本为 $C(q) = \frac{v}{2} q^2$，其中，v 表示制造商投入质量的成本系数，表示不同制造商生产效率的差异[26]。所以制造商的收益函数为

$$\prod_M (p_m, q, Q) = (p_m - k_1 q - k_2)Q - \frac{v}{2} q^2 \tag{3}$$

Q 是网络平台的订货量，假设制造商的产能能够满足平台的订货量。

四　模型分析

本文就制造商和网络平台分别占据供应链主导地位以及双方同等地位三种情况进行博弈分析，讨论产品质量、价格和监管水平的最优决策。

（一）食品制造企业占主导

当制造商生产的产品本身拥有很高的品牌知名度时，制造商处于供应链的主导地位。例如，中粮、茅台的产品在网络平台中销售，制造商就有很强的控制权，其可以控制平台的进货量。所以在这种情况下，我们讨论制造商占优的 Stackelberg 博弈，即制造商占主导地位，平台作为跟随者。通过反向推导法，首先对于售价 p_s 和食品监管水平 t 分别对平台的收益函数求导，得到

$$\frac{\partial \prod_s}{\partial p_s} = D(p_s, q, t) - \alpha(p_s - p_m) \tag{4}$$

$$\frac{\partial \prod_s}{\partial t} = \beta\gamma(p_s - p_m) - \eta t \tag{5}$$

令 $D_e = \frac{\alpha\eta}{\beta\gamma}$，即弹性需求，由公式（4）和（5）可以推出平台的最优订货量 $Q = D = D_e t$。定义 D_b 为制造商的基础需求为

$$D_b = a - \alpha p_m + \beta q \tag{6}$$

令 $x = 2\frac{\alpha\eta}{\beta\gamma} - \beta\gamma$，则由公式（4）和（5）还可以推出平台的最优食品监管水平为

$$t = \frac{D_b}{x} \tag{7}$$

平台的最优零售价为

$$p_s = p_m + \frac{\eta}{\beta\gamma}t \tag{8}$$

然后，制造商在已知平台决策的情况下，对于批发价 p_m 和产品质量 q 分别对制造商的收益函数求导，得出其最优决策：

$$\frac{\partial \prod_M}{\partial p_m} = Q + (p_m - k_1 q - k_2) \frac{\partial Q}{\partial p_m} \qquad (9)$$

$$\frac{\partial \prod_M}{\partial q} = (p_m - k_1 q - k_2) \frac{\partial Q}{\partial q} - k_1 Q - vq \qquad (10)$$

其中，$\dfrac{\partial Q}{\partial p_m} = \dfrac{\alpha \eta}{\beta \gamma} \dfrac{\partial t}{\partial p_m} = -\dfrac{\alpha^2 \eta}{x \beta \gamma}$，且 $\dfrac{\partial Q}{\partial q} = \dfrac{\alpha \eta}{\beta \gamma} \dfrac{\partial t}{\partial q} = \dfrac{\alpha \eta}{x \gamma}$

令 $Q_{\Delta p_m} = -\dfrac{\alpha^2 \eta}{x \beta \gamma}$，$Q_{\Delta q} = \dfrac{\alpha \eta}{x \gamma}$

则公式（9）和（10）可以化简为

$$\frac{\partial \prod_M}{\partial p_m} = D_e t + (p_m - k_1 q - k_2) Q_{\Delta pm} \qquad (11)$$

$$\frac{\partial \prod_M}{\partial q} = (p_m - k_1 q - k_2) Q_{\Delta q} - k_1 D_e t - vq \qquad (12)$$

所以，可以推出制造商的最优产品质量为

$$q = -\frac{1}{v} \left(k_1 D_e + \frac{D_e}{Q_{\Delta p_m}} Q_{\Delta q} \right) t$$

令 $Q_t = -\dfrac{1}{v} \left(k_1 D_e + \dfrac{D_e}{Q_{\Delta p_m}} Q_{\Delta q} \right)$

$$q = Q_t t \qquad (13)$$

制造商的最优批发价为

$$p_m = \left(k_1 Q_t - \frac{D_e}{Q_{\Delta p_m}} \right) t + k_2 \qquad (14)$$

将公式（6）、（7）、（8）、（13）、（14）联立，得到公式组如下：

$$\begin{cases} D_b = a - \alpha p_m + \beta q \\ t = D_b / x \\ p_s = p_m + \eta t / \beta \gamma \\ q = Q_t t \\ p_m = (k_1 Q_t - D_e / Q_{\Delta p_m}) t + k_2 \end{cases} \qquad (15)$$

解公式组（15），可以得到平台对食品安全的监管水平为

$$t = \frac{\alpha k_2 \beta \gamma v - a\beta \gamma v}{2\beta^2 \gamma^2 v - 4\alpha \eta v + k_1^2 \alpha^2 \eta + \beta^2 \eta - 2\alpha^2 \beta \eta k_1}$$

制造商的最优批发价为 $p_m = \dfrac{D_b - a - \beta q}{\alpha} = \dfrac{1}{2}(x - \beta Q_t)\ t - \dfrac{a}{2}$

平台的实际零售价为

$$p_s = \frac{1}{2}(x - \beta Q_t)\ t - \frac{a}{2} + \frac{\eta}{\beta \gamma}t = \frac{1}{2}\left(x + \frac{\eta}{\beta \gamma} - \beta Q_t\right)\ t - \frac{Q}{2}$$

可见当制造商产品通过网络平台销售时，市场需求越大，产品零售价越低，并且由于 $D_b = xt$，其中 $x > 0$，所以市场需求与食品监管水平成正比。说明虽然在两层市场结构中制造商占据主导地位，但是由于平台更了解消费市场，并且可以利用其自身的大数据技术优势对食品安全风险进行有效的管控，所以平台对市场需求的影响比制造商更大。具体结果见本文附录一。

（二）网络平台占主导

当网络平台处于供应链的主导地位。例如，网易严选委托食品制造商代生产的自有品牌产品，价格普遍低于同质商品的 30%，网络平台有很强的议价能力，同时省去了许多中间环节，并通过规模效应降低销售成本。所以在这种情况下，我们讨论网络平台占优的 Stackelberg 博弈，即网络平台占主导地位，制造商作为跟随者。此时最优的订货量即为市场需求量，即

$$Q = D = a - \alpha p_s + \beta(q + \gamma t) \tag{16}$$

令

$$p_a = p_s - p_m \tag{17}$$

其中，p_a 表示零售价与批发价的差值，即网络平台每销售一件产品的毛利，下文我们都用 p_a 作为网络平台的决策变量。

通过反向推导法（backward induction），首先对于批发价 p_m 和产品质量 q 分别对制造商的收益函数公式（3）求导，得到

$$\frac{\partial \prod_{M}}{\partial p_{m}} = Q - (p_{m} - k_{1}q - k_{2})\alpha \tag{18}$$

$$\frac{\partial \prod_{M}}{\partial q} = (p_{m} - k_{1}q - k_{2})\beta - k_{1}Q - vq \tag{19}$$

可以推出网络平台的最优订货量为

$$Q = \alpha(p_{m} - k_{1}q - k_{2}) \tag{20}$$

令 $c_{m}^{u} = \dfrac{\beta}{\alpha} - k_{1}$

$$c_{m}^{u}Q = vq \tag{21}$$

制造商的最优批发价为 $p_{m} = \dfrac{C_{m}}{1 + \alpha C_{m}}(a - \alpha p_{a} + \beta\gamma t)$

其中，$C_{m} = \dfrac{1}{\alpha} + \left(\dfrac{\beta}{\alpha} + k_{1}\right)\dfrac{c_{m}^{u}}{c_{m}^{u}\beta - v}$

制造的最优产品质量为 $q = \dfrac{c_{m}^{u}}{v - c_{m}^{u}\beta}[a - \alpha(p_{m} + p_{a}) + \beta\gamma t]$

令 $c_{m}^{q} = \dfrac{c_{m}^{u}}{v - c_{m}^{u}}$，$C_{m}^{1} = \dfrac{C_{m}}{1 + \alpha C_{m}}$，然后，网络平台在已知制造商决策的情况下，对于毛利 p_{a} 和产品监管水平 t 分别对网络平台的收益函数公式（2）求导，得出其最优决策：

$$\frac{\partial \prod_{s}}{\partial p_{a}} = D + p_{a}[-\alpha(-\alpha C_{m}^{1} + 1) - \alpha\beta c_{m}^{q}(-\alpha C_{m}^{1} + 1)] \tag{22}$$

$$\frac{\partial \prod_{s}}{\partial t} = -\eta t + p_{a}[-\alpha C_{m}^{1}\beta\gamma + \beta(c_{m}^{q}\beta\gamma - c_{m}^{q}\alpha a C_{m}^{1}\beta\gamma + \gamma)] \tag{23}$$

令 $C_{s}^{p} = -\alpha(-\alpha C_{m}^{1} + 1) - \alpha\beta c_{m}^{q}(-\alpha C_{m}^{1} + 1)$，$C_{s}^{t} = -\alpha C_{m}^{1}\beta\gamma + \beta(c_{m}^{q}\beta\gamma - c_{m}^{q}\alpha a C_{m}^{1}\beta\gamma + \gamma)$

则公式（22）和（23）可以化简为

$$\frac{\partial \prod_{s}}{\partial p_{a}} = D + p_{a}C_{s}^{p} \tag{24}$$

$$\frac{\partial \prod_s}{\partial t} = p_a C_s^t - \eta t \tag{25}$$

所以，可以推出网络平台的最优监管水平为

$$t = \frac{p_a C_s^t}{\eta} \tag{26}$$

网络平台的最优毛利为

$$p_a = \frac{\alpha}{C} p_m - \frac{\beta \gamma}{C} q - \frac{a}{C} \tag{27}$$

其中 $C = C_s^p - \alpha + \beta \gamma \dfrac{C_s^t}{\eta}$

将公式（16）、（17）、（20）、（21）、（26）、（27）联立，可以得到公式组如下：

$$\begin{cases} Q = a - \alpha(p_m + p_a) + \beta(q + \gamma t) \\ Q = \alpha(p_m - k_1 q - k_2) \\ c_m^u Q = v q \\ \eta t = p_a C_s^t \\ C p_a = \alpha p_m - \beta \gamma q - a \end{cases} \tag{28}$$

整理公式（16）、（21）和（24）可以得到，网络平台的最优毛利为 $p_a = -\dfrac{\gamma}{C_s^p C_m^u} q$。

由公式（26）可得，网络平台的最优监管水平为 $t = \dfrac{p_a C_s^t}{\eta} = \dfrac{-C_s^t \gamma}{\eta C_s^p C_m^u} q$。

可见当网络平台委托食品制造商加工生产其自有品牌产品时，产品毛利、产品质量、监管水平三者互相成比例，且都与市场需求线性相关。说明虽然网络平台在两层供应链中占据主导地位，但是产品质量和监管水平都会对市场需求造成影响，消费者不会因为网络平台的售价低或者监管水平高而忽略产品质量，反之亦然。具体结果见本文附录二。

（三）两者同等地位

当制造商和网络平台在供应链中具有同等地位，双方各自做出最优决

策。那么在这种情况下，最优的订货量即为市场需求量，即有

$$Q = D = a - \alpha p_s + \beta(q + \gamma t) \tag{29}$$

由于

$$\frac{\partial \prod_m}{\partial p_m} = Q - (p_m - k_1 q - k_2)\alpha \tag{30}$$

$$\frac{\partial \prod_m}{\partial q} = (p_m - k_1 q - k_2)\beta - k_1 Q - vq \tag{31}$$

$$\frac{\partial \prod_s}{\partial p_s} = Q - p_a \alpha \tag{32}$$

$$\frac{\partial \prod_s}{\partial t} = \beta \gamma p_a - \eta t \tag{33}$$

进而可以推出

$$Q = (p_m - k_1 q - k_2)\alpha \tag{34}$$

$$(p_m - k_1 q - k_2)\beta = k_1 Q + vq \tag{35}$$

$$\alpha p_a = Q \tag{36}$$

$$\eta t = \beta \gamma p_a \tag{37}$$

将公式（29）、（34）、（35）、（36）、（37）联立，可以得到公式组如下：

$$\begin{cases} Q = a - \alpha(p_m + p_a) + \beta(q + \gamma t) \\ \beta(p_m - k_1 q - k_2) = k_1 Q + vq \\ Q = \alpha(p_m - k_1 q - k_2) \\ Q = \alpha p_a \\ \eta t = \beta \gamma p_a \end{cases} \tag{38}$$

可见当制造商和网络平台同时决策，市场呈现混沌状态，并且会导致供应链总体收益下降，所以后续的仿真实验对此不做研究。具体结果见本文附录三。

五 数值分析

由于本文的参数较多，为了更直观地展示网络平台的食品安全监管水

平对整个市场的影响，我们设定了一系列数值，通过仿真进行实例分析。假设市场需求基数 $a = 500$，平台投入食品安全监管的成本系数 $\eta = 1$，单位产品生产成本与质量的线性关系系数 $k_1 = 1$ 和 $k_2 = 1$，制造商投入产品质量的成本系数 $v = 1$。根据第四章我们得到了制造商和平台最优策略的表达式，这些变量都与参数值 α、β、γ 有关，以下我们将做具体的数值分析。

（一）食品制造商占主导的实例分析

根据 4.1 节我们得到了在食品制造企业主导下最优的 D_b、p_m、p_s、q、t，这些变量都与参数值 α、β、γ 有关，以下我们将用实例分析这些变量与参数之间的关系。

1. 当 γ 确定时，q、t 与 α、β 之间的关系

从图 2 可以看出，当 $\gamma = 0.65$ 的情况下，若 α 趋近于 1，β 趋近于 0 时，制造商的产品质量达到最大；若 α 趋近于 1，β 也趋近于 1 时，则平台对食品安全的监管水平达到最大。说明市场需求对食品的价格敏感，而对感知质量不敏感，所以制造商为了追求最优策略，会寻找食品监管水平低的平台销售，这样更利于掌握主动权，获得更多收益。

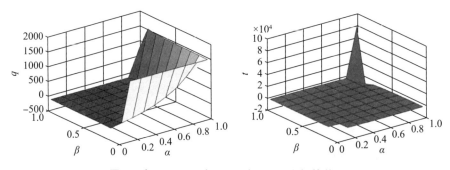

图 2 当 $\gamma = 0.65$ 时，q、t 和 α、β 之间的关系

2. 当 β 确定时，q、t 与 α、γ 之间的关系

从图 3 可以看出，在 $\beta = 0.75$ 情况下，若 α 趋近于 0.4，γ 趋近于 0.5 时，制造商的产品质量达到最大；若 α 趋近于 0.5，γ 趋近于 1，则平台对食品安全的监管水平达到最大。说明市场需求对食品的价格不敏感，而对感知质量敏感，由于制造商无法控制平台对食品安全的监管水平，所以制

造商相比于价格更注重提升自身的产品质量。

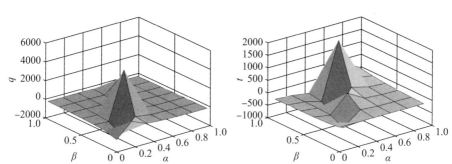

图 3 当 $\beta = 0.75$ 时，q、t 和 α、γ 之间的关系

3. 当 α 确定时，q、t 与 β、γ 之间的关系

从图 4 和图 5 可以看出，当 $\alpha = 0.8$，β 趋近于 1，γ 趋近于 0.8 时，制造商的产品质量达到最大；当 $\alpha = 0.3$，β 趋近于 1，γ 趋近于 1 时，则平台对食品安全的监管水平达到最高。说明当价格对市场需求影响偏大时，制造商的最优决策是追求最优的产品质量；当价格对市场需求影响偏小时，制造商的最优决策是寻求提供最优食品监管水平的平台来销售，起到相互监督的目的。

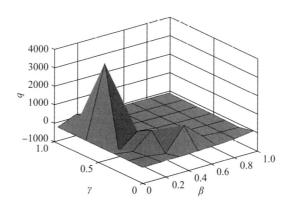

图 4 当 $\alpha = 0.8$ 时，q 和 β、γ 之间的关系

在现实中，生产高质量且品牌知名度高的食品制造商会拿走网络平台的大多数利润，而网络平台与这样的食品制造商合作能起到很好的宣传效果，双方是共赢的。比如，五粮液、茅台在天猫超市的销售，价格普遍低于线下销售的价格，但销售量巨大，同时也为提升平台品质和声誉做出了

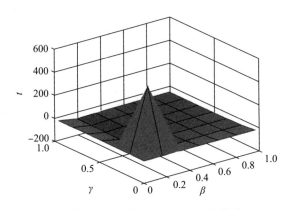

图 5　当 $\alpha = 0.3$ 时，t 和 β、γ 之间的关系

贡献。

（二）网络平台占主导地位的实例分析

根据 4.2 节我们得到了在网络平台主导下最优的 Q、p_m、p_s、q、t、p_a，这些变量都与参数值 α、β、γ 有关，以下我们将用实例分析这些变量与参数之间的关系。

1. 当 γ 确定时，t、p_a 与 α、β 之间的关系

由图 6 和图 7 分析可知，在网络平台主导且 $\gamma = 1$ 恒定情况下，若网络平台想要使自身的利润达到最大，即 p_a 尽可能的大，由图 7 可知 α 趋近于 0.5，β 趋近于 0.5，此时产品监管水平无法达到最优；若网络平台想要使产品的监管水平最优，即 t 尽可能的大，由图 6 可知 α 趋近于 0.4 或者 0.8，β 趋近于 0.5，此时网络平台自身利润无法达到最优；综上可知，网络平台主导且 $\gamma = 1$ 时产品监管水平和网络平台利润无法同时达到最优，最优决策为网络平台可以选择追求最优利润，也可以选择追求最优产品监管水平。

2. 当 β 确定时，t、p_a 与 α、γ 之间的关系

由图 8 和图 9 分析可知，在网络平台主导且 $\beta = 1$ 恒定情况下，若网络平台想要使自身的利润达到最大，即 p_a 尽可能的大，由图 9 可知 α 趋近于 0.8，γ 趋近于 0.3，此时产品监管水平几乎达到最优；若网络平台想要使产品的监管水平最优，即 t 尽可能的大，由图 8 可知 α 趋近于 0.8，γ 趋近

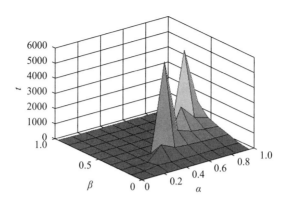

图 6　网络平台主导下 t 和 α、β 之间的关系

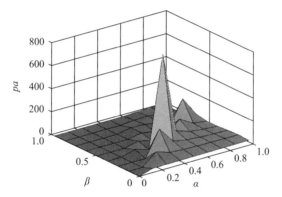

图 7　网络平台主导下 p_a 和 α、β 之间的关系

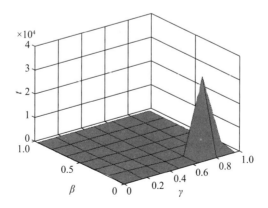

图 8　网络平台主导下 t 和 α、γ 之间的关系

于 0.2，此时网络平台自身利润较优。综上可知，在网络平台主导且 $\beta = 1$

恒定情况下，尽管产品监管水平和网络平台利润无法同时达到最优，但最优决策应为网络平台尽量追求产品监管水平最优，目的是打造网络平台的良好口碑，以此吸引消费者。

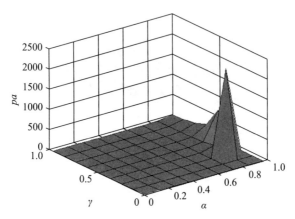

图 9　网络平台主导下 p_a 和 α、γ 之间的关系

3. 当 α 确定时，t、p_a 与 β、γ 之间的关系

由图 10 和图 11 分析可知，在网络平台主导且 $\alpha=1$ 恒定情况下，若网络平台想要使自身的利润达到最大，即 p_a 尽可能的大，由图 11 可知 β 趋近于 0.8，γ 趋近于 0.5，此时产品监管水平无法达到最优；若网络平台想要使产品的监管水平最优，即 t 尽可能的大，由图 10 可知 β 趋近于 1，γ 趋近于 0.6，此时网络平台自身利润无法达到最优；综上可知，网络平台主导且 $\alpha=1$ 恒定情况下产品监管水平和网络平台利润无法同时达到最优，最优决策为网络平台可以选择追求最优利润，也可以选择追求最优产品监管水平。

在实际情况中，由于本身品牌好的制造商会拿走网络平台的大多数利润，网络平台一般会选择中小型企业做食品加工生产。即网络平台选择一家不太知名的制造商，并占据供应链主导地位，是为了增加其议价能力，获得更多的收益。比如，网易严选的仓库在杭州，而代加工生产的企业很多都不在杭州，其往往选择生产成本更低的周边地区中小企业，同时对产品质量有严格的把控。

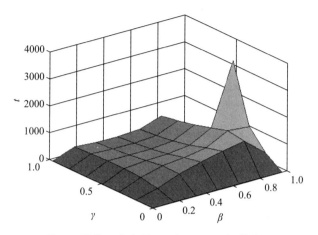

图 10   网络平台主导下 t 和 β、γ 之间的关系

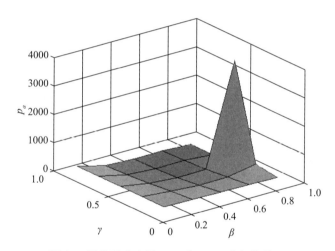

图 11   网络平台主导下 p_a 和 β、γ 之间的关系

六   结论

本文通过建立食品制造企业与网络平台企业的两层市场结构模型，研究斯坦伯格博弈下食品制造企业和网络平台分别占据供应链主导地位时的制造商产品质量和网络平台食品监管水平的最优策略。通过一系列仿真实验得到结论，当食品制造企业通过网络平台进行销售时，无疑首先需要练好"内功"提升产品质量，其次寻求能够提供更高食品安全监管水平的网

络平台，因为即使制造商在供应链中占主导地位，但是由于平台掌握更多消费数据且离市场更近，也更容易控制市场需求和提升企业产品声誉。同时，虽然"知名"的食品制造商会分走平台大多数收益，但是两者合作能够产生双赢的效果。本文在"公私规制"之外，探索了基于网络平台对于食品安全风险进行管控的新途径。未来可以考虑分析非线性市场需求的情况。

参考文献

［1］刘小峰、陈国华、盛昭瀚：《不同供需关系下的食品安全与政府监管策略分析》，《中国管理科学》2010 年第 2 期。

［2］谭颖珊：《企业食品安全自我治理机制探讨——基于实证的分析》，《学术论坛》2007 年第 7 期。

［3］Hennessy D. A. , Miranowski R. J. A. , "Leadership and the Provision of Safe Food," *American Journal of Agricultural Economics*, 2001, 83 (4): 862 – 874.

［4］Starbird S. A. , "Designing Food Safety Regulations: The Effect of Inspection Policy and Penalties for Noncompliance on Food Processor Behavior," *Journal of Agricultural and Resource Economics*, 2000, 25 (2): 616 – 635.

［5］Starbird S. A. , "Supply Chain Contracts and Food Safety," *Choices*, 2005, 20 (2): 123 – 128.

［6］Weaver R. D. , Kim T. , "Contracting for Quality in Supply Chains," 78th EAAE Seminar and NJF Seminar 330 , Economics of Contracts in Agriculture and the Food Supply Chain , Copenhagen, 2001.

［7］Hudson D. , "Using Experimental Economics to Gain Perspective on Producer Contracting Behavior : Data Needs and Experimental Design," 78th EAAE Seminar and NJF Seminar 330 , Economics of Contract s in Agriculture and the Food Supply Chain , Copenhagen, 2001.

［8］张燈、汪寿阳：《基于批发价格契约的质量成本审查模型分析》，《系统工程理论与实践》2011 年第 8 期。

［9］Martinez M. G. , "Coregulation as a Possible Model for Food Safety Governance: Opportunitiesfor Public Private Partnerships," *Food Policy*, 2007, 32 (3): 299 – 314.

［10］Banker R. D, Khosla I. , Sinha K. K. , "Quality and Competition," *Management Sci-*

ence, 1998, 44（9）: 1179 - 1192.

［11］ Gurnani H. , Erkoc M. , Luo Y. , "Impact of Product Pricing and Timing of Invest-ment Decisions on Supply Chain co-opetition," *European Journal of Operational Research*, 2007, 180（1）: 228 - 248.

［12］ Zhu C. , "Supply Chain Revenue Management Considering Components' Quality and Reliability," *Virginia Polytechnic Institute and State University*, 2008.

［13］ Chen J. , Liang L. , Yao D. Q. , "Price and Quality Decisions in Dual-channel Supply Chains," *European Journal of Operational Research*, 2017, 259（3）: 935 - 948.

［14］ Zhu K. , Zhang R. Q. , Tsung F. , "Pushing Quality Improvement along Supply Chains," *Management Science*, 2007, 53（3）: 421 - 436.

［15］ Li Y. , Xu L. , Li D. , "Examining Relationships between the Return Policy, Product Quality, and Pricing Strategy in Online Direct Selling," *International Journal of Production Economics*, 2013, 144（2）: 451 - 460.

［16］ Seifba R. , Nouhi K. , Mahmoudi A. , "Contract Design in a Supply Chain Consider-ing Price and Quality Dependent Demand with Customer Segmentation," *International Journal of Production Economics*, 2015, 167（5）: 108 - 118.

［17］ Zhang H. , Hong D. , "Manufacturer's R&D Investment Strategy and Pricing Decisions in a Decentralized Supply Chain," *Discrete Dynamics in Nature and Society*, 2017: 1 - 10.

［18］ Xie G. , Yue W, Wang S. , "Quality Investment and Price Decision in a Risk-averse Supply Chain," *European Journal of Operational Research*, 2011, 214（2）: 403 - 410.

［19］ Zhang R. , Liu B. , Wang W. , "Pricing Decisions in a Dual Channels System with Different Power Structures," *Economic Modelling*, 2012, 29（2）: 523 - 533.

［20］ Yao D. Q. , Liu J. J. , "Competitive Pricing of Mixed Retail and E-tail Distribution Channel," *Omega*, 2005, 33（3）: 235 - 247.

［21］ Raj V. , Kumar M. , Ravi B. , "Understanding the Confluence of Retailer Characteris-tics, Market Characteristics and Online Pricing Strategies," *Decision Support Systems*, 2006, 42（3）: 1759 - 1775.

［22］ Kauffman R. , Lee D. , Lee J. , "A Hybrid Firm's Pricing Strategy in Electronic Com-merce under Channel Migration," *International Journal of Electronic Commerce*, 2009, 14（1）: 11 - 54.

［23］ Wang H. W. , Lin D. J. , Guo K. G. , "Pricing Strategy on B2C E-commerce from the Perspective of Mutual Influence of Price and Online Product Review," *International Journal of Advancements in Computing Technology*, 2013, 5（5）: 916 - 924.

[24] Li X., Hitt M. L., "Price Effects in Online Product Reviews: An Analytical Model and Empirical Analysis," *MIS Quarterly*, 2010, 34（4）: 809 – 832.

[25] Jonsson S., Gunnarsson C., "Internet Technology to Achieve Supply Chain Performance," *Business Process Management Journal*, 2005, 11（4）: 403 – 417.

[26] Fu X., Dong M., Han G. H., "Coordinating a Trust-embedded Two-tier Supply Chain by Options with Multiple Transaction Periods," *International Journal of Production Research*, 2017, 55（7）: 2068 – 2082.

附录一:

将公式（6）、（7）、（8）、（13）、（14）联立, 得到公式组如下:

$$
\begin{cases}
D_b = a - \alpha p_m + \beta q \\
D_b = xt \\
\beta\gamma p_s = \beta\gamma p_m + \eta t \\
q = Q_t t \\
Q_{\Delta p_m} p_m = (Q_{\Delta p_m} k_1 Q_t - D_e) t + k_2 Q_{\Delta p_m}
\end{cases}
\tag{a1}
$$

其系数矩阵为

$$
A = \begin{bmatrix}
1 & \alpha & 0 & -\beta & 0 \\
1 & 0 & 0 & 0 & -x \\
0 & 1 & -1 & 0 & \dfrac{\eta}{\beta\gamma} \\
0 & 0 & 0 & 1 & -Q_t \\
0 & 1 & 0 & 0 & \dfrac{D_e}{Q_{\Delta p_m}} - k_1 Q_t
\end{bmatrix}
$$

即公式（a1）可以转变为

$$
A \times \begin{bmatrix} D_b \\ p_m \\ p_s \\ q \\ t \end{bmatrix} = \begin{bmatrix} a \\ 0 \\ 0 \\ 0 \\ k_2 \end{bmatrix}
\tag{a2}
$$

经计算可知 $|A| = -x - \alpha k_1 Q_t + \alpha \dfrac{D_e}{Q_{\Delta p_m}} + \beta Q_t = 2\beta\gamma - 4\dfrac{\alpha\eta}{\beta\gamma} + \dfrac{(k_1\alpha)^2\eta}{v\beta\gamma} +$

$\dfrac{\beta\eta}{v\gamma} - \dfrac{2\alpha\eta k_1}{v\gamma}$。

在 $|A| \neq 0$ 情况下，对公式（a2）求解，可得到

$$D_b = \frac{\beta^2\gamma^2 av - 2\alpha\eta av + \beta^2\gamma^2\alpha k_2 v + 2\alpha^2\eta k_2 v}{2\beta^2\gamma^2 v - 4\alpha\eta v + \alpha^2 k_1^2\eta + \beta^2\eta - 2\alpha\beta\eta k_1}$$

$$p_m = \frac{\beta^2\gamma^2 vk_2\alpha - 2\alpha^2\eta k_2 v - \beta k_2\alpha^2\eta k_1 + \eta\beta^2 k_2 v + a\alpha^2\eta k_1^2 - ak_1\alpha\beta\eta - 2a\alpha\eta^2 + a\beta^2\gamma^2 v}{2\beta^2\gamma^2 v\alpha - 4\alpha^2\eta v + \alpha^3 k_1^2\eta + \alpha\beta^2\eta - 2\alpha^2\beta\eta k_1}$$

$$p_s = \frac{\beta^2\gamma^2 vk_2\alpha - \alpha^2\eta k_2 v - 3a\eta v\alpha + a\beta^2\gamma^2 v - \beta a\alpha\eta k_1 + a\alpha^2\eta k_1^2 + k_2\alpha\beta^2\eta - \beta\alpha^2\eta k_1 k_2}{2\beta^2\gamma^2 v\alpha - 4\alpha^2\eta v + \alpha^3 k_1^2\eta + \alpha\beta^2\eta - 2\alpha^2\beta\eta k_1}$$

$$q = \frac{a\alpha\eta k_1 - \alpha^2\eta k_1 k_2 + \beta\alpha k_2\eta - \beta a\eta}{2\beta^2\gamma^2 v - 4\alpha\eta v + k_1^2\alpha^2\eta + \beta^2\eta - 2\alpha^2\beta\eta k_1}$$

$$t = \frac{\alpha k_2\beta\gamma v - a\beta\gamma v}{2\beta^2\gamma^2 v - 4\alpha\eta v + k_1^2\alpha^2\eta + \beta^2\eta - 2\alpha^2\beta\eta k_1}$$

附录二：

将公式（16）、（17）、（20）、（21）、（26）、（27）联立，可以得到公式组如下：

$$\begin{cases} Q = a - \alpha(p_m + p_a) + \beta(q + \gamma t) \\ Q = \alpha(p_m - k_1 q - k_2) \\ c_m^u Q = vq \\ \eta t = p_a C_s^t \\ Cp_a = \alpha p_m - \beta\gamma q - a \end{cases} \qquad (a3)$$

其系数矩阵为

$$A = \begin{bmatrix} 1 & -\alpha & 0 & \alpha k_1 & 0 \\ 1 & \alpha & \alpha & -\beta & -\beta\gamma \\ c_m^u & 0 & 0 & -v & 0 \\ 0 & 0 & C_s^t & 0 & -\eta \\ 0 & \alpha & -C & -\beta\gamma & 0 \end{bmatrix}$$

即公式（a3）变为

$$
A \times \begin{bmatrix} Q \\ p_m \\ p_a \\ q \\ t \end{bmatrix} = \begin{bmatrix} -\alpha k_2 \\ a \\ 0 \\ 0 \\ a \end{bmatrix} \tag{a4}
$$

经计算，

$$
|A| = -2\alpha\eta Cv - \alpha^2 \eta v + \alpha\beta\gamma v C_s^t - \alpha\beta^2 \gamma^2 c_m^u C_s^t + \alpha^2 \beta\gamma\eta c_m^u + \alpha\beta C\eta c_m^u +
$$
$$
\alpha^2 \beta\gamma k_1 c_m^u C_s^t - \alpha^3 \eta k_1 c_m^u - \alpha^2 \eta C k_1 c_m^u
$$

在 $|A| \neq 0$ 情况下，对公式（a4）求解，可得

$$
Q = \frac{\alpha^2 k_2 v\eta C + \alpha^3 k_2 v\eta - \alpha^2 k_2 v\beta\gamma C_s^t - av\alpha\eta C + av\alpha\beta\gamma C_s^t - av\alpha^2 \eta}{-2\alpha\eta Cv - \alpha^2 \eta v + \alpha\beta\gamma v C_s^t - \alpha\beta^2 \gamma^2 c_m^u C_s^t + \alpha^2 \beta\gamma\eta c_m^u + \alpha\beta C\eta c_m^u + \alpha^2 \beta\gamma k_1 c_m^u C_s^t - \alpha^3 \eta k_1 c_m^u - \alpha^2 \eta C k_1 c_m^u}
$$

$$
p_m = \frac{\beta\gamma C_s^t (av - c_m^u \beta\gamma\alpha k_2 + c_m^u a\alpha k_1) + \eta c_m^u (\alpha^2 k_2 \beta + \alpha k_2 \beta C - \alpha k_1 aC - \alpha^2 k_1 a) - nv(aC + a\alpha + \alpha k_2 C)}{-2\alpha\eta Cv - \alpha^2 \eta v + \alpha\beta\gamma v C_s^t - \alpha\beta^2 \gamma^2 c_m^u C_s^t + \alpha^2 \beta\gamma\eta c_m^u + \alpha\beta C\eta c_m^u + \alpha^2 \beta\gamma k_1 c_m^u C_s^t - \alpha^3 \eta k_1 c_m^u - \alpha^2 \eta C k_1 c_m^u}
$$

$$
p_a = \frac{\eta c_m^u (\alpha a\beta\gamma - a\alpha\beta - \alpha^2 \beta\gamma k_2 + \alpha^2 k_1 a + \alpha^2 k_2 \beta - \alpha k_1 \alpha^2) + nv(a\alpha - \alpha^2 k_2)}{-2\alpha\eta Cv - \alpha^2 \eta v + \alpha\beta\gamma v C_s^t - \alpha\beta^2 \gamma^2 c_m^u C_s^t + \alpha^2 \beta\gamma\eta c_m^u + \alpha\beta C\eta c_m^u + \alpha^2 \beta\gamma k_1 c_m^u C_s^t - \alpha^3 \eta k_1 c_m^u - \alpha^2 \eta C k_1 c_m^u}
$$

$$
q = \frac{c_m^u \alpha a\beta\gamma C_s^t - \alpha^2 \beta\gamma k_2 c_m^u C_s^t - c_m^u \eta a\alpha^2 - c_m^u \eta a\alpha aC + c_m^u \eta k_2 \alpha^2 C + c_m^u \eta k_2 \alpha^3}{-2\alpha\eta Cv - \alpha^2 \eta v + \alpha\beta\gamma v C_s^t - \alpha\beta^2 \gamma^2 c_m^u C_s^t + \alpha^2 \beta\gamma\eta c_m^u + \alpha\beta C\eta c_m^u + \alpha^2 \beta\gamma k_1 c_m^u C_s^t - \alpha^3 \eta k_1 c_m^u - \alpha^2 \eta C k_1 c_m^u}
$$

$$
t = \frac{C_s^t v(a\alpha + k_2 \alpha^2) - C_s^t c_m^u (a\alpha\beta - a\alpha\beta\gamma - a\alpha^2 k_1 - \alpha^2 \beta\gamma k_2 + ak_1 \alpha^2 + \beta k_2 \alpha^2)}{-2\alpha\eta Cv - \alpha^2 \eta v + \alpha\beta\gamma v C_s^t - \alpha\beta^2 \gamma^2 c_m^u C_s^t + \alpha^2 \beta\gamma\eta c_m^u + \alpha\beta C\eta c_m^u + \alpha^2 \beta\gamma k_1 c_m^u C_s^t - \alpha^3 \eta k_1 c_m^u - \alpha^2 \eta C k_1 c_m^u}
$$

附录三：

将公式（29）、（34）、（35）、（36）、（37）联立，可以得到公式组如下：

$$
\begin{cases}
Q = a - \alpha(p_m + p_a) + \beta(q + \gamma t) \\
\beta(p_m - k_1 q - k_2) = k_1 Q + vq \\
Q = \alpha(p_m - k_1 q - k_2) \\
Q = \alpha p_a \\
\eta t = \beta\gamma p_a
\end{cases} \tag{a5}
$$

其系数矩阵为

$$A = \begin{bmatrix} 1 & \alpha & \alpha & -\beta & -\beta\gamma \\ 1 & -\alpha & 0 & \alpha k_1 & 0 \\ -k_1 & \beta & 0 & -(k_1\beta+v) & 0 \\ 1 & 0 & -\alpha & 0 & 0 \\ 0 & 0 & \beta\gamma & 0 & -\eta \end{bmatrix}$$

即公式（a5）变为

$$A \times \begin{bmatrix} Q \\ p_m \\ p_a \\ q \\ t \end{bmatrix} = \begin{bmatrix} a \\ -\alpha k_2 \\ \beta k_2 \\ 0 \\ 0 \end{bmatrix} \tag{a6}$$

计算可知，

$$|A| = \alpha\beta^2\gamma^2 v - 3\eta\alpha^2 v + \eta\alpha\beta^2 + \eta\alpha^3 k_1^2$$

在 $|A| \neq 0$ 情况下，对公式（a6）求解，得到

$$Q = \frac{\alpha^3\eta k_2 v - \eta\alpha^2 av}{\alpha\beta^2\gamma^2 v - 3\eta\alpha^2 v + \eta\alpha\beta^2 + \eta\alpha^3 k_1^2}$$

$$p_m = \frac{\alpha\beta^2\gamma^2 vk_2 - 2\eta\alpha^2 vk_2 - \eta\alpha\beta ak_1 - \eta a\alpha v + \eta\alpha\beta^2 k_2 + \eta\alpha^2 k_1^2 a - \eta\alpha^2 \beta k_1 k_2}{\alpha\beta^2\gamma^2 v - 3\eta\alpha^2 v + \eta\alpha\beta^2 + \eta\alpha^3 k_1^2}$$

$$p_a = \frac{\eta\alpha^2 vk_2 - \eta\alpha av}{\alpha\beta^2\gamma^2 v - 3\eta\alpha^2 v + \eta\alpha\beta^2 + \eta\alpha^3 k_1^2}$$

$$q = \frac{\eta\alpha^2\beta k_2 + \eta\alpha^2 ak_1 - \eta\alpha^3 k_1 k_2 - a\alpha\beta\eta}{\alpha\beta^2\gamma^2 v - 3\eta\alpha^2 v + \eta\alpha\beta^2 + \eta\alpha^3 k_1^2}$$

$$t = \frac{\alpha^2\beta\gamma vk_2 - \alpha\beta\gamma av}{\alpha\beta^2\gamma^2 v - 3\eta\alpha^2 v + \eta\alpha\beta^2 + \eta\alpha^3 k_1^2}$$

食品安全协同治理改革研究[*]

——源于中国的理论与证据

伍 琳[**]

摘 要： 由于缺乏本土理论框架和基于中国的实证证据，现有研究无法深刻揭示中国食品安全协同治理过程中各主体间的相互关系。本文利用质性研究，以"故事线"（Story line）方式构建了关键利益相关者模型，并给出了一个各方共同参与的食品安全协同治理理论框架。此外，本文还通过实证分析，提供了来自不同部门、食品安全治理实践者的经验数据和解释，讨论了食品安全领域改革的难点和路径。发现：（1）政府亟须改变固有监管思路和工作方式，尽早形成系统化的协同治理战略并落实配套法规、标准和规则；（2）增进教育、沟通和信息共享，建立战略性协调框架，对于食品安全协同治理体系有效运行至关重要。

关键词： 食品安全 食品安全治理 协同治理 协同治理理论体系

一 问题的提出

为了构建长效的食品安全监管体系和机制，学术界有关食品安全立法、监管权力配置、监管体制改革、突发事件应急管理等研究不断兴起。其中值得一提的是，受西方新公共管理运动思潮影响，摒弃政府权威的以共同目标实现为导向的治理模式，迅速成为了政策制定者和学术研究者解

---

* 本文系国家社会科学基金项目"食品药品安全协同治理的国际比较研究"（项目编号：15BZZ052）阶段性研究成果。

** 伍琳，中国人民大学公共管理学院博士后，主要从事食品安全公共政策等方面的研究。

决食品安全问题所关注的主要手段，"推进社会治理创新，实现多元主体共同治理"也逐渐成为健全中国食品安全监管体制的关键理念。[4]在此背景下，越来越多的研究者开始运用西方协同理论，研究中国食品安全治理的体系。然而，相比欧美发达国家，中国的食品安全治理面临着极其复杂的约束条件。这就意味着，对于中国的食品安全治理体系的改革，不能照搬西方国家的协同治理范式，中国的食品安全治理必须回归中国的现实情境。

我国食品安全领域协同治理研究经过二十多年发展历程，相关研究文献数量激增，取得了较为丰富的研究成果。[6][7][8]然而，我们认为，现有研究在理论和实证方面仍有值得补充、拓展和完善的方面。

第一，缺乏适用于中国现实的食品安全协同治理理论。主要表现在：（1）已有文献大多是套用西方理论要素或应用逻辑，从而提出我国开展食品安全协同治理的改革路径，如赋权行业协会监管、以行业自律代替政府惩处等，[9][10][11]可受限于国内外社会经济发展阶段、文化环境及政治体制的差异，这些研究理论和结论显然缺乏足够的适用性；（2）西方理论强调"食品安全协同治理强调拥有不同资源与能力优势的多元化主体为实现共同目标充分合作"的前提，[12]但中国的现实是"多元主体治理的优势并不能无限扩大，为保证食品安全协同治理的效果，往往需要对各个主体参与治理的权责限度进行谨慎界定"，否则极易陷入"混乱"的民主进而对食品安全问题的有效解决构成挑战，[13]然而，我国有关食品安全协同治理主体间相互关系的理论研究却十分薄弱，已有研究大多仅笼统提出政府、企业、公众与社会组织等公私主体需要协同，或是围绕某一个主体应当发挥的作用进行割裂式的探讨，[14][15]却未能揭示协同治理过程中各个主体间相互关系的实然状态与应然图景，尤其对主体间良性互动关系的达成所应当具备的条件、需要着重解决的问题及可供选择的有效路径等语焉不详。[16][17]

第二，缺乏来源于中国食品安全协同治理的实证研究。现有文献大多强调了协同治理对食品质量安全的影响，[18][19]可遗憾的是，以实证数据支撑协同治理相关结论的文献仍十分匮乏，大多围绕公众治理食品安全的意愿及影响因素展开调研，对于其他更具能力优势和影响力的治理主体却缺乏必要关注，视角的片面化导致未能形成具有整体性的研究结论。此外，协同治理是一个跨学科领域的复杂问题，普通大众对这一问题的理解始终缺乏深度，甚至存在一定的偏误，[20]因而以公众态度和行为倾向为基础提出的食品安全协同治理建议也缺乏足够的适用性。

因此，针对现有研究的不足，本文的主要贡献是：

（1）从理论方面，对食品安全协同治理关键利益相关者及其互动关系进行了探讨，构建了适于中国政治经济背景下的政府、食品从业者、媒体、公众与社会组织共同参与的理论框架和体系。

（2）通过实证分析，提供了来自不同部门、食品安全治理实践者的经验数据和解释，为中国实现合理的食品安全协同治理改革提供了新的证据支撑。

二　文献综述与研究设计

（一）文献综述

经历了市场机制与政府监管的双重失灵，一种名为协同治理的公共管理策略逐渐进入人们的视野，相关文献数量激增，现有关于食品安全协同治理的研究也呈现多学科汇集的现象。从研究角度来看，本文应当归属于近年来大量兴起的从政治学与管理科学的角度出发，运用制度主义、政策网络、路径依赖等手段开展的综合性研究。[21]即从政治学与管理科学的角度来解读食品安全协同治理。

食品市场长期存在信息不对称、风险复杂隐蔽、监管资源稀缺等问题，[22]单一主体的能力有限，学者们普遍认可唯有公共、私人以及第三方部门共同努力方能改进食品安全治理的效果。Narrod 等通过研究肯尼亚和印度出口果蔬产品的小农户后发现，公私合作有利于在保护供应链中小农户地位的同时满足市场对于食品安全的需要。[23]Henson 和 Hooker 研究发现公共部门存在资源短缺和职能部门竞争的问题，实施公私协同的治理模式能够降低治理成本，进而提高食品安全治理的绩效。[24]刘飞等也认为仅仅寄期望于政府管理好食品安全问题是不切实际的，必须充分发挥政府、市场与消费者三大主体的积极性和能动性。[25]

然而，协同治理既是改善食品安全水平的契机，也可能会对食品安全问题的有效解决构成挑战。[26]许多国家都曾尝试过不同的食品安全协同治理改革措施，但效果不一。Sahley 等在一项食品安全评估研究中指出，马拉维政府有限的政策和计划执行能力极大阻碍了该国食品安全协同治理体系的发展。[27]Teresa 等在研究墨西哥的食品、营养和公共卫生问题治理后发现，墨西哥的食品安全协同治理状况极端薄弱，政府监管权力碎片化导致的秩序混乱是最主要原因。[28]

除政府领导与内部协调的问题，非政府主体参与协同治理的能力和意识也会极大影响协同治理的效率与结果。孙敏指出中国民众参与食品安全治理的积极性不高，相关社会组织也发育不足，盲目推进协同治理只会使中国的食品安全形势变得更为复杂。[29]周开国等研究发现，媒体在中国的食品安全协同治理体系中缺乏必要约束，一旦食品安全突发事件被曝光，在商业利益的驱使下，媒体报道事件往往为迎合公众，存在虚假报道和异化事实的行为，进而恶化和加大了突发事件的社会影响和控制难度。[30]江保国认为，食品质量安全主要依靠生产经营者自律。[31]但中国的食品企业缺乏责任意识和自律精神，一味追求个人利益，这是中国食品安全问题层出不穷的重要原因。

因此，协同治理是一个需要多方共同努力的过程，许多原因都可能导致协同的失败。[32]因中西方社会文化环境及各国政治体制、政府结构的差异，我们无法简单照搬基于西方国家情境所构建的理论来解释中国的现象与问题。现有关于中国食品安全协同治理的研究又欠缺系统性，学者们提出了一些理论性的分析框架，对协同治理现状进行了经验性的反思并提出了改进建议，旨在确立中国食品安全协同治理的指导原则和方法，但缺乏基于中国情境的实证研究和检验却致使其观点停留在理论认知层面，难以用于指导和解决中国食品安全协同治理改革进程中遇到的实际难题。这也就催生了本文的研究。

（二）研究设计

本文对经验丰富的中国食品安全协同治理政策制定者与参与者进行半结构化访谈以收集一手数据，采用质性研究以更精准地探索中国食品安全协同治理体系的轮廓。

1. 数据来源

2018 年 6 月至 10 月间，我们采访了 68 位谙熟中国食品安全治理政策环境和内容的利益相关者，受访者来自政府部门、科研机构或非政府组织，专业方向涵盖了公共卫生、市场和农业领域，样本具有较高的代表性（见表 1）。访谈时间控制在 40~60 分钟，每次访谈结束后会让受访者推荐其他合适的访谈对象。

表 1 受访者概况

机构	部门
政府部门（n = 35）	公共卫生（n = 18）
科研机构（n = 27）	市场（n = 42）
非政府组织（n = 6）	农业（n = 8）

本次访谈的重点是了解中国食品安全协同治理改革的进展及主要的促进和抑制因素。初始访谈问题包括：

√中国食品安全协同治理体系的构成要素有哪些？当前的食品安全治理政策环境存在哪些漏洞或抑制因素？

√中国为何会制定（与实施）这些政策？有哪些历史条件、政治因素或国际承诺影响了这些政策的制定？

√怎样以协同治理的方式改进食品安全水平的态度预期？

√如何保证食品安全协同治理的协调性？

在完成前 8 份访谈后，我们根据受访者的观点和建议补充了新的访谈问题：

√食品安全协同治理涉及哪些行动主体或组织？

√这些主体应当在食品安全协同治理中承担怎样的角色？履行怎样的职责？

访谈两人一组，一人为主访者，另一人负责记录访谈过程和内容。所有访谈录音在结束后 3 天内由采访者完整抄录，为后续数据分析提供资料来源。此外，每份访谈稿还由另外 3 名成员进行交叉检查以确保转录质量。数据收集过程中，我们采用了迭代方法分析访谈记录，以确定新的访谈问题和潜在访谈者。当从受访者处已经无法获得更多有价值的新信息，且通过滚雪球抽样也无法进一步确定合适的受访者时停止数据收集。

2. 分析方法

本文主要采用扎根理论这一探索性研究技术，[33]借助 NVivo 12.0 软件对访谈资料进行质性分析来构建中国食品安全协同治理的理论体系。质性分析遵循开放式编码、主轴编码和选择性编码 3 个步骤。

三 基于质性分析的中国食品安全协同治理理论体系

为了刻画食品安全协同主体的关系，以此构建符合中国国情的理论体系，本文拟通过开放式编码对原始访谈资料进行"逐句编码"和"逐段编码"，以从原始资料中产生初始概念、发现概念范畴，同时，通过主轴编码发现各个范畴之间的潜在逻辑关系，根据不同范畴在概念层次上的相互关系和逻辑次序对其进行归类，以发现主范畴，在此基础上，通过选择性编码从主范畴中挖掘核心范畴，分析核心范畴的联结关系，并以"故事线"方式描绘行为现象和条件，塑造中国食品安全协同治理理论体系。

（一）开放式编码

为了真实反映访谈数据和受访者的想法，开放式编码尽量使用受访者提及的原词。但不同受访者对于同一个观点很可能有不同表述，多个近义词的存在会导致部分检索问题。[34]因此，本文基于访谈记录对编码进行重新整理、归类和总结，剔除重复频次极少的和个别前后矛盾的概念，得到了初始概念和若干范畴。考虑到篇幅，每个范畴本文仅节选了 3 条初始概念（见表 2）。

表 2　开放式编码范畴概念

范畴	受访者提及的初始概念
政治体制	党政同责、单一制国家、政治倾向
经济社会发展	社会发展阶段、社会经济发展水平、经济发展速度
政治安全	国家安全、民心工程、舆情恶化

续表

范畴	受访者提及的初始概念
限制行政权力	小政府大市场、有限政府、自由裁量
提高行政效率	权力下放、政府绩效评估、流程优化
诚信体系建设	社会信用、社会诚信、个人信用体系
监管碎片化	碎片化、碎片化改革、碎片化监管体制
大部制改革	机构改革、事权划分、机构重组
信息公开	网上公示、政务公开、信息公示
利益平衡	立法协调、立法者责任心、人文关怀
政府角色	政府主导、强势政府、有限政府
跨部门合作	部门利益、部门政策、部门整合
政策执行	政策宣传、政策解读、负面清单
媒体功能	媒体宣传、媒体曝光、正面宣传
媒体监督	社会舆论、舆论威慑、问责机制
媒体约束机制	社会责任感、媒体法、从业规范
企业主体责任	主体意识、企业主导、企业自律
内部监督	内部沟通、内部举报、自我监督
公众监督	公众参与、消费者维权、公众认知
公众监督障碍	监督能力、知识水平、维权意识
第三方治理	协会监督、协会建言、第三方参与
治理格局	多方协同、国际合作、各方合作
公私合作	专业化治理、优势互补、调动社会资本
信息公开	信息共享、大数据平台、风险沟通
政府领导	征询社会意见、顶层设计、增加投入
法律体系建设	科学立法、政策协调性、规则切合实际
健全第三方参与	第三方评估试点、协会脱钩、政府购买技术服务

（二）主轴编码

结合受访者的观念和解释，本文发现表 2 所列概念范畴可以归纳为政治经济环境、政策环境与关键利益相关者三个主范畴。表 3 节选了每个主范畴对应的若干概念范畴，并在文中进行了相应分析。

表 3　主轴编码形成的主范畴

主范畴	对应概念范畴
政治经济环境	我们的食品安全监管从根本上讲是党政同责的监管体制（政治体制）
	食品安全已经归属到国家安全的范畴了（政治安全）
	"三鹿奶粉事件"后食品安全一下变成了突出矛盾，协同治理也有挽回国际形象的需要（经济社会发展）
政策环境	社会信用体系建立以后，企业如果违法，我们会更有针对性地检查（诚信体系建设）
	包括"双随机、一公开"计划，都是为了节制政府的自由裁量（限制行政权力）
	机构改革还不好说成不成功，但出发点是为了更有效地监管食品安全问题（提高行政效率）
关键利益相关者	如果没有政府强有力的组织、协调和统筹，不可能应对好食品安全问题（政府角色）
	最重要的是调动企业履行其主体责任保证食品安全（企业主体责任）
	公众投诉举报能在某种程度上推动政府对食品问题的监管（公众监督）
	媒体的影响力对于任何行业而言都是巨大的，食品也包括在内（媒体监督）
	食品安全执法时可以和第三方组织合作（第三方治理）

1. 政治经济环境

中国特殊的工业化和城镇化进程带动了食品产业的快速发展，加上公众对于食品质量安全的关注度与要求不断提高，构建更为科学和适应现代食品安全风险特点的治理体系已经刻不容缓。

2013 年十八届三中全会召开后，中国迎来了行政管理制度与体制的重大变革，"推进治理体系和治理能力现代化"的改革理念在各个领域得到了广泛认可和渗透。访谈过程中，我国的实际国情、政治体制、社会经济发展等被多次提及。受访者指出，食品安全治理现代化是国家治理现代化的重要组成部分，其关键在于转变政府职能，重构监管部门、企业、媒体和消费者等利益主体的角色和权利义务关系，通过构建更具透明度、可问责性与合法性的协同治理体系以破解食品安全的深层次制约因素。因此，中国有着强大的政治动力开展食品安全协同治理。

2. 政策环境

受访者强调了一系列中国食品安全协同治理改革的政策环境优势。

其一，社会信用体系建设。这是立足中国法治不健全和道德文化建设滞后的特殊现实，促进行业自律和改善食品安全环境的关键计划。受访者解释了该计划在增进公众参与和威慑企业投机行为方面的优势作用。

"……信用体系建设以后，食品企业如果违法违规或有其他问题，我们会更有针对性地检查、抽验和监测不良反应。公众投诉举报数量也在不断增加，大众发现和举报的问题都将列入诚信系统……这样一来再通过信息公开，企业的违法成本就会变得很高、对企业形象的影响也是巨大的。"

其二，"双随机、一公开"计划。该计划旨在提升监管科学性和限制监管部门的自由裁量，通过随机抽取检查对象、随机选派执法检查人员的"双随机"抽查，以及通过统一的市场监管信息平台及时公开监管信息，纠正监管失灵和突破食品市场的信息不对称瓶颈。现已扩展到中国 97 个县市的食品安全监管领域。

其三，在食品安全监管体系和机制方面做出的重大变革，包括打造整体性政府和降低公众参与门槛。

为了解决食品安全监管机构体量仍过于庞大、政府机构各自为政的问题，2018 年 3 月中国发布了新一轮大部制改革方案，新设立国家市场监督管理总局负责食品安全的综合监管。大多数受访者认为，新一轮机构改革对于提高中国食品安全监管效率和专业化程度有着积极意义。

"中国的机构改革正向着越来越合理、越来越积极的方向转变，尽管改革成效仍然需要时间来检验，但长远看是有利于食品行业发展的。"

公众群体的基数巨大，在食品安全事件发生后通过集体抵制购买、营造舆论压力等行为可对违法食品企业产生强大的威慑力，进而倒逼食品行业规范化发展。从矫正信息不对称的角度出发，提高公众对于食品安全风险、食品科学技术的理解和掌握程度也有助于增强其健康管理与自我保护能力。然而，中国缺乏公众参与公共事务管理的法律基础。为弥补长久以来"程序正义"的缺失，中国近年来的食品安全治理改革集中于从立法、执法和司法三个层面为公众参与提供保障，包括确保公众对于食品安全信息的知情权，推动公众参与食品安全监管执法和实现食品安全社会责任的司法化。

"……在畅通公众举报途径、落实举报奖励制度、加强食品安全知识宣传方面真的做得很好，我们鼓励广大市民表达心声和参与治理，这样一来，既能让民众更好地理解政府在做什么，为什么做，也有效延伸了监管触角。"

3. 关键利益相关者

得益于良好的政治环境和政策环境，中国具有影响力的食品安全治理主体已经从政府部门扩展到了实践领域，包括媒体、食品企业和社会公众。但社会组织的治理地位普遍不被认可，多位受访者特别强调了，行业协会在治理中国食品安全问题方面发挥的作用微乎其微。

（1）政府部门：从协同治理的角度出发，政府已不再具有绝对权威，企业、媒体、公众等非政府力量都应当参与食品安全的治理过程。可在访谈过程中，半数受访者一致认为，政府的主导地位在中国食品安全协同治理实践中是事实存在的，尽管政府的监管能力有限，但其仍然承担着建立指导社会主体行为方向和行为准则的重任，是"同辈长者"。

特别地，受访者提出，为在不断变化的复杂环境中始终找到高效行政的关键点，政府可能需要通过及时调整战略方向、健全自我评估体系、完善内部激励机制等方式，不断进行自我发展以获取风险识别能力、资源整合能力、协调能力及高瞻远瞩的能力，进而真正超越部门利益去思考和行动。

（2）媒体：通过跟踪报道和营造舆论压力，媒体监督可对违法食品企业产生强大的威慑力，进而倒逼食品产业规范化发展。可部分受访者明确指出，媒体监督是一把"双刃剑"，新闻从业者若不能依照行业规范、从业准则真实客观地报道，则往往会带来严重的负面影响，进而对政府公信力和行业声誉造成毁灭性的打击。

2008年"三鹿奶粉事件"中大量媒体的不实报道使得国产奶粉一度遭受抵制而滞销、停产或退市，进口奶粉至今仍占据着中国逾75%的奶制品市场。一位受访者还举例，2010年"3·15"晚会曾曝光过一个违法食品加工厂，但事先未与政府部门取得任何沟通，其结果就是晚会节目刚播出，违法食品加工厂就"意外"失火，所有违法证据被全部销毁，监管部门无法对该企业进行任何处罚。

"媒体的影响力对于任何行业而言都是巨大的。食品行业是最为敏感和最受社会关注的行业，受到的影响也就更大。正因如此，媒体参与食品安全监督时更要讲究方式和方法，始终要以公正客观的态度去报道，同时要做好与政府部门的沟通和协作。"

（3）食品企业：相比 2009 年《食品安全法》强调企业是食品安全的第一责任人，对食品安全负有最直接、内在和主要的法律责任，2015 年新修订的《食品安全法》明确提出食品企业应当承担社会责任。"企业主体责任"也被 36 位受访者强调了 90 次之多。

尽管有关社会责任是否更有助于企业获得成功的争论从未停止，但缺乏对于社会责任的关注造成的危害却是显而易见的。[35][36] 在充满机会主义诱惑的食品市场中，监管制度和执法体系的设计不可能做到尽善尽美，也无法防范一切食品安全事件的发生，具有社会责任的企业往往能采取高于法定义务的行为以最大限度地降低食品安全风险、增加社会福利，是最为理想的食品安全协同治理主体。

（4）社会公众：普通大众由于缺乏专业的知识素养，相较其他主体参与食品安全治理的难度更大、路径选择也更加困难。因此，公众在治理体系中常常是被视作食品安全知识的宣教对象，或也可以通过举报、投诉等方式进行社会监督。

受访者提及，社会大众虽然在专业知识储备方面相较其他治理主体有一定差距，可由于基数巨大、分布广泛，仍然能对违法违规的食品生产经营行为产生一定的威慑力。但也有一群特殊的消费者群体，熟悉法律法规及相关司法程序，在明知是假冒伪劣产品的情况下故意购买，其目的是向经营者索赔，即所谓的"职业打假人"。在新修订的《消费者权益保护法》有关惩罚性赔偿制度的规定出台后，职业打假人的数量更是显著增长。以深圳市为例，2009 年职业投诉举报案件为 600 余件，2016 年已上升至 6 万余件。

尽管职业打假人更多关注标签标识的使用，对非法添加、有毒有害等对公众健康危害性更大的食品安全问题却鲜有涉及，但不可否认其对打击售卖超期食品、利用标签标识弄虚作假的违规行为仍然起到了一定威慑作用。

"职业打假人从食品的包装标识、法律条款执行、标准等细节方面挑刺，在尊重法律的情况下应当说也是有促进作用的，毕竟［他］是在法律范围内解决问题，不管是恶意还是善意的。"

根据受访者的观点，本文确定了中国食品安全协同治理的关键利益相关者，包括政府部门、媒体、食品企业和社会大众。但协同治理功能的发挥并非上述主体力量的简单组合，成熟的第三方组织在促进行业规范化发展方面发挥的作用是不容忽视的。几位受访者也提出，自 2013 年 3 月起，中国取消了行业协会注册登记的"双重管理体制"，新成立的行业协会可直接向民政部申请登记，不再需要业务主管部门审查批准。地方层面同时试点"一业多会"政策，解除同一行政区域内不得重复成立相同或相似行业协会的竞争限制。另外，对新登记管理制度实施前成立的行业协会限期"脱钩"。行业协会与行政机关在机构、职能、资产、人员管理和党建外事等事项上的边界已基本厘清，行业协会参与食品安全治理的独立性可以得到保证。

"行业协会是联结政府与产业的桥梁。脱钩后的行业协会将能够更好地发挥代表、沟通和协调功能，既保障经济主体私权利的实现，也能制约与支持公权力的良性运作。"

（三）选择性编码：协同治理主体及其互动关系

当前缺乏适用于中国现实的食品安全协同治理理论，主要原因在于对食品安全协同治理主体间相互关系的理论研究十分薄弱。通过前文对主范畴中"关键利益相关者"的分析，本文明确了政府部门、食品企业、社会公众、媒体、第三方组织五大中国食品安全协同治理主体。同时发现，主范畴中的"政治经济环境""政策环境"实际上服务于协同治理主体之间的互动，即通过食品安全协同治理的法律、制度或规则建设，为各个治理主体良好履责和互动提供外部环境。

因此，基于质性分析，本文确定了"食品安全协同治理主体及其互动关系"这一核心范畴。结合受访者观点，围绕核心范畴的"故事线"可以概括为：（1）作为领导者，政府负责提供协同制度和建设诚信体系，为其他主体参与治理提供规则和良好的政策环境，包括制定媒体法、赋权第三方组织监管等；（2）食品企业是食品质量安全的第一责任人，其生产经营行为受到政府部门严格监管，同时受其他利益相关者的监督；（3）社会公众与食品企业之间存在密切的利益交换，是食品安全信息的最主要来源，可与第三方组织协同发挥社会监督作用，也可选择共享信息、借助媒体的影响力引发舆论监督。以此"故事线"为基础，本文构建了一个全新的中国食品安全协同治理的理论架构，如图 1 所示。

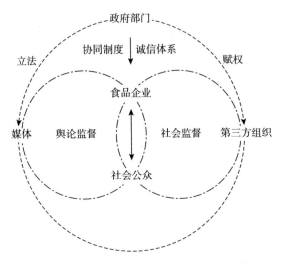

图 1　中国食品安全协同治理的理论架构

四　实证分析与讨论

尽管前文已经确定了中国食品安全协同治理的理论体系，但这一体系的运行当前依然受到中国政治体制和社会经济现实的制约。因此，结合半结构化访谈的结果，本文探讨了中国食品安全协同治理改革的难点和可能改进措施。

（一）改革难点

1. 央地政府之间沟通匮乏

与美国的联邦制不同，中国实行集权制管理，国务院是国家最高行政机关，省、市、县、乡四级地方政府负责辖区内行政事务的管理。食品安全政策的制定和实施由县级以上地方政府负责，中央政府为全国食品安全监管工作的有效开展提供政策指引和统一的规范标准。如图 2 所示，参与食品安全治理的中央政府部门主要是农业农村部和国家市场监督管理总局，国家卫生健康委员会负责食品安全风险监测和评估以及食品安全标准制定。此外，国家食品安全风险评估中心也提供从"农田到餐桌"全过程的食品安全风险管理技术支撑服务。

正因不同层级（中央和地方政府）的各个政府部门都负有食品安全治理的职责，各个部门出台的政策如何协调统一将是严峻的挑战。

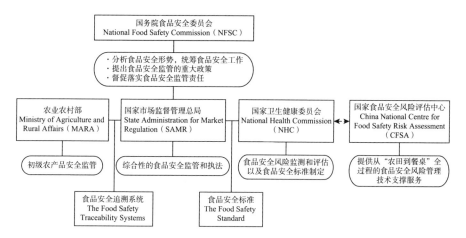

图 2　2018 年大部制改革后中国中央层面食品安全监管体系的构成

来自不同层级、不同部门的政策制定者与执行者的利益诉求实际上各有不同，为了降低政策实施的阻力，往往需要制订综合性的政策解决方案。受访者明确指出，中国当前的许多改革政策都比较笼统和缺乏可操作性，顶层制度设计过于激进和理想化，地方层面的监管法规制定却无法跟上步伐，直接导致了食品安全协同治理改革进程的断裂或不连贯。

"顶层设计非常重要……改革一定要落到实处，除了改革精神、配套的制度文件和操作规范也要跟上，否则中央政府提出了很多改革要求，却没有一条告诉我们做什么，如何做，那地方政府是无所适从的。"

部分来自公共部门的受访者还指出，中央政府与地方政府之间缺乏切实有效的沟通，许多改革政策在制定时都缺乏对地方情况的深入了解和考虑，虽然也有意见征询程序，实际上却并未真正吸收和反馈来自地方监管部门及行业的建议。

"目前中央政府出台法律法规，往往两三天就要求反馈意见，根本来不及研究清楚，即使反馈了意见能被采纳的也非常少，基本不会采纳。"

2. 食品行业自律氛围薄弱

中国的食品生产经营企业自 2010 年起已经突破 1000 万家，可实现工业化生产的企业仅 5% 左右，绝大部分为 10 人以下家庭作坊式小企业，经营管理能力相对落后，缺乏有效的安全检测手段和质量控制措施，卫生条件、设施设备等大多达不到行业标准要求。食品从业人员的学历普遍偏低，很多从业者（尤其是餐饮服务人员）都是无法识文断字的文盲，主体责任意识、诚信意识和法制观念均十分薄弱，难以有效保障食品安全。

"行业诚信的根源在于个体。个人诚信都无法做好，要求整个食品行业做到自律生产经营是非常困难的。至少就中国当前的社会经济发展阶段很难。"

"国家虽然在不断强调行业自律，但从我们近年来的检查情况看，企业还是做得不太好，很多企业根本没有做（自律）……缺乏对于法律的基本尊重，当然某些法律规定的确缺乏可操作性，例如最新颁布的《食品安全法》。"

（二）改进措施

受访者提出了众多改进中国食品安全协同治理的构想。在众多改革构想中，被提及最多的是公私合作（60 次），其次是政府跨部门治理和治理格局（分别为 45 次）。至于改革措施，受访者 58 次提到健全第三方参与机制，47 次提到协同合作，以及 45 次提到健全法律政策体系。

通过充分融合各个受访者的观点，结合中国实际国情进一步审视食品安全协同治理的本质要求，本文确定了一系列有助于提高食品安全协同治理有效性的改进措施。

1. 教育

中国食品从业者的学历普遍偏低，许多违法生产经营行为或许不是出于故意，但很可能是缺乏基本的食品安全知识和法律意识所导致的。

根据 2015 年版《食品安全法》，"使用不符合食品安全标准的食品原料、食品添加剂、食品相关产品"，处罚金额从五万元起（相当于国民年均收入的 2 倍）。可在实际监管检查过程中对于那些违法生产货值金额较低、家境贫困的从业者，如此高昂的处罚是很难执行的，可能会遭遇激烈的抵制或引发冲突，监管人员不得不以维护社会稳定为先。在这种现实条件下，加强对于食品从业者的宣传教育、逐步提高其防范食品安全风险及规范生产经营的意识，应当是改进食品安全协同治理效果的关键所在。

2. 沟通

多位受访者强调，应当在改革过程中充分征求相关利益主体的意见，尤其是基层监管部门和食品行业的意见，这是改善中央政府获取市场信息的途径、促进各方更深入地理解食品安全治理目标的关键机会。同时，还要辅以配套措施帮助基层监管部门和行业进行政策的有效落实。

"……如果你不了解他（企业）面临的问题，你制定的政策又如何帮助他们解决问题……"

受访者还有这样一个共同观点，农业、市场、卫生等监管部门以及各个监管部门内部都需要摒弃自身的利益偏好，加强沟通和协作，以包容的心态应对食品安全多部门监管带来的不协调问题。

"中央现在的改革思路还是很清楚的，但是各部门配套政策上的协调性不够，各部门都从自己的利益、自己的角度考虑。各部门改革政策要确保协同性、协调性，互相不要有矛盾。"

除在政策制定过程中加强中央政府部门与基层监管机构、食品企业及其他监管部门的沟通以提高政策决策的透明性，还应当持续关注政策执行过程中的沟通。任何一项公共政策都不可能穷尽各方利益考虑，围绕政策内容、对政策接收者切身利益的影响等落地实施相关问题，可能会产生多种理解甚至引发歧义，因而有必要持续与基层监管部门、公众、企业等主体展开对话，及时了解其关切和需要，征询其反馈意见以便继续完善政策、纠正其对于政策理解的偏误，以此提高食品安全治理政策的可操作性。

3. 信息共享

现代政府只有在获得真实和丰富信息的基础上才能对环境做出正确反应。受访者指出，中国的行政执法部门之间存在严重的信息不公开、信息不共享现象。一些受访者建议在行政部门之间进行数据整合，建立整体性的数据库，从而解决行政执法过程中的"信息孤岛"和"各自为政"问题。公私合作（政府机构、私人部门主体和第三部门主体之间的合作安排）也被受访者视为改善食品安全治理效果的契机，通过从战略层面吸引利益相关者参与，有助于政府部门受益于具有专业知识的私人部门专家，并建立消费者对于食品质量和安全的信心。

"行业研究专家、消费者代表参与政策制定与实施，会使食品安全治理政策更符合大众的预期……食品安全检查的结果也会更加全面和公正。"

然而，在向社会大众公开违法违规的食品安全事件时，可能要考虑到公开限度和公开节奏的问题。有受访者提出，将食品安全风险信息毫不处理、不加选择地公开可能会引发意料之外的后果，甚至有可能激发社会矛盾、诱发舆情事件等。

4. 战略性的协调框架

多位受访者反复强调应当采取更加统一或者至少是协调的食品安全治理框架，以免各个部门因利益争夺引起不必要的摩擦或其他潜在的不利后果。

"中国的食品安全体系并非基于保护公众健康的战略性设计的产物，未能建立起保护公众健康免受各种各样与食品有关危害的连贯有效的结构。"

一个简单的例子，中国对于食品安全突发事件的响应分为四个层级，具体处置权力在中央和各级地方政府进一步分配，因缺乏完善的立法保障和系统长期规划，不难预见混乱的处置秩序和潜在的危险后果。为此，一些受访者认为可以制定国家层面的食品安全战略性协调框架，确保改革政策相互配套、彼此衔接、互不冲突，提高政策的实操性与可预期性。只有在良好的冲突解决机制和稳定的制度安排的基础之上，才能实现政府规制政策、企业食品信息、公众利益诉求、社会组织专业信息在治理网络中的充分交流，彰显协同治理的内在优势。[37]

"协同治理强调系统性、整体性和协同性，为食品安全治理设定价值取向、总体目标、实施推进路线以及时间规划，与我们目前'头痛医头、脚痛医脚'的被动适应性、碎片化的治理完全不同。"

五 主要结论和政策建议

中国的饮食文化历史悠久，但食品安全立法方面的时间却相对较短。

近十几年来以一系列备受世界瞩目的食品安全事件为催化剂，中国的食品安全监管体系得到了迅速发展，监管重心从保障食品供给转向食品卫生和食品安全，监管模式也从以政府为中心的严格控制调整为多主体共同参与的协同治理。

参与食品安全治理行动者数量的增加提高了制度设计的复杂性和难度，也会对食品安全产生直接或间接的影响。与崇尚自由、民主的西方国家不同，中国政府长久以来在社会治理的各个领域都是主导者，缺乏行业自律、协会监督与公众参与的良好传统。在食品领域，持续发生的食品安全事件又破坏了政府公信力与公众的信任基础。因此为实现有效的食品安全协同治理，不但政府部门亟须改变固有的监管思路和工作方式，尽早形成系统化的协同治理战略并落实配套法规、标准和规则，包括企业、非政府组织与广大公众在内的非行政主体也需要培养有效参与食品安全问题治理的意识和能力。此外，中国公众与政府之间的信任关系可能需要一段较长时间的恢复和重建，在此过程中应当确保开展有效的风险沟通，及时了解与回应公众关切的食品安全风险因素。

公私合作很有可能提高食品安全治理效率，包括以更低的成本提高食品安全水平和稀有管理资源的有效分配。[38] 为此，本文还强调了政府、企业和其他私人部门主体以连贯一致的方式开展共同行动的必要性，这就要求在当前支离破碎的监管机构和治理层面之间进行高度协调，包括增进教育、沟通和信息共享，增加公私部门主体对于各种专业知识的获取并有效应对思想上的冲突；建立战略性的协调框架，使得各个治理层面的制度、部门以及相关行动者均能保持一致。具体而言：

1. 食品安全本身并不是一个研究领域，而是受农业、贸易、渔业、环境和能源等领域影响的复杂问题

本研究发现中国的食品安全治理面临许多新的机遇和挑战，无论是对实现食品安全治理现代化的政治承诺、对快速崛起的公民社会的回应或是改善食品供应质量和安全的市场需求，都需要公共和私人部门的行动主体进行充分有效的合作。中国大部分食品从业者的专业素质低下、法治意识淡薄、道德水平不高，为实现良好的协同治理，其前提应当是加强对于食品从业者的教育和遏制社会诚信缺失的不良风气，并确保及时沟通和充分

的信息共享，从思想层面弥合公私部门主体对于食品安全治理的认知差距。

2. 要建立适当的食品安全治理协调框架，这不仅是对中国，对于其他发展中国家而言同样重要

访谈过程中我们发现，来自地方政府和监管部门的受访者对于建立战略性的协调框架保持着积极的态度，认为这一开创性的工作有助于将"旧"的食品政策与"新"的任务区分开来，从根本上促进食品安全治理结构重建。中国当前的监管机构设置过于分散，缺乏权威的协调机构，农业、工商、卫生等部门为便于开展工作，会依据自身的利益需求制定执法标准和规范，执法过程中常因监管权限模糊而产生矛盾。尽管 2010 年设立了作为国务院食品安全工作的高层次议事协调机构——国务院食品安全委员会，可委员会的任务仅限于分析食品安全形势和提出食品安全监管的重大政策措施，在将各个层级的监管部门及与私人部门联系起来方面并未取得显著进展。此外，对于实行分级管理的卫计委和农业农村部，在业务上受中央政府指导，人事财政上受地方政府支配，这必然影响到监管部门的执法独立性。对于实行半垂直管理的工商部门、质量技术监督管理部门，目前最大的问题就是省级以下部门无法获得当地政府足够的经费支持，一些市县级食品监管部门只能依靠向食品生产或销售企业收费、借款或通过"以罚代管、以罚代刑"的措施来维持正常运作，严重影响了法律的严肃性和实际监管效果。"条块分割"的混合管理不仅增加了地方政府协调的难度，且"条块"之间各自为战，执法行动难以有效衔接、形成合力。

参考文献

［1］齐萌：《从威权管制到合作治理：我国食品安全监管模式之转型》，《河北法学》2013 年第 3 期。

［2］刘鹏：《中国食品安全监管——基于体制变迁与绩效评估的实证研究》，《公共管理学报》2010 年第 7 期。

［3］孙伟：张正竹：《中国食品安全监管面临的挑战及对策》，《食品科学技术学报》2011 年第 2 期。

［4］ 王名、蔡志鸿、王春婷：《社会共治：多元主体共同治理的实践探索与制度创新》，《中国行政管理》2014 年第 12 期。

［5］ 肖静华、谢康、于洪彦：《基于食品药品供应链质量协同的社会共治实现机制》，《产业经济评论》2014 年第 3 期。

［6］ 陈静：《中国食品安全合作监管问题研究》，上海师范大学硕士学位论文，2011。

［7］ 孙敏：《食品药品安全社会治理的制约因素与对策研究》，《重庆工商大学学报》（社会科学版）2013 年第 1 期。

［8］ 朱俊奇、沈家耀：《多元主体协同治理视域下的食品安全监管研究——以合肥市蜀山区为例》，《湖北经济学院学报》（人文社会科学版）2014 年第 11 期。

［9］ 杨庆懿、杨杨柳：《食品安全监管中多元主体协同治理机制分析》，《食品安全导刊》2018 年第 34 期。

［10］ 王可山、刘嘉萱、崔艳媚：《我国食品安全治理研究的前沿热点和动态趋势》，《北京行政学院学报》2019 年第 4 期。

［11］ 刘刚、郭利：《从监管走向治理：食品安全实现逻辑的转变》，《江苏农业科学》2017 年第 5 期。

［12］ 李静：《食品安全的协同治理：欧盟经验与中国路径》，《求索》2016 年第 11 期。

［13］ Bryson, John M., Crosby, Barbara C., and Stone, Melissa Middleton, "The Design and Implementation of Cross-Sector Collaborations: Propositions from the Literature," *Public Administration Review*, 2006, 66 (s1): 44 – 55.

［14］ 石庆红：《论食品安全治理中的公众参与》，《江汉大学学报》（社会科学版）2016 年第 3 期。

［15］ 熊寿遥、杜志伟、曹裕：《媒体参与监管在食品安全治理中的作用》，《食品与机械》2017 年第 9 期。

［16］ 张立荣、冷向明：《协同治理与我国公共危机管理模式创新——基于协同理论的视角》，《华中师范大学学报》（人文社会科学版）2008 年第 2 期。

［17］ 鹿斌：《国内协同治理研究述评与展望》，《行政论坛》2012 年第 1 期。

［18］ 刘玲：《基于政府、社会与企业构建的食品安全协同治理问题研究》，《内蒙古科技与经济》2016 年第 22 期。

［19］ 李永才：《试论中国食品安全治理模式的构建——基于整体政府的视角》，《中国市场监管研究》2012 年第 3 期。

［20］ 沙勇忠、解志元：《论公共危机的协同治理》，《中国行政管理》2010 年第 4 期。

［21］ 谢康、刘意、肖静华、刘亚平：《政府支持型自组织构建——基于深圳食品安全社会共治的案例研究》，《管理世界》2017 年第 8 期。

［22］ Martinez M. G. , Fearne A. , Caswell J. A. , et al. , "Co-regulation as a Possible Model for Food Safety Governance： Opportunities for Public-private Partnerships," *Food Policy*, 2007, 32（3）：299 – 314.

［23］ Narrod C. , Roy D. , Okello J. , et al. , "Public-private Partnerships and Collective Action in High Value Fruit and Vegetable Supply Chains," *Food Policy*, 2009, 34（1）：8 – 15.

［24］ Henson S. , Hooker N. H. , "Private Sector Management of Food Safety： Public Regulation and the Role of Private Controls," *International Food and Agribusiness Management Review.* 2001. 4（1）：7 – 17.

［25］ 刘飞、李谭君：《食品安全治理中的国家、市场与消费者：基于协同治理的分析框架》，《浙江学刊》2013 年第 6 期。

［26］ Boyd M. , Wang H. H. , "The Role of Public Policy and Agricultural Risk Management in Food Security Public Policy： Implications for Foodsecurity," *China Agricultural Economic Review*, 2011, 3（4）：417 – 422.

［27］ Sahley C. , Groelsema B. , Marchione M. , et al. , "The Governance Dimensions of Food Security in Malawi," 2005.

［28］ Shamah-Levy T. , Mundo-Rosas, Verónica, Flores-De la Vega, María Margarita, et al. , "Food security governance in Mexico： How can it be improved?" *Global Food Security*, 2017：S2211912417300135.

［29］ 孙敏：《食品药品安全社会治理的制约因素与对策研究》，《重庆工商大学学报》（社会科学版）2013 年第 1 期。

［30］ 周开国、杨海生、伍颖华：《食品安全监督机制研究——媒体、资本市场与政府协同治理》，《经济研究》2016 年第 9 期。

［31］ 江保国：《从监管到治理：企业食品安全社会责任法律促进机制的构建》，《行政论坛》2014 年第 1 期。

［32］ Peter Österberg, Nilsson J. , "Members' Perception of Their Participation in the Governance of Cooperatives： the Key to Trust and Commitment in Agricultural Cooperatives," *Agribusiness*, 2010, 25（2）：181 – 197.

［33］ Welsh, E. , "Dealing with Data： Using NVivo in the Qualitative Data Analysis Process," *Forum*： *Qualitative Social Research*, 2002, 3（2）.

［34］ Brown D. , Taylor C. , Baldy R. , et al. , "Computers and QDA-can They Help it? A Report on a Qualitative Data Analysis Programme," *Sociological Review*, 1990, 38（1），134 – 150.

［35］ Posnikoff J. F. , "Disinvestment from South Africa: They Did Well by Doing Good," *Contemporary Economic Policy*, 1997, 15 (1): 76 – 86.

［36］ Ferris W. S. P. , "Agency Conflict and Corporate Strategy: The Effect of Divestment on Corporate Value," *Strategic Management Journal*, 1997, 18 (1): 77 – 83.

［37］ Provan K. G. , Lemaire R. H. , "Core Concepts and Key Ideas for Understanding Public Sector Organizational Networks: Using Research to Inform Scholarship and Practice," *Public Administration Review*, 2012, 72 (5): 638 – 648.

［38］ Martinez M. G. , Fearne A. , Caswell J. A. , et al. , "Co-regulation as a Possible Model for Food Safety Governance: Opportunities for Public-private Partnerships," *Food Policy*, 2007, 32 (3): 299 – 314.

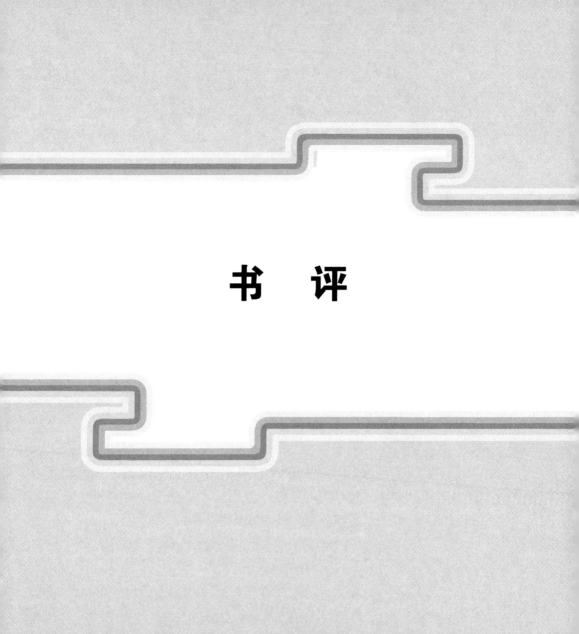

书　评

努力探索中国食品安全风险治理的科学路径

——《中国食品安全发展报告2018》书评

Wuyang Hu[*]

摘　要： 食品安全事关基本民生。目前中国正处在深刻的社会转型期，食品安全事件屡有发生，中国食品安全的总体状况与未来走势究竟如何？《中国食品安全发展报告2018》以实证研究为基本手段，充分把握中国食品安全风险的基本特征与现实国情，基于全程食品供应链体系，以农产品生产为分析起点，研究了中国生产、流通、消费及进出口贸易等关键环节的食品安全状况及其变化轨迹，力求科学总结中国食品安全治理的现实经验，探索新时代食品安全风险治理的新路径。

关键词： 食品安全风险治理　社会共治主体　实地调查

习近平总书记在党的十九大报告中指出，"实施食品安全战略，让人民吃得放心"。食品安全事关基本民生。治理食品安全风险，防范食品安全事件，提高全社会食品安全满意度，是新时代满足人民日益增长的美好生活需要的迫切要求，是全面建成小康社会的应有之义。长期以来，党和政府高度重视食品安全工作，保证了食品安全形势总体稳中向好。但由于食品安全风险治理的长期性、复杂性，当前食品安全形势仍然较为严峻。

目前中国正处在深刻的社会转型期，食品安全事件屡有发生，引起一些民众对食品安全产生不同程度的担忧甚至是恐慌心理。中国食品安全的

---

[*]　Wuyang Hu，美国俄亥俄州立大学农业、环境与发展经济系教授、博士生导师，主要研究方向为农业经济与食品安全政策。

总体状况与未来走势究竟如何？引发中国社会各界乃至国外一些媒体的关注，也引起政府的高度重视和学界广泛的研究兴趣。在此背景下，努力客观反映并力求全面描绘中国食品安全风险的现状与走势，正面引导食品安全舆情，探究中国食品安全风险治理的科学路径，成为时代赋予学界的重要议题。在这一时代背景下，《中国食品安全发展报告2018》一书适时出版。该书是作者在食品安全治理领域潜心研究的作品，不仅具有很强的专业性和学术性，也具有很好的现实应用价值。

基于时代赋予学者的历史责任和作者对食品安全问题的长期研究，该书把握中国食品安全风险的基本特征与现实国情，基于全程食品供应链体系，以农产品生产为分析起点，研究了中国生产、流通、消费及进出口贸易等关键环节的食品安全状况及其变化轨迹。该书最值得称赞之处在于率先在国内开发了食品安全事件大数据监测平台Data Base V1.0系统，并基于该系统剖析了近十年来主流媒体报道的中国食品安全事件的基本特征、发生机理与演化趋势，提出了"十三五"期间防范食品安全风险的具体路径与政策建议，为运用大数据工具对市场主体实施监管提供了科学依据与示范。

通过对中国食品安全总体状况的较为全面的系统考察，本书得出了"'总体稳定，正在向好'是中国食品安全现状的基本面"的基本观点，围绕这一基本观点，该书得出了一些具有独创性的研究结论：①中国主要食用农产品的生产与市场供应状况总体良好，但面临产量、库存和进口"三量齐增"的怪现象，必须通过深化供给侧结构性改革来保障食品数量安全。②中国食用农产品质量安全总体水平呈现"波动上升"的基本态势。但农业生产的生态环境恶化等复杂因素交织在一起，导致中国农产品质量安全稳定的基础还相对脆弱，监管难度较大。③中国食品产业科技进步与美国等发达国家拉近差距，但研发经费投入强度仍有不足。增加食品工业的研发投入，提高自主创新能力的供给侧改革势在必行。④农兽药残留源头问题成为中国初级加工食品安全的主要风险源。微生物污染、品质指标不达标以及超量与超范围使用食品添加剂是中国食品加工和制造环节最主要的食品安全风险隐患。⑤中国进口食品安全的形势日益严峻，且进口不合格食品来源地呈现出逐步扩散的趋势，添加剂不合格与微生物污染成为中国进口食品不合格的最主要原因。⑥由违规使用食品添加剂、生产或经营假冒伪劣产品、使用过期原料或出售过期产品等人为特征因素造成的食品安全事件占中国食品安全事件总数的比例超过一半。⑦中国公众食品安全满意度总体不高的态势可能在短期内仍难以根本好转。

该书的创新之处主要体现在如下三点：①深入剖析了中国食品安全事件本质特征、关键环节与发生机理。采用基于动态网络信息的大数据挖掘工具，实现了食品安全事件网络数据的实时统计、数据导出、数据分析、可视化展现等功能，科学阐释了食品安全事件的基本特征与发生机理，为运用大数据工具对市场主体实施监管提供了科学依据与示范。②全面揭示了中国食品供应链主要环节的安全状况。基于监测数据分析了中国食用农产品的质量安全水平；以食品国家质量抽查合格率为切入点，以小麦粉、乳粉、肉制品、食用植物油等食品为重点观察窗口，从生产加工环节分析了食品质量安全状况及其变化轨迹；梳理归纳了中国食品进出口贸易发展的规模、结构、国别地区等基本特点，剖析中国进出口食品质量安全的共性问题，挖掘了深层次的制度、规则与技术原因。③客观评估了中国食品安全风险总体形势及其基本走势。基于食品安全风险的形成机理，着眼于完整的食品供应链体系，对中国食品安全风险进行了量化评估，得出了中国食品安全呈现出"总体稳定，逐步向好"基本走势的重要结论。这一通过对大数据进行挖掘分析而得出的科学结论，不仅直接服务于政府决策实践，也具有理论上的创新价值。

该书定位于工具性、实用性、科普性，兼顾理论性与学术性，力求及时、准确而全面地向社会发布食品安全信息，建立充分有效的食品安全风险交流机制，有效缓解食品安全的信息不对称，努力普及食品安全知识，遏制食品安全谣言，消除可能影响社会稳定与人民生活的隐患。该书对创新食品安全的社会管理形态，不断增强食品安全风险治理的前瞻性、主动性、有效性，促进和谐社会建设具有重要的价值。该书不仅具有一定的学术参考价值，也有助于引导公众更加全面、理性地认识中国食品安全风险状况，达到正面引导食品安全社会舆情的目的，同时也能为政府治理食品安全风险提供决策依据，更有助于向国际社会充分展现中国政府化解食品安全风险做出的巨大努力和取得的伟大成就。

作者查阅了大量的中外文献，理论联系实际，通过系统科学的研究，得出了令人信服的结论，值得列于书案。当然，食品安全问题具有非常复杂的成因，任何研究皆难以提出全方位根治所有问题的解决方案。更由于各种客观条件的限制，本书也难以避免地存在一些问题与不足，对新出现的一些社会关切的热点问题的研究有待更深层次的挖掘。期待作者在后续的研究中，能够进一步关注新时代人民群众对食品安全的新要求、新期待，在食品安全治理理论探索、回应民众关切、服务政府决策等方面做出新的贡献！

参考文献

[1] 吴林海、陈秀娟、尹世久等：《"舌尖上"的安全——从田头到餐桌的风险治理》，中国农业出版社，2019。

[2] 张蓓、马如秋、刘凯明：《新中国成立 70 周年食品安全演进、特征与愿景》，《华南农业大学学报》（社会科学版）2020 年第 1 期。

[3] Liu Z., Mutukumira A., Chen H., "Food Safety Governance in China: From Supervision to Coregulation," *Food science and Nutrition*, 2019 (7).

[4] Han Y. H., "A Legislative Reform for the Food Safety System of China: A Regulatory Paradigm Shift and Collaborative Governance," *Food and Drug Law Journal*, 2015 (3).

Contents

Abstract: At present, the safety information of food traceability system in China is relatively simple, in order to understand and meet the needs of consumers multi-level and diversification, this paper selects the hypothetical value evaluation method and the binary Logit model based on the 501 consumer questionnaire data of Shanghai field investigation. Based on the simulated situations of different traceability information contents, issuers and release channels, this paper studies consumers' willingness to pay for traceable pork and its influencing factors, and focuses on the difference of the influence of traceability information trust on consumers' willingness to pay for traceable pork. The results show that consumers have a low level of awareness of traceable pork. After information enhancement, consumers have the highest level of trust in the traceable information released by the government, which can be traced back to the pig breeding link. Consumers are generally willing to pay extra for traceable pork, but there are differences in the average willingness to pay for traceable pork with different attribute combinations. The combination of pork traceable information traced back to pig breeding link + government release + mobile phone/website query is the most trusted, and the average willingness to pay reaches 7.98 yuan /kg. Therefore, it is suggested that traceable pork with different levels of traceable attributes should be produced to meet diversified consumer demands. In addition, the additional production cost sharing mechanism of traceable pork should be established. The government finance should increase subsidies to producers and operators, reduce production cost and traceable pork price, and promote the development of pork traceable system.

Key words：Traceability Information Trust；Traceable Pork；Willingness to Pay

Consumer Social Character Recognition and Influencing Factors of Purchase Intention of Safety Certified Pork

Wang Jianhua　Gao Ziqiu　/ 026

Abstract：Based on 844 consumer survey data from Jiangsu Province and Anhui Province, this study uses structural equation model system to describe the formation path of consumers' purchase intention of safety certified pork. The study found that the important factors that affect consumers "willingness to purchase safety-certified pork are consumers" knowledge, attitude, attention, and recognition ability of safety-certified pork, as well as the government's publicity call, the origin of pork, the education level of consumers, Income level, consumer satisfaction with government regulation. On this basis, this paper puts forward the following countermeasures and suggestions：first, strengthen the education and training of food safety knowledge to correctly guide consumer behavior；second, strengthen the guidance and supervision of news media and public opinion；third, strengthen the legal construction of the government to improve the implementation of policies；fourth, strengthen the construction of origin certification to improve the awareness of brand building.

Key words：Safety Certified Pork；Purchase Intention；Planning Behavior Theory；Structural Equation Model；Social Characteristics

An Analysis of Retrospective Food Consumption Cognition and Willingness to Pay Based on Experimental Economy

Hou Bo   Wang Zhiwei   / 052

Abstract: Taking 259 consumers in Wuxi City, Jiangsu Province, China as samples, a consumer cognition survey of traceable food was carried out, and four safety information attributes were set up for traceable pork as a case. The willingness of consumers to pay for traceable pork information attributes was studied by using the experimental economic method of the combination of MPL and BDM auction experiments. The results show that consumers pay high attention to food safety as a whole, but the evaluation of current food safety satisfaction is relatively low. Internet media plays an important role in the promotion of traceability food market, but consumers in pilot cities still have low awareness and attention to traceability. In addition, the experimental results show that consumers are willing to pay premium for traceable food information attributes, among which consumers have the highest willingness to pay for pork quality detection attributes, and consumers' identity and purchase attitude towards traceable pork change significantly before and after the experiment, which shows the effectiveness of information transmission in the experiment process. Therefore, this paper puts forward some policy suggestions to promote the development of food traceability system in China.

Key words: Traceable Food; Willingness to Pay; Experimental Economy

The Perceived Bias of Consumer Food Safety Risk Based on Anchoring Effect Theory

Shan Lijie　Wang Shusai　Wu Linhai　/ 068

Abstract：This article based on the random survey data of 282 consumers in Wuxi City, Jiangsu Province, utilizing the anchor effect theory, using anchor effect index and analysis of variance, to study the impact of external anchor value information on consumers' food safety risk perception. Studies have shown that external anchor value information, consumers' gender and cognitive needs are important factors that influence consumers' perception of the anchoring effect in food safety risks. Among them, consumers in the high-anchor group make a high valuation and are less affected by the anchoring effect; consumers in the low-anchor group make a low valuation and are more affected by the anchoring effect; female consumers, cognition Consumers with high demand are less affected by the anchoring effect. To this end, the government should promptly disclose more digital risk information based on the probability of risk, avoid the long-term negative impact of the anchoring effect on food safety risk perception, reduce consumer's food safety risk perception bias, and reasonably guide consumer risk Perception. In addition, information exchange with consumers should be further strengthened, full use of WeChat, Weibo and other Internet channels to publish risk information, reduce consumers' efforts to obtain information and time costs, and help consumers to correct consumer perception of risk deviations, promote consumption to take more active countermeasures.

Key words：Consumers; Food Safety; Risk Perception Bias; Anchoring Effect

The CSA Farm Package Subscription Operation
Strategy Based on Trust Perspective

Pu Xujin   Yue Zhenxing   / 091

Abstract: With the expansion of community-supported agricultural scale, single varieties of organic agricultural products are no longer able to meet consumers' increasingly differentiated, diversified and personalized needs. CSA farms of different varieties have begun to cooperate, and the e-commerce platform is used as a standard package to sell to consumer. CSA farms in all regions are also facing severe problems and challenges in the process of rapid development. With the vigorous development of the Internet + agriculture, more and more e-commerce platforms have begun to join the operation of the CSA project. The continuous increase in the number of CSA farms and the increasingly complex supply chain structure have led to new trust mechanisms for supply chain members. Changes and raised the issue of supply and demand mismatch. In this paper, based on the perspective of trust, the selection preferences of CSA farms, e-commerce platforms, and consumer groups are included in the research scope, and the impact of trust factors on the ordering strategies of participating parties is explored. Finally, by referring to the supply chain coordination method of contract economics, a reasonable contract improvement is designed. Operational efficiency of the agricultural product supply chain based on the CSA model. The study found that when the CSA farm's level of trust in the e-commerce platform is below a certain threshold, at least one CSA farm's production plan cannot meet the predetermined number of e-commerce platforms. The e-commerce platform needs to design price discount contracts to encourage CSA farms to formulate More production plans; with the increase in the number of CSA farms, the problem of trust between supply chain entities has become more and more serious, and the demand for price discount contracts by e-commerce platforms has become increasingly urgent. The improvement effect is more significant.

Key words：Trust Perspective；CSA Farm；Package Ordering；Operation Strategy

The Pig Farmers' Preferences for Different Safety Levels of Codes of Conduct and the Incentive Mechanism

Zhong Yingqi *Wu Linhai* / 117

Abstract：Using the choice experiment method this paper explores the preferences and willingness to accept of pig farmers for different safety levels of codes of conduct under given incentive prices. The results of the stochastic parameter logit model show that the preferences of farmers for higher-level safety production codes of conduct are significantly higher than those for lower-level safety production codes of conduct at a given incentive price. However, the preferences of farmers are heterogeneity. Farmers' willingness to accept the safety use of feed and additives is not high；large-scale farmers and retail farmers are better than small and medium-sized farmers in compliance with safety production codes of conduct；only one third of farmers can fully comply with safety production codes of conduct. Under the existing incentive mechanism, 18.3% of farmers still need to give 0.076 yuan/500g, 0.229 yuan/500g and 0.083 yuan/500g incentive compensation to make them to comply with the rules for the use of feed, additives and veterinary drugs respectively. Therefore, government should emphasize the economic means in guiding production behavior of farmers and supervised the production behavior of small and medium-sized farmers. Pay attention to the source control of feed quality and standardize the order of feed market. Improve the public service system to enhance the epidemic prevention registration system and increase allocation of veterinary personnel.

Key words: Pork Quality and Safety; Incentive Compatibility; Code of Conduct for Production

Farmers' Preferences and Its Heterogeneity of Incentive Policies for Chemical Pesticide Reduction: Evidence from The Choice Experiment Based on 1045 Grain Growers in China

Yin Shijiu   Lin Yujin   Shang Kaili   / 139

Abstract: The excessive or improper application of pesticides has increasingly attracted widespread attention from all walks of life in China as well as the government. Accurately grasping farmers' preferences for incentive policies is the key to achieving pesticide dose reduction & harm control and promoting green agricultural development. This study is based on the random utility theory, and studied the farmers' preferences by estimating the utility level of the farmers on the corresponding policy attributes, to investigate the effect of incentive policies related to reduced pesticide dose in practice. Using choice experiment method (technical support, biological pesticide subsidies, environmental protection publicity and agricultural insurance set as the incentive policy attributes, and setting the change rate of pesticide using as the policy result attribute), 1045 grain growers in 16 cities in Shandong Province were selected to join our choice experiment survey. Based on Mixed Logit Model and Latent Class Model, farmers' preferences for reducing pesticide dose in practice incentive policies and their heterogeneity were analyzed. The study found that under the incentive of relevant policies, farmers were generally willing to change the current situation of pesticide application. There is significant heterogeneity in the preference of farmers to different incentive policy attributes, by which farmers could be divided into 3 groups: "policy-sensitive" (36.5%), "biological pesticide subsidy preference" (38.5%) and "content with the status quo" (25. 0%) . Pesticides on incentives should be focused on policies for farmers attribute preferences in particular preference heterogeneity to develop, and pay attention to the synergies with focus on the policy mix, the government should provide reasonable biological pesticide subsidy, enlarging the propaganda of environmental protection policies, that can improve the effect of the implementation of the pesticide on the relevant incentive policy.

Key words：Farmers; Reduced Application of Pesticides; Incentive Policies; Choice Experiment; Mixed Logit Model

Research on the Transformation of Agricultural Products Industry Organization Mode under the Context of "Internet + "

Yu Renzhu ／ 158

Abstract：The emergence concept of "Internet + " has stimulated the transformation of the market environment, the demand of agricultural products consumption, ways of disseminating quality and safety information, and the shifting pattern of market competition, which has contributed to the reconstruction of agricultural product value supply chain. The novel agricultural product industry organization model based on modularization and community shows a stronger vitality than the traditional model in the network age. There is no denying that the transformation and upgrading of the agricultural product industry organization model is confronted with many challenges, such as adaptation risk, market risk, and regulatory risk. Hence, in the process of its development, this article suggests to highlight the function of government role, to advance the mode in stages and to design a scientific and rational operation mechanism.

Key words："Internet + "; Agricultural Products; Value Chain Reconstruction; Modularization; Community Platform

Scientific Understanding of Infectious Food-Related Epidemic Diseases

Chen Xiujuan   Wu Linhai   / 179

Abstract: Food safety and food security are global issues that concern the survival and development of mankind. At present, the harmful effects of food-related epidemic diseases, especially infectious food-related epidemic diseases, are becoming increasingly apparent, posing a serious threat to global food safety and food security, and posing a huge public health burden to both developed and developing countries. Therefore, more attention and response are urgently needed. This review focuses on the issue of food-related epidemic diseases, with a thorough analysis of the existing literatures and careful consideration by the definition of relevant terms, a definition of food-related epidemic disease is presented: Generic term for infectious and non-infectious diseases in human and animal and plant, closely related to the food chain (the reasons behind an outbreak triggered by natural or man-made causes, can be found at the different levels in the food chain), widely spread and affecting a large number of people, threatening food safety and/or food security, and harming public health and the economic and social development. Furthermore, the characteristics, outbreak cases and harmful effects of typical infectious food-related epidemic diseases are described. It is hoped that more attention will be paid to food safety, public health and sustainable economic and social development. It is hoped that it can attract more attention from all walks of life, to jointly promote food safety, public health and the sustainable development of human economy and society.

Key words: Food Chain; Food-related Epidemic Diseases; Foodborne Diseases; Infectious Diseases; Zoonoses; Definition

Research on Game Mechanism of Network Platform to Control Food Safety Risks

Wang Jiaxin Fu Xiao Han Guanghua / 198

Abstract: Since the outbreak of COVID 19, many consumers choosed to purchase food through online platforms, and the food manufacturers also increasingly sold food through online platforms. The network platform can not only provide more and more accurate market demands for manufacturers through online comments and big data analysis, but also take on the responsibility of controlling food safety risks. Based on the two-tier market structure model of food manufacturer and network platform, this paper analyzes the strategies of the optimal product quality of manufacturer and the optimal food safety supervision level of the network platform by the Stackelberg game. In addition, through a series of simulation experiments, we get some management enlightenment as follows: Firstly, food manufacturers have the motivation to find a network platform with low supervision level for sales, which is convenient for manufacturers to take the initiative in the supply chain in order to obtain more profits, but manufacturers still need to improve product quality if they want to obtain the maximum profits. Secondly, when the food manufacturing enterprises are dominant, the manufacturers with excellent product quality and good reputation will take most of the profits of the online platform, but when the online platform is dominant, the online platform will also choose small and medium-sized food processing enterprises to produce their own brand products. Thirdly, the network platform can better understand the consumer market demand by big data analysis such as online product evaluation information, user portrait and push service based on geographic information, which can effectively control the food safety risks and ultimately bring a win-win situation for her and the food manufacturer.

Key words: Food Safety; Network Platform; Stackelberg Game; Risk Control

Food Safety Collaborative Governance Reform: Theory and Evidence from China

Wu Lin / 222

Abstract: Due to the lack of local theoretical framework and empirical evidence based on China, it is difficult to deeply reveal the interrelationship among the various stakeholders in the process of food safety collaborative governance. According to the qualitative study, the story line is used to build the key stakeholders participation model, and theoretical framework of food safety collaborative governance is constructed. In addition, through empirical data, we provide explanations from different sectors' food safety governance practitioners, and discuss the difficulties and paths of food safety governance reform. We found that: (1) the government need to change the inherent regulatory thinking and working methods, form a systematic collaborative governance strategy and implement supporting regulations, standards and rules as soon as possible; (2) educating, communicating and information sharing, and establishing a strategic coordination framework are essential for the effective operation of the food safety collaborative governance system.

Key words: Food Safety; Food Safety Management; Collaborative Governance; Theoretical System of Colloborative Governance

图书在版编目（CIP）数据

中国食品安全治理评论. 2020 年. 第 1 期：总第 12 期/
吴林海主编. -- 北京：社会科学文献出版社，2020.8
　ISBN 978 - 7 - 5201 - 6404 - 7

　Ⅰ.①中… 　Ⅱ.①吴… 　Ⅲ.①食品安全 - 安全管理 -
研究 - 中国 　Ⅳ.①TS201.6

　中国版本图书馆 CIP 数据核字（2020）第 152031 号

中国食品安全治理评论（2020 年第 1 期 　总第 12 期）

主　　编／吴林海
执行主编／浦徐进

出 版 人／谢寿光
责任编辑／王玉山 　张丽丽

出　　版／社会科学文献出版社·城市和绿色发展分社（010）59367143
　　　　　地址：北京市北三环中路甲 29 号院华龙大厦　邮编：100029
　　　　　网址：www. ssap. com. cn
发　　行／市场营销中心（010）59367081 　59367083
印　　装／三河市尚艺印装有限公司

规　　格／开 本：787mm × 1092mm 　1/16
　　　　　印 张：16.75 　字 数：258 千字
版　　次／2020 年 8 月第 1 版 　2020 年 8 月第 1 次印刷
书　　号／ISBN 978 - 7 - 5201 - 6404 - 7
定　　价／118.00 元